B.I.-Hochschultaschenbücher
Band 535

Einführung in die Geophysik

Band 2: Obere Atmosphäre und Magnetosphäre

von

Prof. Dr. Walter Kertz

Technische Universität Braunschweig

B·I·

Wissenschaftsverlag

Mannheim/Wien/Zürich

Gedruckt auf alterungsbeständigem Papier
mit neutralem pH-Wert (bibliotheksfest)

Korrigierter Nachdruck 1989
Druck und Bindearbeit: Universitätsdruckerei H. Stürtz AG, Würzburg
Printed in Germany
ISBN 3-411-00535-1

INHALTSVERZEICHNIS

PHYSIK DER OBEREN ATMOSPHÄRE

Mit „Oberer Atmosphäre" bezeichnen wir jenen Teil der Lufthülle der Erde, der oberhalb von 50 km Höhe liegt. Eine Reihe von Gründen sprechen dafür, gerade in diese Höhe eine Grenze zu legen:

a) *Methode der Erforschung*. Bei 50 km liegt die größte Höhe, die man mit Registrierballons erreichen kann. Bevor Forschungsraketen entwickelt wurden, war das darüber liegende Gebiet nur *indirekten* Beobachtungen zugänglich. Die Entwicklung der Raketentechnik hat direkte Messungen in der Oberen Atmosphäre ermöglicht. Raketenmessungen liefern aber nur Momentanwerte, während die indirekten Beobachtungsmethoden Aufschluß über zeitliche Variationen in großen Höhen geben können. Deshalb haben sie auch heute noch Bedeutung für die Erforschung der Schichten in der Oberen Atmosphäre. Die Ausbreitung von Schallwellen gibt Aufschluß über die Temperaturverteilung mit der Höhe. Magnetische Variationen am Erdboden weisen auf elektrische Ströme in leitfähigen Schichten der Oberen Atmosphäre hin (Kap. 19). An diesen leitfähigen Schichten werden auch Radiowellen reflektiert (Kap. 20). Die Spektren von Polar- und Nachthimmelslicht geben Aufschluß über chemische Zusammensetzung und Zustandsgrößen der Luft in der Oberen Atmosphäre (Kap. 18). Meteore und Partikel der Kosmischen Strahlung (Kap. 21) dienen als natürliche Sonden für die hohe Atmosphäre.

b) *Luftchemie*. Oberhalb von 50 km ändert sich die Luft mit zunehmender Höhe durch Ionisation, Dissoziation und Entmischung. In den unteren 50 km ist die Luft dagegen gleichmäßig durchmischt, ihre chemische Zusammensetzung ist die gleiche wie die der Luft am Erdboden[1].

Die Physik der unteren Atmosphäre heißt seit ARISTOTELES (384–322 v. Chr.) *Meteorologie*. Sie wird in der Reihe der B.I.-Hochschultaschenbücher in einem besonderen Band behandelt (vgl. den Literaturhinweis am Schluß von Kap. 1). Für die Physik der Oberen Atmosphäre hat man 1954 auf der Tagung der Internationalen Union für Geodäsie und Geophysik in Rom den Namen *Aeronomie* gewählt.

[1] Eine Ausnahme bildet nur das atmosphärische Ozon, welches unter der Wirkung der solaren Ultraviolett-Strahlung in größeren Höhen der Atmosphäre entsteht. Die O_3-Konzentration hat ein Maximum zwischen 20 und 40 km Höhe. Auch in dieser *Ozonschicht* beträgt der O_3-Anteil an der Luft allerdings nur 10^{-5}. Trotzdem ist das atmosphärische O_3 wegen seiner Absorption ultravioletter Sonnenstrahlung wichtig. H. K. PAETZOLD und E. REGENER: Ozon in der Atmosphäre. PH (Literaturverzeichnis Kap. 29) **48** (1957) 370–426.

c) *Steuerung durch solare Aktivität.* Die Dynamik der unteren Atmosphäre wird beherrscht von Vorgängen, wie wir sie vom Wetter her kennen. Die Störungen (= Abweichungen vom Mittelwert) der oberen Atmosphäre sind dagegen räumlich viel ausgedehnter. Sie erstrecken sich gewöhnlich über den halben oder gar den ganzen Globus. Verursacht werden sie durch Eruptionen auf der Sonne (siehe Kap. 22). Im Gegensatz dazu wird die untere Atmosphäre nicht wesentlich von der Sonnenaktivität beeinflußt. Deshalb ist die Grenze zwischen oberer und unterer Atmosphäre auch eine physikalische *Einflußgrenze.*

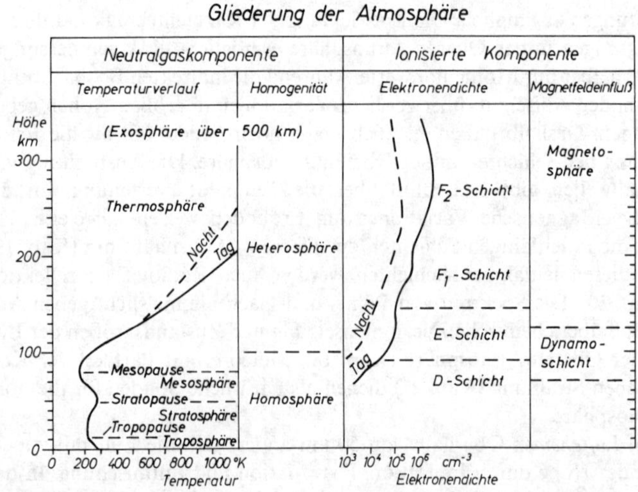

Fig. 78 Zur Nomenklatur der Atmosphäre. Die Schichtgrenzen bei der Einteilung der Neutralgaskomponente nach dem Temperatur-Höhen-Verlauf sind durch Extremwerte definiert. Zur Kennzeichnung der Ionosphärenschichten ist *rechts* die Elektronendichte als Funktion der Höhe eingetragen.

Unterhalb von 50 km befinden sich 99,9 % der Masse der Atmosphäre. Die restlichen 0,1 % verteilen sich auf ein Vielfaches des Erdvolumens. Die Physik der Oberen Atmosphäre behandelt deshalb Vorgänge in einem stark verdünnten Gas.

14. *Gliederung der Atmosphäre*

Die intensive Sonnenstrahlung bewirkt eine teilweise Ionisierung der Luft in der Oberen Atmosphäre. Aus physikalischen Gründen ist es zweckmäßig, für den *ionisierten Anteil* und für die *Neutralgaskomponente* unterschiedliche Einteilungen der Atmosphäre zu benutzen.

14a) *Neutralgaskomponente*

Für die Einteilung und Benennung der Neutralgasschichten werden zwei Systeme nebeneinander benutzt *(Fig. 78)*. Nach dem *Temperaturverlauf mit der Höhe* unterscheidet man: Troposphäre, Stratosphäre, Mesosphäre und Thermosphäre. Die oberen Schichtgrenzen erhalten jeweils den Namen der Schicht mit dem Zusatz -pause. Die *Troposphäre* ist der Schauplatz des Wettergeschehens, der Bereich der Hoch- und Tiefdruckgebiete und der mit ihnen verbundenen Wetterfronten. Die Dynamik und Thermodynamik der Troposphäre wird wesentlich durch die nahe Erdoberfläche und die Erdrotation beeinflußt. Das Wasser in allen seinen Aggregatzuständen ist in der Troposphäre von großer Bedeutung. Die darüber liegende *Stratosphäre* dagegen ist trocken; sie zeigt eine geringere vertikale Durchmischung und enthält die Ozonschicht. Die Strahlungsabsorption des Ozons bewirkt die Temperaturzunahme bis zur Höhe von 50 km. Oberhalb von 30 km Höhe beobachtet man im Sommer einen ausgeprägten Ostwindgürtel. *Mesosphäre* heißt die nächst höhere Schicht zwischen 50 und 80 km, in der die Temperatur mit der Höhe wieder abnimmt. Diese Abnahme bewirkt, daß sich die Dichte mit zunehmender Höhe weniger stark verringert als bei konstanter oder gar zunehmender Temperatur. Dieser Knick im Dichteverlauf führt zu einem Maximum in der Höhenverteilung des Verlöschens von Meteoren. (Ein zweites Maximum liegt unterhalb der Stratopause.) In der Nähe des Temperaturminimums bei 80 km treten gelegentlich leuchtende Nachtwolken auf. Die *Thermosphäre* ist das Gebiet wieder ansteigender Temperatur; von etwa 130 km Höhe an zeigen Temperatur und Dichte deutliche Unterschiede zwischen Tag und Nacht (gestrichelte Kurve in Fig. 78).

Beim zweiten Einteilungssystem wird unterschieden zwischen der *Homo-* und der *Heterosphäre*. In den unteren 100 km ist das Neutralgas gut durchmischt. Die Mischungsverhältnisse der verschiedenen Luftbestandteile sind konstant. Dies ist eine Folge der Turbulenz. Deshalb wird die Schicht häufig auch Turbosphäre und ihre obere Begrenzung *Turbopause* genannt. In der darüber liegenden Heterosphäre sind die einzelnen Neutralgasbestandteile im Schwerefeld der Erde so sortiert, daß die prozentualen Anteile der leichteren Gase auf Kosten der schwereren nach oben zunehmen. Schließlich wird die Dichte so gering, daß die einzelnen Neutralgasteilchen Keplerbahnen im Schwerefeld der Erde beschreiben können, ohne mit anderen Teilchen zusammenzustoßen. Teilchen, deren Geschwindigkeit über der Fluchtgeschwindigkeit liegt, können in den interplanetaren Raum entweichen. Dafür werden andere Teilchen von der Erde eingefangen. Diesen Bereich nennt man *Exo-*

sphäre[1]. Die Exosphäre beginnt zwischen 500 und 600 km Höhe. Die Entweichmöglichkeit existiert jedoch nur für Neutralgasteilchen. Ionisierte Teilchen verhalten sich ganz anders.

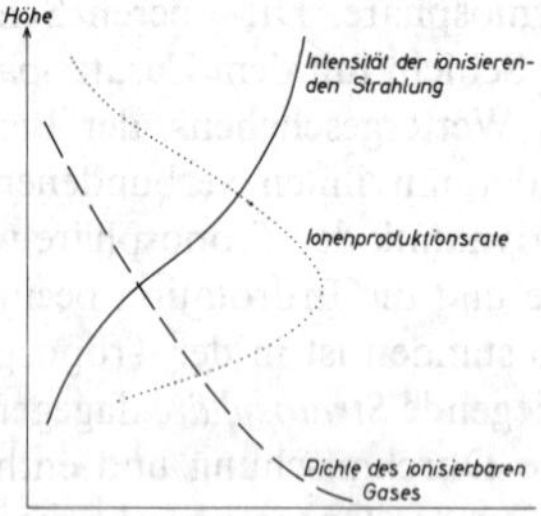

Fig. 79 Schemabild zur Entstehung einer Ionosphärenschicht.

14 b) *Ionisierte Komponente*

Auch für die ionisierte Komponente gibt es wieder zwei Einteilungssysteme (vgl. Fig. 78): Das eine beruht auf dem Verlauf der Elektronen-Konzentration mit der Höhe, das zweite auf dem Einfluß des Erdmagnetfeldes auf die ionisierte Komponente der Luft. Wir wollen zunächst das zweite System besprechen. Auf geladene Teilchen, die sich quer zum Magnetfeld bewegen, wirkt eine ablenkende Kraft senkrecht zu Magnetfeld und Teilchengeschwindigkeit (siehe Kap. 17). Elektronen werden ihrer geringeren Masse wegen stärker von dieser Kraft beeinflußt als Ionen gleicher Geschwindigkeit. Die Ionisation nimmt nach oben hin zu. Bis 70 km Höhe ist sie noch so gering, daß bei Luftbewegungen der ionisierte Anteil einfach vom Neutralgas mitgenommen wird. Von einem Einfluß des Magnetfeldes ist nichts zu merken. Darüber liegt ein Bereich, in dem bei Bewegungen quer zum Magnetfeld die Elektronen behindert werden, die Ionen aber noch völlig der Bewegung des Neutralgases folgen. Dadurch entstehen elektrische Felder; deshalb spricht man von der *Dynamoschicht*. In dieser Schicht fließen elektrische Ströme, die einen großen Teil der erdmagnetischen Variationen hervorrufen (siehe Kap. 19). Oberhalb von 130 km ist die Dichte des Neutralgases so weit abgesunken, daß auch die Zusammenstöße zwischen Ionen und Neutralgas nicht mehr ins Gewicht fallen. Die Bewegungen aller ionisierten Teilchen werden im wesentlichen vom Magnetfeld der Erde gelenkt. Diesen Bereich

[1] Die Theorie ergibt als Untergrenze der Exosphäre diejenige Höhe, in der die mittlere freie Weglänge gleich der Skalenhöhe H (siehe Kap. 15 a) ist.

nennt man *Magnetosphäre*. Sie erstreckt sich über viele Erdradien (vgl. Fig. 2). In den Kapiteln 18 bis 21 wird nur der untere Teil der Magnetosphäre behandelt. Die äußeren Teile und vor allem die Begrenzung (Magnetopause) folgen in den Kapiteln 24 bis 26.

Der Verlauf der Elektronendichte mit der Höhe ergibt sich durch Überlagerung mehrerer Einzelschichten. Die Entstehung einer solchen Ionisationsschicht wird durch *Fig. 79* qualitativ erklärt: Die Dichte des ionisierbaren Gases nimmt im Schwerefeld der Erde nach oben ab. Die Intensität der ionisierenden Strahlung dagegen ist oben am größten: Da Strahlung absorbiert und zur Ionisation verbraucht wird, verringert sich die Strahlungsintensität nach unten hin. Die Ionenproduktionsrate ist dem Produkt beider Größen proportional und besitzt daher in ihrem Höhenverlauf ein ausgeprägtes Maximum. Weil die Luft aus verschiedenen Gasen besteht, entstehen verschiedene Ionisationsschichten in unterschiedlichen Höhen, wobei die Ionisation je nach Molekülart durch unterschiedliche Bereiche des Spektrums der einfallenden Strahlung bewirkt wird (Kap. 16). Übrigens gilt das Schema der Fig. 79 genauso für die Wärmeproduktion bei Absorption, für Dissoziation und alle anderen Prozesse, bei denen Strahlung auf die Luft einwirkt.

E. V. APPLETON (1892–1965) gab 1925 den ersten direkten, experimentellen Beweis für die Existenz einer Ionisationsschicht. Für diese schlug er den Namen *E*-Schicht vor, um für später zu entdeckende, darunter liegende Schichten die Buchstaben *A–D* und für darüber liegende *F–Z* frei zu haben. Tatsächlich wurden in der Folgezeit eine *D*- und eine *F*-Schicht entdeckt. Die *F*-Schicht spaltet tagsüber auf in eine F_1- und eine F_2-Schicht.

Literatur zu Kap. 14

Unsere Gliederung folgt im wesentlichen PU (Literaturverzeichnis Kap. 29), deshalb kann PU zur Ergänzung und Vertiefung der Darstellung diverser Kapitel dieses Bandes herangezogen werden.

15. *Homo- und Heterosphäre*

15 a) *Die barometrische Höhenformel*

Zur Berechnung der Abnahme der Luftdichte mit der Höhe geht man von der statischen Grundgleichung (10.14) aus

$$dp = -g\rho\,dz. \qquad (15.1)$$

Für die Luft gilt die Gasgleichung

$$p = \frac{R^*}{M} \rho T, \tag{15.2}$$

worin R^* = universelle Gaskonstante = $8{,}314 \cdot 10^7$ erg/Grad·Mol,
M = Molekulargewicht,
T = Temperatur in °K.

Aus den Gleichungen (15.1) und (15.2) erhält man

$$\frac{dp}{p} = -\frac{gM}{R^* T} dz = -\frac{dz}{H} \tag{15.3}$$

mit $H = \frac{R^* T}{M g}$ = Skalenhöhe (vgl. Kap. 7c).

Durch Integration von Gleichung (15.3) gewinnt man

$$\boxed{p = p_0 \exp\left(-\int_0^z \frac{d\hat{z}}{H(\hat{z})}\right)} \tag{15.4}$$

Barometrische Höhenformel

$$\boxed{\rho = \rho_0 \frac{M}{M_0} \frac{T_0}{T} \exp\left(-\int_0^z \frac{d\hat{z}}{H(\hat{z})}\right)} \tag{15.5}$$

Um diese Integrale ausrechnen zu können, muß man $H(z)$ kennen. In Bereichen mit konstantem H fällt der Druck bei einer Erhebung um H auf den 1/e-ten Teil.

Das Rechnen nach diesen Formeln unterscheidet sich je nachdem, ob man sie auf die Homo- oder die Heterosphäre anwendet: In der *Homosphäre* gelten sie für den Gesamtdruck und die mittlere Dichte der Luft. Die Homosphäre hat in jeder Höhe die gleiche chemische Zusammensetzung mit Ausnahme von spurenhaft verteilten Beimengungen wie H_2O, CO_2 und O_3, die aber zum Druck nicht wesentlich beitragen. M ist konstant gleich 29 (etwas größer als der Wert für N_2).

In der *Heterosphäre* muß man für jeden Gasbestandteil eigene Gleichungen (15.4) und (15.5) ansetzen, da die Skalenhöhen für die leichten Gase größer sind als die für die schweren. Deshalb ändert sich auch die chemische Zusammensetzung mit der Höhe. Den Gesamtdruck berechnet man nach dem Daltonschen Gesetz (J. DALTON 1766–1844) als

Summe der Partialdrücke. In Wirklichkeit ist die Heterosphäre noch komplizierter aufgebaut, als es dieses statische Modell vermuten läßt, weil die einfallende Sonnenstrahlung in bestimmten Höhen durch Dissoziation und Ionisation chemische Umwandlungen bewirkt. Als Folge der anschließenden Rekombination stellen sich andere Gleichgewichte ein, als man nach den Gleichungen (15.4) und (15.5) berechnet.

15 b) *Dichtebestimmungen mit Hilfe von Raketen und Satelliten*

Die Weltraumforschung bietet verschiedene Möglichkeiten, die Luftdichte in der Oberen Atmosphäre zu bestimmen. Diese Bestimmung gehört aber zu den kompliziertesten Aufgaben der jungen Wissenschaft. Deshalb haftet den Ergebnissen noch eine ziemlich große Unsicherheit an.

Mit Massenspektrometern an Bord von Forschungsraketen oder Satelliten kann die Zusammensetzung des Gases in jeder Höhe quantitativ bestimmt werden *(in-situ-Messung)*. *Massenspektrometrische* Messungen liefern zuverlässige Werte für die Hauptbestandteile N_2 und O_2. Für O, He und H bedient man sich zur Zeit noch indirekter Methoden: Es werden die von den einzelnen Gaskomponenten gestreuten Anteile des (optischen) Sonnenspektrums in verschiedenen Höhen gemessen. Daraus kann die Verteilung jeder Gaskomponente mit der Höhe berechnet werden. Aus Ergebnissen solcher Messungen und Rechnungen

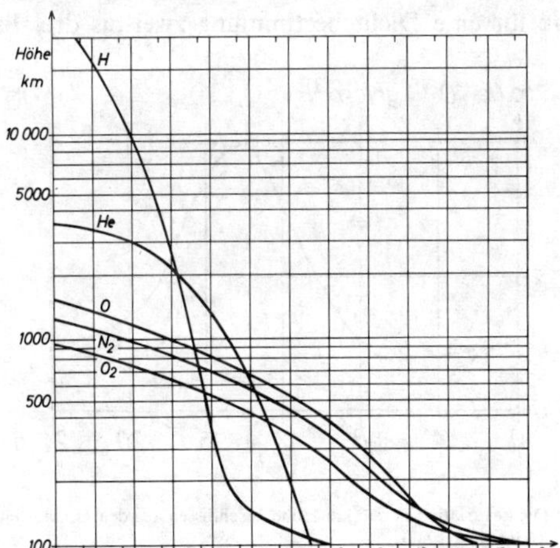

Fig. 80 Zusammensetzung der Heterosphäre nach DONAHUE (Science **159** (1968) 489–498).

sind die in *Fig. 80* eingetragenen Kurven entstanden. Sie zeigen den Verlauf der Dichte der einzelnen Gaskomponenten zwischen 100 und 20000 km Höhe. Aus der Höhenverteilung der einzelnen Komponenten kann man natürlich auch die Gesamtdichte für jede Höhe berechnen.

Eine andere Methode, die Gesamtdichte in verschiedenen Höhen zu bestimmen, ergibt sich aus der Auswertung von *Bahnstörungen künstlicher Erdsatelliten.* Durch den Luftwiderstand in der Atmosphäre werden die Satelliten abgebremst. Der Widerstand ist am stärksten an der tiefsten Stelle der Bahn, dem Perigäum. Als Folge der Abbremsung sinkt das Apogäum herunter, damit verkürzt sich die Umlaufzeit. Umlaufzeiten kann man sehr genau bestimmen, deshalb ist auch die Verkürzung gut zu messen. Aus ihr kann man (nach Elimination aller anderen Bahnstörungen) die Luftdichte in der Nähe des Perigäums berechnen[1]. Da sich die Perigäumshöhe bei diesem Vorgang kaum ändert, erhält man aus der Beobachtung eines Satelliten die Dichte in einer bestimmten Höhe. Nur besonders große Satelliten, wie z.B. Echo I, die empfindlich auf den Strahlungsdruck reagieren, erreichen im Verlauf ihrer Lebensdauer verschiedene Perigäumshöhen.

Die Dichtebestimmungen aus den Umlaufzeitänderungen eignen sich gut dazu, zeitliche Variationen der Dichte zu ermitteln (siehe Kap. 15c). Allerdings ist weder die räumliche noch die zeitliche Auflösung dieses Verfahrens besonders groß. Räumlich wird über einen Bahnbogen von etwa 30° gemittelt. Die mangelhafte Zeitauflösung ergibt sich aus der Tatsache, daß für eine Dichtebestimmung zwei bis drei Bahnumläufe,

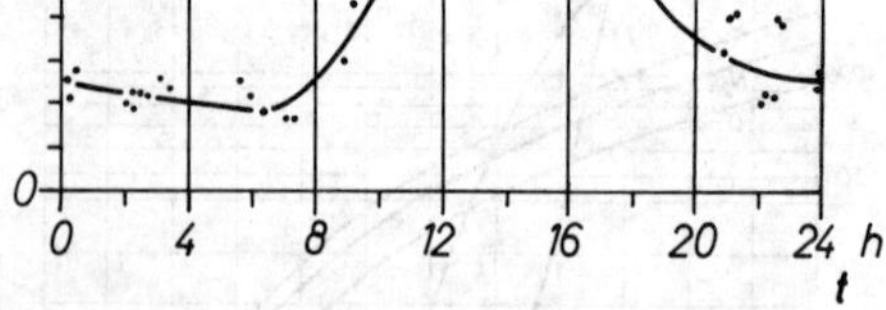

Fig. 81 Tägliche Dichtevariation in 560 km Höhe, erschlossen aus den Umlaufzeitänderungen von Vanguard 2 (nach M. Roemer 1968).

[1] Siehe A. Bohrmann: Bahnen künstlicher Satelliten. B.I.-Hochschultaschenbücher **40**, 2. Aufl. Mannheim 1966, 106–126.

also rund 5 Stunden, gebraucht werden. Die bisherigen Ergebnisse zeigen einen systematischen Unterschied zwischen den massenspektroskopischen Bestimmungen und den aus Satellitenumläufen bestimmten Dichtewerten. Die aus den Verkürzungen der Umlaufzeiten berechneten Werte sind rund doppelt so groß wie die in situ gemessenen. Eine Erklärung für diese Unstimmigkeit fehlt noch.

Wenn man die Zusammensetzung der Atmosphäre kennt, kann man aus der Dichte und den Dichtevariationen die Temperatur und ihre Variationen in der Oberen Atmosphäre berechnen. Das wird häufig getan, weil die Temperaturwerte anschaulicher sind. Die primär gemessene Größe ist jedoch die Dichte.

15c) *Zeitliche Variationen der Dichte*

Die Auswertung der Satellitenbeobachtungen ergab eine starke tageszeitliche Variation der Dichte in der Oberen Atmosphäre. Die *Fig. 81* zeigt als Beispiel die Variationen in 560 km Höhe, die aus Beobachtungen des Satelliten Vanguard 2 abgeleitet wurden. Das Dichtemaximum (ρ_{max}) tritt gegen 14 Uhr Ortszeit auf[1]. Bei der tageszeitlichen Variation beträgt das Verhältnis ρ_{max}/ρ_{min} in 200 km Höhe 1,15; in 560 km Höhe 5; in 660 km Höhe 8. Weiter oben wird es wieder kleiner. Echo I gab für die höchsten Schichten in 1200 km Höhe den Wert 4.

Außer von der Ortszeit hängt die tägliche Variation von der geographischen Breite und von der Deklination der Sonne ab. Dichte und Temperatur nehmen ihre größten Werte in der Breite an, in welcher die Sonnenstrahlen senkrecht auf die Atmosphäre treffen. Die Dichtevariation läßt sich beschreiben als Wanderung einer *Gasglocke* (engl. diurnal bulge), die die Erde dem Sonnenstand folgend umkreist. Als Ursache vermutet man Absorption solarer UV-Strahlung mit Wellenlängen kleiner als 910Å (engl. extreme ultraviolet, abgekürzt EUV).

Durch die jahreszeitliche Änderung der Deklination der Sonne entsteht schon eine Überlagerung von tages- und jahreszeitlichem Gang. Es gibt aber noch andere längerperiodische Dichtevariationen in der Oberen Atmosphäre: Schon bei den ersten Satellitenauswertungen fand man unregelmäßige Schwankungen, die eng mit geomagnetischen Störungen (siehe Kap. 19) korreliert sind. Beide Erscheinungen werden von der variablen Sonnenaktivität gesteuert. Eine Dichtevariation folgt jedoch erst mit einer Verspätung von etwa 5 Stunden auf eine geomagnetische Störung. Dies dürfte daher die Größenordnung der Reaktionszeit der Oberen Atmosphäre sein.

[1] Zu diesen Bestimmungen benötigt man nicht nur die Höhe, sondern auch das Azimut des Perigäums.

Die Steuerung durch die Sonnenaktivität bewirkt auch die 27tägige[1] Dichtevariation. Sie entsteht durch eine ungleichförmige Verteilung der Quellen der EUV-Strahlung auf der Sonnenoberfläche. Da die solare EUV-Strahlung beim Durchstrahlen der Sonnenkorona Radiowellen im Bereich um 10 cm erzeugt, sind die Variationen der solaren 10-cm-Strahlung und der Dichte in der Oberen Atmosphäre miteinander korreliert.

Deutlich zu erkennen ist ferner eine halbjährliche Dichtevariation in der Oberen Atmosphäre. Es gibt Dichtemaxima im Frühling und Herbst und Minima im Sommer und Winter. Schließlich beobachtet man langzeitige Variationen, die dem 11jährigen Sonnenfleckenzyklus folgen. Auch diese verlaufen parallel zu entsprechenden Variationen der solaren 10-cm-Strahlung.

Ergänzende Literatur zu Kap. 15

R. Goody: Die neutrale Atmosphäre. In: EW (Literaturverzeichnis Kap. 29) 67–78.

M. Roemer: Das raumzeitliche Verhalten der Hochatmosphäre, erschlossen aus Bahnänderungen künstlicher Satelliten. Z. Geophys. **35** (1969) 217–268.

16. *Entstehung der Ionosphärenschichten*

16a) *Therorie der Schichtbildung nach Chapman*

S. Chapman (1888–1970) berechnete 1931 die Einwirkung einer monochromatischen, ionisierenden Strahlung auf eine isotherme Atmosphäre. Trotz der Idealisierungen, die nur eine beschränkte Anwendung zulassen, ist diese Rechnung grundlegend für das Verständnis der Ionosphäre. Zwar verhält sich nur eine der Ionosphärenschichten, nämlich die E-Schicht, annähernd wie eine Chapman-α-Schicht. Der Gegenstand der Theorie, das Zusammenwirken von Ionisation, Rekombination und Anlagerung, ist aber auch für die anderen Schichten bedeutsam, nur werden sie außerdem von Prozessen beeinflußt, die in der Chapmanschen Theorie nicht berücksichtigt wurden. Diese Prozesse werden wir bei der Besprechung der einzelnen Schichten (Kap. 20b) behandeln.

Es sei: $J(z)$ die Strahlungsdichte in der Höhe z, J_∞ ihr Wert oberhalb der Atmosphäre, $n(z)$ die numerische Dichte (Teilchen/cm^3) des ioni-

[1] 27 Tage beträgt die Periode der Sonnenrotation für einen Beobachter auf der Erde (*synodische* Periode).

sierbaren Gases. Bei konstantem Molekulargewicht und konstanter Temperatur gilt nach Gleichung (15.5)

$$n(z)=n(0)\,\mathrm{e}^{-\frac{z}{\mathrm{H}}}. \qquad (16.1)$$

Führt man den Absorptionsquerschnitt Q ein, so ergibt sich bei schrägem Einfall der Strahlung *(Fig. 82)*

$$\mathrm{dJ}=n\,\mathrm{Q}\,\frac{\mathrm{d}z}{\cos\zeta}\,\mathrm{J}. \qquad (16.2)$$

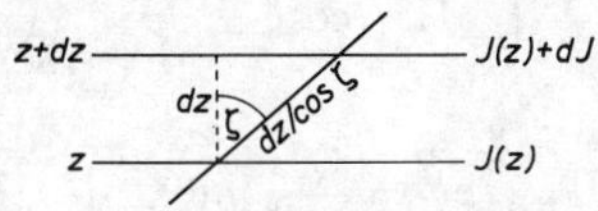

Fig. 82 Zur Absorption von Strahlung, die unter dem Zenitwinkel ζ einfällt.

Darin ist ζ die Zenitdistanz der Sonne. ζ variiert mit der Tages- und Jahreszeit. Ihre Abhängigkeit von der geographischen Breite β, der Deklination δ und dem Stundenwinkel τ der Sonne kann man aus Fig. 38 ablesen, wenn man dort den Mond durch die Sonne und ϑ durch ζ ersetzt. Den kleinsten Wert nimmt ζ jeweils mittags an. Er variiert zwischen $\beta-23{,}5°$ im Sommer und $\beta+23{,}5°$ im Winter. Aus den Gleichungen (16.1) und (16.2) ergibt sich

$$\int_{\mathrm{J}_\infty}^{\mathrm{J}(z)}\frac{\mathrm{dJ}}{\mathrm{J}}=\mathrm{Q}\,n(0)\int_{\infty}^{z}\mathrm{e}^{-\frac{\hat{z}}{\mathrm{H}}}\,\frac{\mathrm{d}\hat{z}}{\cos\zeta},$$

$$\mathrm{J}(z)=\mathrm{J}_\infty\,\exp\left(-\frac{\mathrm{QH}}{\cos\zeta}\,n(0)\,\mathrm{e}^{-\frac{z}{\mathrm{H}}}\right). \qquad (16.3)$$

Dieser Ausdruck, eine Exponentialfunktion, die im Exponent noch einmal einen Exponentialausdruck enthält, ist charakteristisch für die Variation der Strahlungsdichte in der Atmosphäre.

Die Strahlungs*dichte* J(z) bezieht sich auf einen Einheitsquerschnitt (senkrecht zur Strahlrichtung). Daher ergibt sich der Absorptionsverlust dJ im Volumen $\mathrm{d}z/\cos\zeta$. Die Absorption im *Einheits*volumen sei q:

$$q=\cos\zeta\,\frac{\mathrm{dJ}}{\mathrm{d}z}=n\,\mathrm{QJ}$$

nach Gleichung (16.2).

Also ist

$$q = Q\,n(0)\,J_\infty \exp\left(-\frac{z}{H} - \frac{QH}{\cos\zeta}\,n(0)\,e^{-\frac{z}{H}}\right). \tag{16.4}$$

Dieser Ausdruck ist wegen der vielen darin vorkommenden Parameter unübersichtlich. Um dem abzuhelfen und um in einer Funktion viele Spezialfälle zusammenfassen zu können, führte CHAPMAN eine Normalisierung ein. Hierzu benutzte er den Maximalwert von $q(z)$. Die zugehörige Höhe z_m ($q(z_m) = q_{max}$) findet man aus

$$0 = \frac{dq}{dz} = q \cdot \left[-\frac{1}{H} - \frac{QH}{\cos\zeta}\,n(0)\,e^{-\frac{z_m}{H}}\left(-\frac{1}{H}\right)\right].$$

Also

$$e^{\frac{z_m}{H}} = \frac{QH}{\cos\zeta}\,n(0)$$

und

$$q_{max} = Q\,n(0)\,J_\infty \exp\left(-\frac{z_m}{H} - 1\right) = \frac{J_\infty \cos\zeta}{2{,}718 \cdot H}.$$

Um die ζ-Abhängigkeit zu separieren, setzt man

$$z_m]_{\zeta=0} = z_0 \qquad \text{und} \qquad q_{max}]_{\zeta=0} = q_0\,.$$

Dann ist

$$e^{\frac{z_0}{H}} = QH\,n(0) \qquad \text{und} \qquad q_0 = \frac{J_\infty}{2{,}718 \cdot H}.$$

Daraus folgt

$$z_m = z_0 + H \ln\frac{1}{\cos\zeta} \qquad \text{und} \qquad q_{max} = q_0 \cos\zeta\,.$$

Setzt man dies in die Gleichung (16.4) ein, so erhält man

$$q = q_0 \exp\left(1 + \frac{z_0 - z}{H} - \frac{1}{\cos\zeta}\,e^{\frac{z_0 - z}{H}}\right).$$

Schließlich ergibt sich mit $y = (z - z_0)/H$ der relativ einfache Ausdruck

$$\boxed{q = q_0 \exp\left(1 - y - \frac{1}{\cos\zeta}\,e^{-y}\right)} \tag{16.5}$$

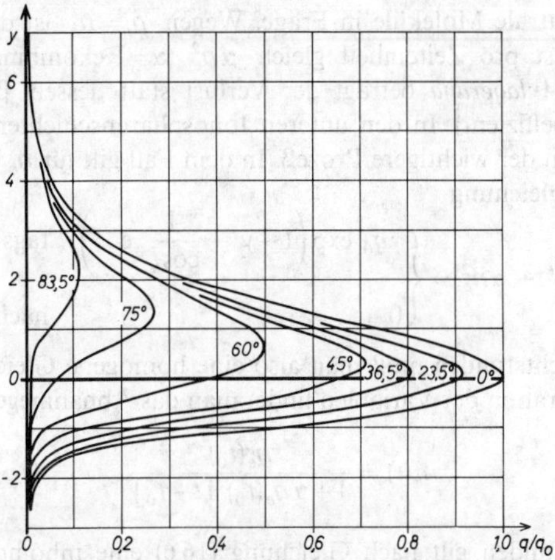

Fig. 83 Absorption monochromatischer Strahlung (pro Volumeneinheit) nach CHAPMAN (Gleichung 16.5) für verschiedene Zenitdistanzen ζ der Sonne. Die normalisierte Höhe y wird vom Niveau maximaler Absorption bei $\zeta=0°$ aus gezählt.

Die *Fig. 83* gibt eine graphische Darstellung der Funktion q für einige Werte von ζ. Für $\zeta=0°$ tritt der wesentliche Teil der Absorption im Bereich $-1{,}5<y<+3{,}5$ auf, d.h. innerhalb einer Schicht der Dicke 5H. Auf der Unterseite erfolgt der Abfall rascher als auf der Oberseite. Mit zunehmendem ζ sinkt die absorbierte Energie insgesamt, die Höhe maximaler Absorption steigt an.

Bei dieser Rechnung wurde die Krümmung der Erdoberfläche und der Atmosphärenschichten vernachlässigt, weil alle Schichten als eben angesehen wurden. CHAPMAN zeigte, daß dies eine gute Näherung ist, solange $\zeta<85°$. Für größere Werte von ζ berechnete er eine Funktion $f(\mathsf{R},\zeta)$, wobei R der Abstand vom Erdmittelpunkt ist, die in der Endformel an Stelle von $1/\cos\zeta$ zu setzen ist. f bleibt endlich für $\zeta\to 90°$.

Wir wollen nun mit Chapman annehmen, daß die gesamte absorbierte Strahlung zur Ionenproduktion verwandt wird. Gibt γ die Zahl der Ionen an, die von 1 erg erzeugt werden, so ist γq die Anzahl der pro sec und cm^3 erzeugten Ionen und Elektronen. Ferner sei n_i die Zahl der Ionen und n_e die der freien Elektronen pro cm^3, dann ist $n_i=n_e$.

Der Produktion wirkt ein fortwährender Elektronenverlust entgegen. Als Verlustprozesse kommen Rekombination mit den Ionen und Anlagerung an neutrale Moleküle in Frage. Wegen $n_i = n_e$ ist der *Rekombinations*verlust pro Zeiteinheit gleich αn_e^2 (α=Rekombinationskoeffizient). Bei *Anlagerung* beträgt der Verlust statt dessen βn_e (β=Anlagerungskoeffizient). In den unteren Ionosphärenschichten ist die Rekombination der wichtigere Prozeß. In dem Fall gilt für n_e die folgende Differentialgleichung

$$\frac{\mathrm{d}n_e}{\mathrm{d}t} + \alpha n_e^2 = \begin{cases} \gamma q_0 \exp\left(1 - y - \frac{1}{\cos\zeta}\, \mathrm{e}^{-y}\right) & \text{tags,} \\ 0 & \text{nachts.} \end{cases} \tag{16.6}$$

Für die Nachtstunden muß man also eine homogene Gleichung lösen. Durch Separation der Variablen findet man das Abnahmegesetz

$$n_e(t) = \frac{n_e(t_0)}{1 + \alpha n_e(t_0) \cdot [t - t_0]}. \tag{16.7}$$

Für Tagesstunden gilt nach Gleichung (16.6) eine inhomogene Differentialgleichung. Man kann leicht die stationäre Lösung ($\mathrm{d}n_e/\mathrm{d}t = 0$) angeben, bei der sich Produktion und Rekombination gerade aufheben. Es ist dann

$$n_e = \sqrt{\frac{\gamma q_0}{\alpha}} \exp\frac{1}{2}\left(1 - y - \frac{1}{\cos\zeta}\, \mathrm{e}^{-y}\right). \tag{16.8}$$

Die durch Gleichung (16.8) dargestellte Elektronenverteilung nennt man eine α-*Chapman-Schicht* (α bedeutet Rekombination gemäß Gleichung 16.6). Diese Schicht hat ihre größte Konzentration dort, wo die Produktion am größten ist. Die maximale Konzentration selbst ergibt sich zu

$$n_{e,\,\max} = \sqrt{\frac{\gamma q_0}{\alpha}} \cos^{\frac{1}{2}}\zeta.$$

Die Chapmansche Theorie gilt für alle Arten photochemischer Schichtbildung. Die verschiedenen Schichten unterscheiden sich durch unterschiedliche photochemische Prozesse.

16b) *Photochemie der Ionosphäre*

Die Sonnenstrahlung bewirkt in der Oberen Atmosphäre Dissoziation und Ionisation der atmosphärischen Gase. Der wichtigste *Dissoziationsprozeß* ist der folgende

$$O_2 + h\nu \rightarrow O + O, \tag{16.9}$$

$h\nu$ bedeutet das umgesetzte Lichtquant. Die erforderliche Dissoziationsenergie beträgt 5,1 eV, so daß nur Strahlung mit einer Wellenlänge, die kleiner ist als 2420 Å, wirksam ist. Von Bedeutung sind die folgenden nach ihren Entdeckern benannten Absorptionskontinua des Sauerstoffs:

Hopfield	670 bis 1000 Å,
Runge-Schumann	1350 bis 1760 Å,
Herzberg	< 2420 Å.

Im Höhenbereich zwischen 20 und 60 km vereinigt sich der größte Teil des atomaren Sauerstoffs mit O_2 zu Ozon (vgl. Fußnote auf S. 233). Das ist jedoch nur in einem Dreierstoß möglich. In größeren Höhen ist die Wahrscheinlichkeit für Dreierstöße zu gering, deshalb bleibt dort der atomare Sauerstoff erhalten. Von 120 km Höhe an ist O häufiger als O_2 und ab 170 km sogar häufiger als N_2 (vgl. Fig. 80). Stickstoff findet man auch in der Oberen Atmosphäre nur in molekularer Form, da es im Bereich der solaren Einstrahlung keine Absorptionskontinua gibt, die eine Dissoziation bewirken könnten.

Die häufigsten Gase zwischen 70 und 500 km Höhe sind also N_2, O_2 und O. Die zugehörigen *Ionisationsprozesse* sind:

$$N_2 + h\nu \rightarrow N_2^+ + e \qquad \lambda < 796\,\text{Å}, \tag{16.10}$$

$$O + h\nu \rightarrow O^+ + e \qquad \lambda < 911\,\text{Å}, \tag{16.11}$$

$$O_2 + h\nu \rightarrow O_2^+ + e \qquad \lambda < 1027\,\text{Å}, \tag{16.12}$$

e bedeutet hierbei das jeweils freigesetzte Elektron.

Zur Berechnung der Ionisierungsbilanz ist die Kenntnis der entsprechenden *Rekombinationsprozesse* erforderlich. Die einfachste Form ist die Strahlungsrekombination: Ein ionisiertes Atom oder Molekül X^+ fängt ein Elektron ein und neutralisiert sich unter Abstrahlung eines Lichtquants

$$X^+ + e \rightarrow X + h\nu. \tag{16.13}$$

Theorie und Experiment ergeben aber für diesen Prozeß eine sehr geringe Wahrscheinlichkeit. Bei Molekülen ist eine andere Art der Entladung möglich, welche dissoziative Rekombination genannt wird. Das ionisierte Molekül XY^+ wird gleichzeitig neutralisiert und dissoziiert

$$XY^+ + e \rightarrow X + Y. \tag{16.14}$$

Die durch die Gleichungen (16.13) und (16.14) bezeichneten Prozesse sind reine α-Rekombinationen im Sinne des vorigen Abschnitts. Die zugehörige Kontinuitätsgleichung ist nämlich

$$\frac{\mathrm{d}n_e}{\mathrm{d}t} = \gamma q - \alpha n_e^2 \quad \text{wegen} \quad n_i = n_e. \tag{16.15}$$

Man hat die folgenden Rekombinationskoeffizienten bestimmt:

Strahlungsrekombination: O^+ $\alpha = 10^{-12}\,\mathrm{cm^3/sec}$;

Dissoziative Rekombination: N_2^+ $\alpha = 3 \cdot 10^{-7}\,\mathrm{cm^3/sec}$,

O_2^+ $\alpha = 2 \cdot 10^{-7}\,\mathrm{cm^3/sec}$,

NO^+ $\alpha = 5 \cdot 10^{-7}\,\mathrm{cm^3/sec}$.

Hieraus ersieht man, wie unterschiedlich die Wahrscheinlichkeiten für Strahlungs- und Dissoziationsrekombination sind. Wenn O^+ in der Atmosphäre einmal gebildet ist, sollte es sehr lange existieren. Die Beobachtungen entsprechen dem qualitativ. Quantitativ ergeben sich aber Unstimmigkeiten, besonders für O^+-Ionen in etwa 200 km Höhe. Nach den Beobachtungen berechnet man einen Rekombinationskoeffizienten von $5 \cdot 10^{-9}\,\mathrm{cm^3/sec}$. Dieser Widerspruch löst sich nur, wenn man auch Verluste durch Anlagerung berücksichtigt. Die in der Ionosphäre möglichen Prozesse sind in den Gleichungen (16.16) bis (16.19) angegeben (β ist darin der jeweilige Anlagerungskoeffizient):

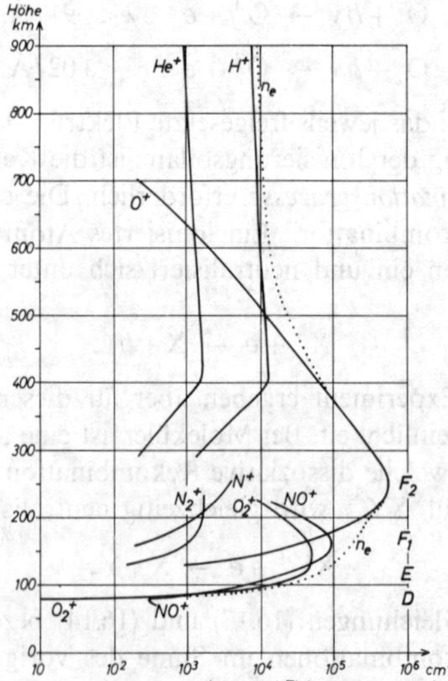

Fig. 84 Mittlere Tageswerte der Ionen- und Elektronenkonzentration in der Atmosphäre (nach Modellrechnungen von DONAHUE auf Grund der in Fig. 80 dargestellten Zusammensetzung der neutralen Atmosphäre).

$$O^+ + O_2 \rightarrow O_2^+ + O \quad \beta = 2 \cdot 10^{-11}\,\text{cm}^3\,\text{sec}^{-1}, \quad (16.16)$$

$$O^+ + N_2 \rightarrow NO^+ + N \quad \beta = 0{,}1 \cdot 10^{-11}\,\text{cm}^3\,\text{sec}^{-1}, \quad (16.17)$$

$$N_2^+ + O_2 \rightarrow O_2^+ + N_2 \quad \beta = 15 \cdot 10^{-11}\,\text{cm}^3\,\text{sec}^{-1}, \quad (16.18)$$

$$N_2^+ + O \rightarrow NO^+ + N \quad \beta = 25 \cdot 10^{-11}\,\text{cm}^3\,\text{sec}^{-1}. \quad (16.19)$$

Diese Prozesse, die alle einen Ladungsaustausch mit einem Molekül enthalten, gehorchen Kontinuitätsgleichungen der Form

$$\frac{\mathrm{d}n_i}{\mathrm{d}t} = \gamma q(n_i) - \beta n_i \cdot n(\mathrm{X}). \quad (16.20)$$

Dies ist eine Anlagerungsgleichung vom β-Typ.

Für den Elektronenverlust in der Ionosphäre muß man also einen gemischten Prozeß nach (16.15) und (16.20) annehmen. In der unteren *F*-Schicht überwiegt der α-Typ, oben der β-Typ.

Die Reaktionen (16.16) bis (16.19) erklären nicht nur die beobachtete Größe der Verluste von O^+, es wird jetzt auch verständlich, warum in der Ionosphäre nur so wenig N_2^+-Ionen auftreten, obwohl viele N_2-Moleküle zur Verfügung stehen (vgl. 16.18 und 16.19). Weiter wird das Auftreten von ionisiertem Stickstoffoxyd (NO^+) erklärt. In der Bodenluft tritt NO^+ naturgemäß nicht auf. Aber auch NO, ein farbloses Gas, ist dort nur als Spurenstoff vorhanden, da es sehr leicht zu (kräftig rotbraunem) NO_2 oxydiert (Stickstoffwerke!).

Die *Fig. 84* zeigt das Ergebnis, das Beobachtungen und Modellrechnungen für die Ionen- und Elektronenkonzentration in der Oberen Atmosphäre ergaben. In der Ionosphäre herrschen die Ionen O_2^+, NO^+ und O^+ vor, in Höhen über 500 km H^+ und He^+.

Literatur zum Weiterstudium

Die Chapman-Theorie ist ausführlich dargestellt in CB (Literaturverzeichnis Kap. 29) 504–518. Dort findet man zahlreiche Illustrationen der Resultate.

H. STAUDE: Photochemie. B.I.-Hochschultaschenbücher **27**, 2. Aufl. Mannheim 1966.

Die in diesem Kapitel gebrachten Ergebnisse über die photochemischen Prozesse in der Oberen Atmosphäre entstammen dem in der Unterschrift von Fig. 80 zitierten Artikel von DONAHUE.

17. *Elementare Einführung in die Physik ionisierter Gase*

Das Verhalten von Gasen, die teilweise oder völlig ionisiert sind – auch *Plasmen* genannt –, ist sehr verschieden vom Verhalten neutraler Gase. Um das zu betonen, spricht man gelegentlich von einem Plasma als dem vierten Aggregatzustand der Materie. Die Physik ionisierter Gase oder Plasmatheorie hat nicht nur in der Geo- und Astrophysik, sondern auch in der Technik (magnetohydrodynamische Generatoren, Fusionsexperimente) große Bedeutung erlangt. Die Plasmatheorie ist ein umfangreiches und ergiebiges Teilgebiet der Physik geworden.

Die folgende elementare Einführung ist auf die *geophysikalischen Anwendungen* zugeschnitten. In *Kap. 17a* werden die Bewegungen elektrisch geladener Teilchen in unterschiedlichen Feldern besprochen. Aus dem Verhalten dieser Einzelteilchen leiten sich die in den weiteren Abschnitten geschilderten Eigenschaften ionisierter Gase ab. Außerdem lassen sich die Ergebnisse dieses Abschnitts auf die Bewegung der Van-Allen-Teilchen (Kap. 26) und näherungsweise auch der Teilchen der (primären) Kosmischen Strahlung (Kap. 21) anwenden, nur näherungsweise, weil die Geschwindigkeit der Kosmischen Strahlung nahe an die Lichtgeschwindigkeit herankommt, während in Kap. 17a nur nichtrelativistische Teilchen untersucht werden. Zum Verständnis der aus erdmagnetischen Beobachtungen (Kap. 19) erschlossenen Ionosphärenströme wird in *Kap. 17b* die elektrische Leitfähigkeit in schwach ionisierten Gasen unter der Einwirkung eines konstanten Magnetfeldes behandelt.

Der Vorbereitung des Kapitels 20 über die Erforschung der Ionosphäre mit Radiowellen dient *Kap. 17c*, in dem die Ausbreitung elektromagnetischer Wellen in ionisierten Gasen – wieder unter Einwirkung eines konstanten Magnetfeldes – untersucht wird. In *Kap. 17d* werden die Bewegungsgleichungen eines ionisierten Gases angegeben und Folgerungen für die vom Plasma mitgeführten Magnetfelder *(eingefrorene Felder)* gezogen. Dies ist wichtig zum Verständnis der interplanetaren Magnetfelder (Kap. 23). Außerdem enthält Kap. 17d eine Abschätzung der Gültigkeitsbereiche der Einteilchen-Näherung (Kap. 17a) und der magnetohydrodynamischen (MHD) Näherung. Die Grenze der beiden Bereiche wird durch die *Debye-Länge* bestimmt. In *Kap. 17e* schließlich wird ein spezieller Typ der MHD-Wellen *(Alfvén-Wellen)* hergeleitet. MHD-Wellen sind von Bedeutung für den Energietransport im Interplanetaren Raum und in der Magnetosphäre. Als Auswirkung von MHD-Wellen beobachtet man am Erdboden die magnetischen Pulsationen (Kap. 19j).

Man hätte die einzelnen Abschnitte dieses Kapitels über das ganze Buch verteilt jeweils zu der behandelten Anwendung schreiben können. Mir schien die geschlossene Darstellung günstiger, weil dabei Gemeinsamkeiten der verschiedenen Teilgebiete sichtbar werden, andererseits aber auch Unterschiede deutlich hervortreten, so äußert sich z.B. der Einfluß von Stößen zwischen den einzelnen Teilchen bei den Radiowellen (Kap. 17c) nur in einem Korrekturglied, für die Leitfähigkeit der Ionosphäre (Kap. 17b) dagegen ist er von entscheidender Bedeutung.

Hätte man die einzelnen Abschnitte auf die Anwendungsgebiete aufgeteilt, so wäre man auch an die nach geometrischen Aspekten gewählte Reihenfolge des Buches (Obere Atmosphäre – Sonne – Interplanetarer Raum – Magnetosphäre) gebunden gewesen. Die Vorwegnahme in diesem ganz der Theorie gewidmeten Kapitel ermöglichte die Anordnung nach systematischen und didaktischen Gesichtspunkten.

17 a) *Geladene Teilchen in elektrischen, magnetischen und Gravitationsfeldern*

Für ein geladenes Teilchen gilt die Bewegungsgleichung

$$m\frac{\mathrm{d}\boldsymbol{v}}{\mathrm{d}t} = \mathrm{q}(\boldsymbol{E}+[\boldsymbol{v}\times\boldsymbol{H}])+m\mathbf{g}, \tag{17.1}$$

m = Masse des Teilchens, $\boldsymbol{E}$ = Elektrische Feldstärke,
q = Elektrische Ladung, $\boldsymbol{H}$ = Magnetfeldstärke,
$\boldsymbol{v}$ = Geschwindigkeit, $\mathbf{g}$ = Gravitationsbeschleunigung.

Alle Größen in elektromagnetischen cgs-Einheiten.

$\mathrm{q}[\boldsymbol{v}\times\boldsymbol{H}]$ ist die *Lorentzkraft* (H. A. LORENTZ 1853–1928), die in der theoretischen Behandlung die *Maxwellschen Gesetze* (J. C. MAXWELL 1831–1879) für das elektromagnetische Feld mit der Mechanik verknüpft. Wir wollen uns das Verhalten der Lösungen von Gleichung (17.1) an einer Reihe von Spezialfällen verdeutlichen:

Zunächst denken wir uns die Teilchengeschwindigkeit in zwei Komponenten zerlegt, von denen die eine *parallel* und die andere senkrecht zum Magnetfeld $\boldsymbol{H}$ ist

$$\boldsymbol{v}=\boldsymbol{v}_{||}+\boldsymbol{v}_{\perp}.$$

$\boldsymbol{v}_{||}$ liefert keinen Beitrag zur Lorentzkraft, deshalb wird eine Anfangsgeschwindigkeit in dieser Richtung durch das Magnetfeld nicht beeinflußt. Kraftfelder (elektrisch $\boldsymbol{E}$ oder mechanisch $\mathbf{g}$), die parallel zum Magnetfeld gerichtet sind, rufen eine konstante Beschleunigung in der Richtung von $\boldsymbol{v}_{||}$ hervor. Interessant sind nur Anfangsgeschwindigkeiten (Fall a), Kraftfelder (Fälle b und c) und Feldgradienten (Fall d), die *senkrecht* zum Magnetfeld gerichtet sind:

a) $\mathfrak{g}=0$, $\boldsymbol{H}$ homogen, $\boldsymbol{E}=0$, Anfangsgeschwindigkeit $\boldsymbol{v}_0$ senkrecht zu $\boldsymbol{H}$. Es wirkt nur die Lorentzkraft. Weil diese stets orthogonal zu $\boldsymbol{v}$ ist, bleibt die Bahngeschwindigkeit v konstant: $v=v_{\perp}=v_0$. Das Teilchen beschreibt eine Kreisbahn in einer Ebene, die orthogonal auf $\boldsymbol{H}$ steht. Die Zentrifugalbeschleunigung ist dabei gleich der Beschleunigung durch die Lorentzkraft:

$$\frac{v_{\perp}^2}{r} = \frac{|\mathrm{q}|}{m} v_{\perp} \cdot H, \tag{17.2}$$

r = Radius der Kreisbahn.

Die Kreisbewegung nennt man in diesem Zusammenhang auch Gyration und r den *Gyrationsradius* r_g. Nach Gleichung (17.2) ist:

$$\boxed{r_g = \frac{m v_{\perp}}{|\mathrm{q}| H}} \tag{17.3}$$

r_g ist also um so größer, je größer $v_{\perp}$ und je kleiner H ist. Bei gleichem $v_{\perp}$ ist er für Protonen 1836mal größer als für Elektronen. Die Größe v/r gibt die Kreisfrequenz der Gyrationsbewegung an, kurz *Gyrofrequenz*[1] ω_g genannt:

$$\boxed{\omega_g = \frac{|\mathrm{q}|}{m} H} \tag{17.4}$$

Positiv und negativ geladene Teilchen haben entgegengesetzten Umlaufsinn *(Fig. 85, oberste Reihe)*. Im Erdfeld von $H=0{,}5$ Gauß ergibt sich für Protonen eine Frequenz $(\omega_g/2\pi)$ von 800 Hz und für Elektronen von 1,4 MHz. Die Überlagerung der Gyration und der Bewegung in Richtung des Magnetfeldes ergibt als Teilchenbahn eine Schraubenlinie.

b) $\mathfrak{g}=0$, $\boldsymbol{H}$ homogen, $\boldsymbol{E}$ homogen, $\boldsymbol{E}$ senkrecht zu $\boldsymbol{H}$, $\boldsymbol{E}$ und $\boldsymbol{H}$ zeitlich konstant. Man definiert eine Geschwindigkeit $\boldsymbol{v}'$, bei der von $\boldsymbol{v}$ ein konstanter Wert abgezogen wird, in folgender Weise:

$$\boldsymbol{v}' = \boldsymbol{v} - \frac{1}{H^2} [\boldsymbol{E}_{\perp} \times \boldsymbol{H}]. \tag{17.5}$$

[1] ω_g wird oft, besonders in der angelsächsischen Literatur, „Larmorfrequenz" genannt. Dieser Name spielt auf die formale Ähnlichkeit zur Prazessionswinkelgeschwindigkeit ω_p an (Gleichung 9.26). ω_g hat aber mit der Präzession nichts zu tun. Außerdem unterscheiden sich beide durch den Faktor $1/2\, g$ bei ω_p (vgl. Anmerkung in Kap. 9 i).

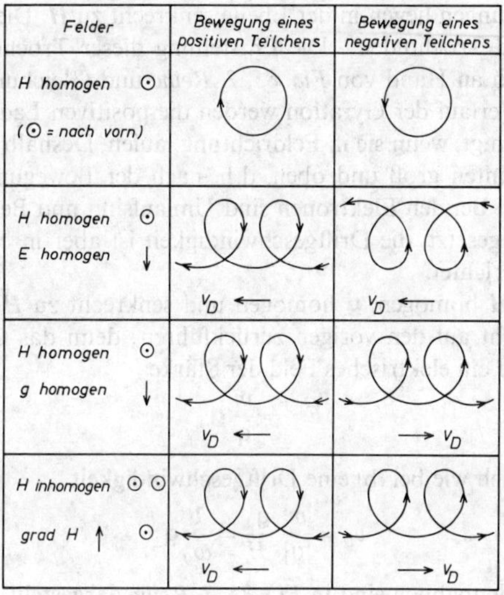

Fig. 85 Bewegung geladener Teilchen im Magnetfeld. $\boldsymbol{v}_D$ bezeichnet die Richtung der Driftgeschwindigkeit. Die vier dargestellten Feldanordnungen gehören zu den im Text behandelten Fällen (a) bis (d).

Setzt man dies in die Gleichung (17.1) ein, so erhält man

$$m\frac{\mathrm{d}\boldsymbol{v}'}{\mathrm{d}t}=\mathrm{q}\left\{\boldsymbol{E}_\perp+[\boldsymbol{v}'\times\boldsymbol{H}]+\frac{1}{H^2}\underbrace{[(\boldsymbol{E}_\perp\times\boldsymbol{H})\times\boldsymbol{H}]}_{-H^2\boldsymbol{E}_\perp}\right\}.$$

Durch den Ansatz (17.5) wird also $\boldsymbol{E}$ aus der Differentialgleichung (für $\boldsymbol{v}'$) eliminiert. Es gilt:

$$m\frac{\mathrm{d}\boldsymbol{v}'}{\mathrm{d}t}=\mathrm{q}[\boldsymbol{v}'\times\boldsymbol{H}]. \tag{17.6}$$

Das ist dieselbe Differentialgleichung, die für $\boldsymbol{v}$ im Fall (a) gilt. Deshalb setzt sich die Gesamtbewegung zusammen aus einer Gyration und einer Verschiebung des Mittelpunktes der Gyration gemäß Gleichung (17.5). Den Mittelpunkt nennt man in diesem Zusammenhang das *Führungszentrum* und seine Bewegung *Drift*. Nach Gleichung (17.5) ist die Driftgeschwindigkeit

$$\boldsymbol{v}_D=\frac{1}{H^2}[\boldsymbol{E}_\perp\times\boldsymbol{H}]. \tag{17.7}$$

Beide Bewegungen liegen in der Ebene senkrecht zu $\boldsymbol{H}$. Die Bahnen der Teilchen sind Trochoiden[1]. Die Entstehung dieser Trochoidenbahnen läßt sich auch an Hand von *Fig. 85, 2. Reihe* und Gleichung (17.3) verstehen: Im Verlauf der Gyration werden die positiven Ladungen jedesmal beschleunigt, wenn sie in Feldrichtung laufen. Deshalb ist ihr Gyrationsradius unten groß und oben, d.h. nach der Bewegung gegen das E-Feld, klein. Bei den Elektronen sind Umlaufsinn und Beschleunigungen entgegengesetzt, die Driftgeschwindigkeit ist aber in beiden Fällen nach links gerichtet.

c) $\boldsymbol{E}=0$, $\boldsymbol{H}$ homogen, $\mathbf{g}$ homogen und senkrecht zu $\boldsymbol{H}$. Dieser Fall läßt sich leicht auf den vorigen zurückführen; denn das Gravitationsfeld wirkt wie ein elektrisches Feld der Stärke

$$\boldsymbol{E}_{\perp}=\frac{m}{\mathrm{q}}\,\mathbf{g}_{\perp}\,.$$

Also ergibt sich wie bei (b) eine Driftgeschwindigkeit

$$v_D=\frac{m}{|\mathrm{q}|}\,\frac{\mathrm{g}_{\perp}}{H}=\frac{1}{\omega_g}\,\mathrm{g}_{\perp}. \tag{17.8}$$

Die Trochoidenbahnen sind in *Fig. 85, 3. Reihe* dargestellt. Wie im Fall (b) ist eine Erklärung durch Änderung des Gyrationsradius möglich. Die Richtung von $\boldsymbol{v}_D$ ist jetzt aber für positive und negative Ladungen entgegengesetzt. Dadurch kann bei Anwesenheit beider Ladungen ein elektrisches Feld entstehen.

d) $\mathbf{g}=0$, $\boldsymbol{E}=0$, $\boldsymbol{H}$ inhomogen. Ändert sich der Betrag von $\boldsymbol{H}$ in einer Richtung senkrecht zu $\boldsymbol{H}$ (grad H senkrecht zu $\boldsymbol{H}$), so beschreiben die Teilchen wieder Trochoidenbahnen *(Fig. 85, 4. Reihe)*, die für unterschiedliche Ladungen entgegengesetzte Richtungen haben. Anschaulich läßt sich dieser Effekt mühelos verstehen; denn die Gyrationsradien sind nach Gleichung (17.3) klein, wo H groß ist und umgekehrt. Im Gegensatz zu den vorigen Fällen erhält man jetzt aber keine geschlossene, sondern nur eine Näherungslösung. Diese wurde 1940 von H. ALFVÉN angegeben.

Zur Ableitung benutzen wir ein kartesisches Koordinatensystem: z-Achse in $\boldsymbol{H}$-Richtung, y-Achse in Richtung von grad H. Es sei $\boldsymbol{v}_{||}=0$, dann bewegen sich die Teilchen in der x-y-Ebene. Wir gehen aus von dem Impulsvektor $\boldsymbol{p}=m\boldsymbol{v}$. Bei der Gyration hat dieser die Komponenten

$$\boldsymbol{p}_x=-p_{\perp}\sin\omega_g(t-t_0),\quad \boldsymbol{p}_y=-p_{\perp}\cos\omega_g(t-t_0)\quad \text{mit}\quad p_{\perp}=mv_{\perp}. \tag{17.9}$$

[1] Der Name *Trochoiden* stammt aus der Kinematik: Rollt ein Kreis auf einer Geraden ab, so heißen die Bahnen aller mit dem Kreis fest verbundenen Punkte Trochoiden (mit gerader Grundlinie). Die Bahnen der Punkte, die auf dem Kreisumfang liegen, nennt man auch *Zykloiden*.

Auf dic Wahl des Zeitanfangs t_0 kommt es nicht an, wir wollen daher $t_0=0$ setzen. Das Führungszentrum liege zu dieser Zeit im Koordinatenursprung. Den Gyrationsradius wollen wir jetzt als Vektorgröße $\boldsymbol{r}_g$ auffassen, die jeweils von der Bahnkurve zum Krümmungsmittelpunkt hinzeigt *(Fig. 86)*. r_g ist die Länge des Vektors. Nach Gleichung (17.3) läßt sich dann schreiben

$$\boldsymbol{r}_g = \frac{1}{|q|\,H^2}\,[\boldsymbol{p}\times\boldsymbol{H}]\,. \tag{17.10}$$

Es sei H_0 der Betrag der Magnetfeldstärke im Ursprung und der Gradient $\partial H/\partial y=a$. Beginnt die Bewegung zur Zeit $t=0$ in $x=r_g$ und $y=0$, so befindet sich das Teilchen zur Zeit t im Feld

$$H(t)=H_0-a\,r_g\sin\omega_g t\,. \tag{17.11}$$

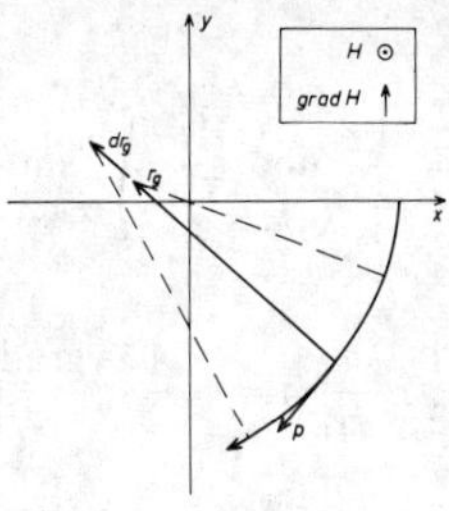

Fig. 86 Zur Berechnung der Drift im inhomogenen Magnetfeld (Fig. 85, 4. Reihe). $\boldsymbol{p}$ ist der Impulsvektor. Der (vektorielle) Krümmungsradius $\boldsymbol{r}_g$ weist zum Krümmungsmittelpunkt hin. Da $\boldsymbol{r}_g$ Normale zur Bahnkurve sein muß, kann eine Änderung $\mathrm{d}\boldsymbol{r}_g$ nur in Richtung von $\boldsymbol{r}_g$ liegen.

Durch die Änderung von H ändert sich auch $\boldsymbol{r}_g$. Die Verschiebung des Krümmungsmittelpunktes oder Führungszentrums erfolgt immer in Richtung der Kurvennormalen $\boldsymbol{r}_g$ (Fig. 86). Die zeitliche Änderung des Betrages von $\boldsymbol{r}_g$ erhält man aus Gleichung (17.3). Deshalb ist

$$\mathrm{d}\boldsymbol{r}_g = -\frac{\mathrm{d}H}{|q|\,H^3}\,[\boldsymbol{p}\times\boldsymbol{H}]\,. \tag{17.12}$$

Aus der Gleichung (17.11) ergibt sich durch Differentiation, wenn man die Zeitabhängigkeit von r_g und ω_g vernachlässigt:

$$\frac{\mathrm{d}H}{\mathrm{d}t}\approx -\,a\,r_g\,\omega_g\cos\omega_g t = -\,a\,v_\perp\cos\omega_g t\,. \tag{17.13}$$

Setzt man die Ausdrücke aus (17.9) und (17.13) in die Gleichung (17.12) ein und vernachlässigt man kleine Glieder ($a r_g \ll H_0$), so erhält man für die Komponenten der Verschiebung des Führungszentrums

$$\frac{\mathrm{d}\boldsymbol{r}_{gx}}{\mathrm{d}t} = -\frac{\mathrm{d}H/\mathrm{d}t}{|\mathrm{q}|\,H_0{}^3}\boldsymbol{p}_y H_0 = -r_g \frac{v_\perp}{H_0} a\cos^2(\omega_g t), \tag{17.14}$$

$$\frac{\mathrm{d}\boldsymbol{r}_{gy}}{\mathrm{d}t} = +\frac{\mathrm{d}H/\mathrm{d}t}{|\mathrm{q}|\,H_0{}^3}\boldsymbol{p}_x H_0 = \quad r_g \frac{v_\perp}{H_0} a\sin(\omega_g t)\cos(\omega_g t)\,. \tag{17.15}$$

Die Driftgeschwindigkeit oder mittlere Geschwindigkeit des Führungszentrums erhält man, wenn man die Gleichungen (17.14) und (17.15) über eine Gyrationsperiode T_g mittelt ($\mathsf{T}_g = 2\pi/\omega_g$)

$$\boldsymbol{v}_{Dx} = \frac{1}{\mathsf{T}_g}\int_t^{t+\mathsf{T}_g} \frac{\mathrm{d}\boldsymbol{r}_{gx}}{\mathrm{d}t}\mathrm{d}t \qquad \boldsymbol{v}_{Dy} = \frac{1}{\mathsf{T}_g}\int_t^{t+\mathsf{T}_g} \frac{\mathrm{d}\boldsymbol{r}_{gy}}{\mathrm{d}t}\mathrm{d}t\,.$$

Da

$$\frac{1}{\mathsf{T}_g}\int_t^{t+\mathsf{T}_g} \cos^2(\omega_g t)\mathrm{d}t = \frac{1}{2} \quad \text{und} \quad \frac{1}{\mathsf{T}_g}\int_t^{t+\mathsf{T}_g} \sin(\omega_g t)\cos(\omega_g t)\mathrm{d}t = 0$$

ergibt sich

$$\begin{aligned} \boldsymbol{v}_{Dx} &= -\frac{1}{2} r_g \frac{v_\perp}{H_0} a = -\frac{1}{2} r_g \frac{\operatorname{grad}_\perp H}{H} v_\perp, \\ \boldsymbol{v}_{Dy} &= 0\,. \end{aligned} \tag{17.16}$$

Dies ist die Alfvénsche Näherungslösung für die Driftgeschwindigkeit im inhomogenen Magnetfeld.

e) Es entsteht auch eine Drift, wenn sich das Teilchen längs einer gekrümmten Feldlinie bewegt ($\boldsymbol{v}_0 = \boldsymbol{v}_{||}$). R_F sei der Krümmungsradius der Feldlinie. Dann tritt bei der Bewegung eine Zentrifugalbeschleunigung $b_\perp$ auf, und es gilt

$$b_\perp = \frac{v_{||}^2}{R_F}\,.$$

Diese Beschleunigung wirkt wie eine Gravitationsbeschleunigung (Fall c). Sie führt nach Gleichung (17.8) zu einer Driftgeschwindigkeit

$$v_D = \frac{b_\perp}{\omega_g} = \frac{v_{||}^2}{R_F \omega_g}\,. \tag{17.17}$$

Die Fälle (d) und (e) treten gewöhnlich gleichzeitig auf. Ist das Magnetfeld wirbelfrei, so lassen sich die in den Gleichungen (17.16) und (17.17) auftretenden Driftgeschwindigkeiten zusammenfassen. Sie haben für positive Teilchen die Richtung von $[\boldsymbol{H} \times \operatorname{grad} H]$, für negative die entgegengesetzte. Aus den Formeln der Differentialgeometrie folgt für ein solches Feld

$$\frac{1}{R_F} = |\operatorname{grad}_\perp \ln H| = \frac{|\operatorname{grad}_\perp H|}{H}.$$

Setzt man diesen Ausdruck in die Gleichung (17.16) ein, so erhält man

$$v_D = \frac{1}{\omega_g R_F}\left(\frac{1}{2} v_\perp^2 + v_\parallel^2\right). \tag{17.18}$$

Die Betrachtung der Spezialfälle (a) bis (e) gibt einen gewissen Einblick in das Verhalten geladener Teilchen in elektrischen, magnetischen und Gravitationsfeldern. Bei komplizierteren Feldanordnungen bereitet die Integration der Gleichung (17.1) erhebliche Schwierigkeiten. ALFVÉN hat eine nützliche und anschauliche Methode eingeführt, um die Bewegung geladener Teilchen näherungsweise zu berechnen. Diese Methode ist unter dem Namen *Alfvénsche Näherung* bekannt. Man macht dabei Gebrauch von einem Satz über die Konstanz des Dipolmoments geladener Teilchen in zeitlich und örtlich schwach veränderlichen Magnetfeldern. Dieser Satz soll jetzt formuliert und anschließend bewiesen werden.

Ein kreiselndes, geladenes Teilchen entspricht einem elektrischen Kreisstrom der Stärke $J = |q|\,\omega_g/2\pi$. Dieser umfließt die Kreisfläche $F = \pi r_g^2$. So entsteht ein magnetisches Dipolmoment vom Betrage $\mu = J \cdot F$. Es ist

$$\boxed{\mu = J \cdot F = |q| \,\frac{\omega_g}{2\pi} \cdot \pi r_g^2 = \frac{1}{2} m \frac{v_\perp^2}{H}} \tag{17.19}$$

Man kann $\boldsymbol{\mu}$ als das Dipolmoment des Teilchens (genauer des Führungszentrums) auffassen. Die Richtung des Dipolmomentes ist stets entgegengesetzt zu der von $\boldsymbol{H}$. Man spricht deshalb auch vom *Diamagnetismus der Teilchen.*

Nach Alfvén gilt der Satz, daß der Betrag μ des Dipolmomentes bei (1) zeitlichen und (2) räumlichen Änderungen des Magnetfeldes (in erster Näherung) konstant bleibt, sofern sich die kinetische Energie des Teilchens nicht ändert. Beweis:

1. $\boldsymbol{H}$ homogen, es gebe aber zeitliche Variationen des absoluten Betrages von $\boldsymbol{H}$. Nach Gleichung (17.19) ist

$$\frac{d}{dt}(\mu \cdot H) = \frac{d}{dt}\left(\tfrac{1}{2} m v_\perp^2\right). \tag{17.20}$$

Die rechte Seite von Gleichung (17.20) stellt die zeitliche Änderung des in der Gyrationsbewegung enthaltenen Anteils an der kinetischen Energie des Teilchens dar. Für eine Änderung dieses Anteils kommt hier nur ein elektromagnetischer Prozeß in Frage. Deshalb muß die Änderung gleich $J \cdot U_{\text{ind}}$ sein, wobei U_{ind} die induzierte Spannung bei der zeitlichen Variation des Magnetfeldes ist. Nach dem Induktionsgesetz ist

$$U_{\text{ind}} = \mathrm{F}\, \frac{\mathrm{d}H}{\mathrm{d}t}.$$

Also gilt nach Gleichung (17.20)

$$\frac{\mathrm{d}}{\mathrm{d}t}\,(\mu \cdot H) = J \cdot \mathrm{F}\, \frac{\mathrm{d}H}{\mathrm{d}t} = \mu \frac{\mathrm{d}H}{\mathrm{d}t}.$$

Diese Gleichung ist aber nur dann richtig, wenn $\mu = \text{const}$ ist, was zu beweisen war. Man nennt Größen, die wie μ bei langsamen Feldänderungen konstant bleiben, *adiabatische Invarianten.* μ selbst nennt man die *erste* adiabatische Invariante.

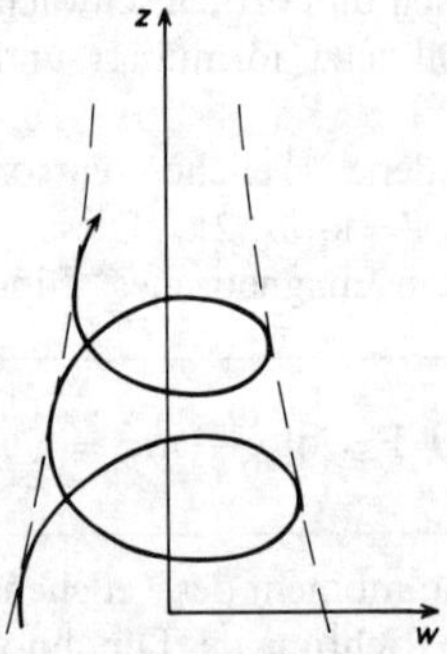

Fig. 87 Schraubenbewegung eines geladenen Teilchens im inhomogenen Magnetfeld. Lokales Zylinderkoordinatensystem: *z*-Achse in Richtung des Magnetfeldes. Benachbarte Feldlinien gestrichelt.

2. $\boldsymbol{H}$ sei zeitlich konstant, aber inhomogen. Wir benutzen ein lokales Zylinderkoordinatensystem, dessen *z*-Achse mit der Magnetfeldrichtung zusammenfalle, *w* sei der Abstand von dieser Achse *(Fig. 87)*. Für ein zylindersymmetrisches Feld gilt dann

$$0 = \operatorname{div} \boldsymbol{H} = \frac{1}{w} \frac{\partial}{\partial w} (w \boldsymbol{H}_w) + \frac{\partial}{\partial z} (\boldsymbol{H}_z). \tag{17.21}$$

Wenn das Feld nicht zu stark inhomogen ist, gilt näherungsweise:

$$\frac{\partial \boldsymbol{H}_z}{\partial z} \approx \frac{\partial H}{\partial z} \quad \text{und} \quad \frac{\partial H}{\partial z} \quad \text{ist unabhängig von } w.$$

Dann läßt sich die Gleichung (17.21) integrieren, und man erhält

$$\boldsymbol{H}_w = -\frac{1}{2} w \frac{\partial H}{\partial z}. \tag{17.22}$$

Für die Bewegung in Feldrichtung gilt

$$m \frac{\mathrm{d}v_{\|}}{\mathrm{d}t} = |q| v_{\perp} \boldsymbol{H}_w = -|q| v_{\perp} \frac{1}{2} r_g \frac{\partial H}{\partial z} = -\mu \operatorname{grad}_{\|} H. \tag{17.23}$$

An dieser Gleichung erkennt man wieder, daß sich die Teilchen wie diamagnetische Materie verhalten: Sie werden aus Gebieten größerer Feldstärke herausgedrängt.

Multipliziert man die Gleichung (17.23) mit $v_{\|}$, so erhält man

$$\frac{\mathrm{d}}{\mathrm{d}t} \left(\tfrac{1}{2} m v_{\|}^2\right) = -\mu v_{\|} \operatorname{grad}_{\|} H = -\mu |(\boldsymbol{v} \cdot \operatorname{grad}) H| .$$

Wegen der zeitlichen Konstanz von $\boldsymbol{H}$ $(\partial H / \partial t = 0)$ gilt

$$\frac{\mathrm{d}\boldsymbol{H}}{\mathrm{d}t} = (\boldsymbol{v} \cdot \operatorname{grad}) H$$

und mithin

$$\frac{\mathrm{d}}{\mathrm{d}t} \left(\tfrac{1}{2} m v_{\|}^2\right) = -\mu \left| \frac{\mathrm{d}\boldsymbol{H}}{\mathrm{d}t} \right|. \tag{17.24}$$

Da die gesamte kinetische Energie des Teilchens konstant sein muß, ist

$$\frac{\mathrm{d}}{\mathrm{d}t} \left(\tfrac{1}{2} m v_{\|}^2\right) = -\frac{\mathrm{d}}{\mathrm{d}t} \left(\tfrac{1}{2} m v_{\perp}^2\right). \tag{17.25}$$

Aus den Gleichungen (17.24), (17.25) und (17.20) folgt aber wieder, daß $\mu = \text{const}$ sein muß.

Den Geophysiker interessiert besonders das Verhalten geladener Teilchen im magnetischen Dipolfeld (der Erde). Der norwegische Mathematiker und Geophysiker CARL STÖRMER (1874–1957) hat einen wesentlichen Teil seines Lebenswerkes der Berechnung von Teilchenbahnen im Dipolfeld gewidmet. Störmer stellte diese Rechnungen an, um mit Hilfe der Ergebnisse die Polarlichter zu erklären. Schon vor Störmer hatte 1896 K. BIRKELAND (1867–1917) Experimente zum Eindringen von Elektronen in ein Dipolfeld gemacht. Als Modell der Erde diente ihm eine magnetisierte Eisenkugel, die er in Anlehnung an GILBERT (vgl. Einleitung zu Kap. 8) *Terrella* nannte. Er richtete einen Kathodenstrahl auf die Terrella und beobachtete die Verteilung der auftretenden Leuchterscheinungen. Im Zusammenhang mit den Störmerschen Rechnungen sind seine Experimente 1931 von E. BRÜCHE in verbesserter Form wiederholt worden.

Die Ausführung von *Modellexperimenten* zur Lösung komplizierter Probleme ist eine wichtige Methode geophysikalischer Forschung. Randbedingungen, wie sie die Natur bietet, machen viele Vorgänge zu verwickelt für eine direkte numerische Behandlung. Das Experiment von Birkeland ist ein großartiges, schon klassisches Beispiel geophysikalischer Modellversuche. In neuerer Zeit bildeten Modellversuche ein wichtiges Hilfsmittel der Seismologie. Ultraschallwellen ersetzen dabei die Erdbebenwellen. Ihre Wellenfronten und Amplitudenverteilungen können an Modellen mit kompliziertem geometrischen Aufbau studiert werden. Auch zur Bestimmung der elektromagnetischen Induktion wurden mit Erfolg Modellversuche angestellt. Wichtig ist bei allen Modellen die Einhaltung gewisser Modellregeln, die Beziehungen zwischen den geometrischen Abmessungen einerseits und den Frequenzen, Schallgeschwindigkeiten, Leitfähigkeiten usw. andrerseits ausdrücken.

Die Alfvénsche Näherung ermöglicht es, das Verhalten geladener Teilchen (nicht zu hoher Energie) im Dipolfeld auch ohne detaillierte Rechnungen zu ermitteln: Die Teilchen kreiseln um die Magnetfeldlinien mit Gyrationsradien und -frequenzen entsprechend den Gleichungen (17.3) und (17.4). Besitzen sie außer $\boldsymbol{v}_{\perp}$ eine Geschwindigkeitskomponente $\boldsymbol{v}_{\parallel}$ in Feldrichtung, so bewegen sie sich auf Schraubenlinien. Bei der Bewegung bleibt das Dipolmoment μ der Teilchen konstant. Da die Magnetfeldstärke bei der Annäherung an die Erde zunimmt, erreichen die entgegen der Erdfeldrichtung „magnetisierten" Teilchen schließlich einen Punkt, in dem ihre ganze transversale Energie verbraucht ist. Sie kommen einen Augenblick zur Ruhe und werden dann wieder aus dem Feld herausgedrängt. Dieser Vorgang erinnert an eine Reflexion. Man spricht deshalb von einem *magnetischen Spiegel*.

Die Reflexionsstelle berechnet man nach folgender Überlegung. Ist ξ der Winkel, den die Teilchengeschwindigkeit $\boldsymbol{v}$ mit der Magnetfeldrichtung bildet, so gilt

$$\sin\xi = \frac{v_{\perp}}{v}.$$

Wegen der Konstanz von μ und v (Energiesatz!) folgt aus der Gleichung (17.19), daß $\sin^2\xi$ bei der Bewegung wie H wächst. Sind ξ_0 und H_0 die Anfangswerte, so gilt

$$\sin^2\xi = \frac{H}{H_0}\sin^2\xi_0\,. \tag{17.26}$$

Die Reflexionsstelle liegt bei $\xi = 90°$. Dort kehrt $v_{||} = v \cos \xi$ sein Vorzeichen um. Das Teilchen bewegt sich dann längs der Feldlinie zurück, bis es auf der andern Halbkugel der Erde wieder reflektiert wird. Auf diese Weise können geladene Teilchen, die wie Tischtennisbälle dauernd zwischen den Reflexionsstellen auf beiden Hemisphären hin und her reflektiert werden, im Erdfeld gespeichert werden. Wenn das Führungsfeld (nicht zu schnelle) zeitliche Variationen ausführt, so ergibt sich ein konstanter Wert für das Integral

$$\int_{P_N}^{P_S} v_{||} \, ds, \tag{17.27}$$

P_N, P_S = Spiegelpunkt auf der Nord- bzw. Südhalbkugel.

Die Integration wird dabei längs einer Feldlinie zwischen zwei Reflexionsstellen ausgeführt. Man nennt dies die *zweite* oder longitudinale *adiabatische Invariante.*

Wegen der Inhomogenität des Dipolfeldes gibt es außer dieser Hin- und Herbewegung zwischen beiden Halbkugeln nach Gleichung (17.18) auch noch eine Drift in azimutaler Richtung: Die positiven Ionen driften westwärts um die Erde und die Elektronen ostwärts. Beide Driftbewegungen ergeben einen westwärts gerichteten elektrischen Strom.

17b) *Elektrische Leitfähigkeit in schwach ionisierten Gasen*

In diesem Abschnitt soll der Mechanismus der elektrischen Leitung in schwach ionisierten Gasen – ein solches Gas ist die Ionosphäre – untersucht werden. Obwohl es sich um ein Ensemble von vielen geladenen Teilchen handelt, wollen wir von der Bewegungsgleichung für Einzelteilchen (Gleichung 17.1) ausgehen. Enthält das Gas Ionen der Ladung $q = +e$ und Elektronen der Ladung $q = -e$, so ergibt sich die elektrische Stromdichte $\boldsymbol{j}$ zu

$$\boldsymbol{j} = (n_i \boldsymbol{v}_i - n_e \boldsymbol{v}_e) e, \tag{17.28}$$

n_i = Anzahl der Ionen pro cm^3,
n_e = Anzahl der Elektronen pro cm^3,
$\boldsymbol{v}_i$ = Geschwindigkeit der Ionen,
$\boldsymbol{v}_e$ = Geschwindigkeit der Elektronen,
e = Elementarladung = $1{,}6 \cdot 10^{-20}$ el. magn. cgs-Einheiten.

Die Ströme werden durch elektrische Felder $\boldsymbol{E}$ hervorgerufen, und es ist $\boldsymbol{j} = \sigma \boldsymbol{E}$. Dabei ist σ die elektrische Leitfähigkeit. Im folgenden soll die Abhängigkeit der Leitfähigkeit σ von den Teilchendaten und dem Magnetfeld hergeleitet werden. Wir vernachlässigen dabei die Bewegung der neutralen Teilchen, d.h. aber entweder, daß das Neutralgas in Ruhe ist oder daß das den Strom hervorrufende elektrische Feld für ein von den neutralen Teilchen mitgeführtes Bezugssystem gilt. Nach den Ergebnissen des vorigen Abschnittes sind die Teilchengeschwindigkeiten abhängig von ihrer Richtung zum Magnetfeld. Deshalb wird die elektrische Leitfähigkeit bei Anwesenheit eines Magnetfeldes anisotrop.

Zunächst betrachten wir die Wirkung eines elektrischen Feldes $\boldsymbol{E}$ parallel zum Magnetfeld. Für die Teilchenbewegung ergibt sich nach Gleichung (17.1) die konstante Beschleunigung $q\boldsymbol{E}/m$. Die Geschwindigkeit würde also im Lauf der Zeit über alle Grenzen wachsen. Bei Anwesenheit anderer Teilchen wird die Bewegung des Einzelteilchens aber durch Stöße immer wieder gebremst, und es stellt sich eine konstante mittlere Geschwindigkeit ein. Bezeichnet man die Zeit zwischen zwei aufeinanderfolgenden Stößen mit τ, so erhält man bei naiver Rechnung als mittlere Geschwindigkeit

$$\bar{\boldsymbol{v}}_{\|} = \frac{1}{\tau}\int_0^{\tau} \frac{q\boldsymbol{E}_{\|}}{m}\, t\,\mathrm{d}t = \frac{1}{2}\,\frac{q\boldsymbol{E}_{\|}}{m}\,\tau .$$

Man kann aber nicht mit einer konstanten Stoßzeit rechnen, sondern muß eine statistische Verteilung der Stoßzeiten berücksichtigen: Die Wahrscheinlichkeit $W(\hat{\tau})$ dafür, daß die Stoßzeit $\hat{\tau}$ im Intervall $(\hat{\tau}, \hat{\tau}+\mathrm{d}\hat{\tau})$ liegt, betrage

$$W(\hat{\tau}) = \frac{1}{\tau}\,\mathrm{e}^{-\frac{\hat{\tau}}{\tau}} \tag{17.29}$$

Diese Wahrscheinlichkeitsverteilung paßt gut zu unserem Problem. Ihr Mittelwert (und auch ihre mittlere quadratische Abweichung) ist gleich τ. Man erhält

$$\bar{\boldsymbol{v}}_{\|} = \frac{1}{\tau}\int_0^{\infty}\left\{\int_0^{\hat{\tau}} \frac{q\boldsymbol{E}_{\|}}{m}\, t\,\mathrm{d}t\right\} W(\hat{\tau})\,\mathrm{d}\hat{\tau} = \frac{\tau}{m}\,\boldsymbol{E}_{\|}. \tag{17.30}$$

Für die elektrische Stromdichte ergibt sich in diesem Fall, wenn man in Gleichung (17.28) $\boldsymbol{v}_i = \bar{\boldsymbol{v}}_i$ und $\boldsymbol{v}_e = \bar{\boldsymbol{v}}_e$ setzt und das Vorzeichen der Ladungen berücksichtigt:

$$\boldsymbol{j}_{\|} = \left(\frac{n_i \tau_i}{m_i} + \frac{n_e \tau_e}{m_e}\right) e^2 \boldsymbol{E}_{\|} = \sigma_0 \boldsymbol{E}_{\|}, \quad \sigma_0 = \textit{Parallelleitfähigkeit}.$$

Führt man noch

$$\frac{1}{\tau} = \nu = \text{Stoßfrequenz} = \text{Anzahl Stöße pro sec}$$

ein, so gilt

$$\boxed{\sigma_0 = \left(\frac{n_i}{m_i \nu_i} + \frac{n_e}{m_e \nu_e}\right) e^2} \tag{17.31}$$

Bei einer beliebigen Lage des elektrischen Feldes erhält man als Folge der Stöße und Driften

$$\boldsymbol{j} = \sigma_0 \boldsymbol{E}_{\|} + \sigma_1 \boldsymbol{E}_{\perp} + \sigma_2 \frac{[\boldsymbol{H} \times \boldsymbol{E}_{\perp}]}{H}. \tag{17.32}$$

Wir wollen jetzt σ_1 und σ_2 berechnen. Reine Gyrationsbewegungen liefern keinen Beitrag zur Leitfähigkeit, da sie sich bei Mittelung über eine Gyrationsperiode aufheben. Aus der Bewegungsgleichung (17.1) (mit $\mathbf{g}=0$) erhält man bei (zeitlicher) Mittelung entsprechend der Gleichung (17.30)

$$m \nu \overline{\boldsymbol{v}} = \mathrm{q}(\boldsymbol{E} + [\overline{\boldsymbol{v}} \times \boldsymbol{H}]).$$

Für ein *x*-*y*-*z*-Koordinatensystem, bei dem *z* in $\boldsymbol{H}$-Richtung liegt und $\boldsymbol{E}_{\perp} = \boldsymbol{E}_x$ ist, gilt also

$$\left.\begin{aligned} m \nu \overline{\boldsymbol{v}}_x &= \mathrm{q} \boldsymbol{E}_{\perp} + \mathrm{q} H \overline{\boldsymbol{v}}_y \\ m \nu \overline{\boldsymbol{v}}_y &= \qquad - \mathrm{q} H \overline{\boldsymbol{v}}_x \end{aligned}\right\}. \tag{17.33}$$

Daraus gewinnt man

$$m \nu \overline{\boldsymbol{v}}_x = \mathrm{q} \boldsymbol{E}_{\perp} - \frac{(\mathrm{q} H)^2}{m \nu} \overline{\boldsymbol{v}}_x = \mathrm{q} \boldsymbol{E}_{\perp} - \frac{\omega_g^2}{\nu} m \overline{\boldsymbol{v}}_x,$$

also

$$m \frac{\nu^2 + \omega_g^2}{\nu} \overline{\boldsymbol{v}}_x = \mathrm{q} \boldsymbol{E}_{\perp}.$$

Deshalb ist

$$\boxed{\sigma_1 = \left(\frac{n_i \nu_i}{m_i(\nu_i^2 + \omega_{gi}^2)} + \frac{n_e \nu_e}{m_e(\nu_e^2 + \omega_{ge}^2)}\right) e^2} \tag{17.34}$$

Das ist die *Pedersen*- oder *Transversalleitfähigkeit*. Sie wurde 1927 von dem Dänen P. O. PEDERSEN in einer Arbeit über die Ausbreitung von Radiowellen abgeleitet.

$\boldsymbol{E}_{\perp}$ erzeugt eine Drift in *y*-Richtung (Kap. 17a, Fall b). Aus den Gleichungen (17.33) erhält man für $\overline{\boldsymbol{v}}_y$

$$m \nu \overline{\boldsymbol{v}}_y = -\frac{\mathrm{q} H}{\nu m} (\mathrm{q} \boldsymbol{E}_{\perp} + \mathrm{q} H \overline{\boldsymbol{v}}_y) = -\frac{\omega_g}{\nu} (\mathrm{q} \boldsymbol{E}_{\perp} + m \omega_g \overline{\boldsymbol{v}}_y),$$

also

$$\left(\nu + \frac{\omega_g^2}{\nu}\right) m\bar{v}_y = -\frac{\omega_g}{\nu}\, q\boldsymbol{E}_\perp .$$

Deshalb ist

$$\sigma_2 = \left(-\frac{n_i\,\omega_{gi}}{m_i(\nu_i^2+\omega_{gi}^2)} + \frac{n_e\,\omega_{ge}}{m_e(\nu_e^2+\omega_{ge}^2)}\right)e^2 \qquad (17.35)$$

σ_2 wird *Hall-Leitfähigkeit* genannt (nach dem amerikanischen Physiker E. H. HALL 1855–1938).

In der Ionosphäre hängt die Leitfähigkeit über die Ionen- und Elektronenkonzentrationen, die Gyro- und Stoßfrequenzen von der Höhe h, den geographischen Koordinaten, der Tages- und Jahreszeit sowie von der Stellung im Sonnenfleckenzyklus ab.

Am wichtigsten für die Höhenabhängigkeit ist der Verlauf von $n_i(h)$, $n_e(h)$, $\nu_i(h)$ und $\nu_e(h)$. Für die obere Atmosphäre kann man näherungsweise $n_i = n_e = n$ annehmen. Unterhalb der Ionosphäre ist n so klein, daß die Leitfähigkeit praktisch verschwindet. $\nu_i(h)$ und $\nu_e(h)$ bestimmen den Höhenverlauf der Leitfähigkeit fast stärker als $n(h)$. Stöße finden in der Ionosphäre hauptsächlich zwischen Ionen und Elektronen einerseits und neutralen Teilchen andererseits statt. In den oberen Schichten der Ionosphäre fallen auch die Stöße der geladenen Teilchen unter-

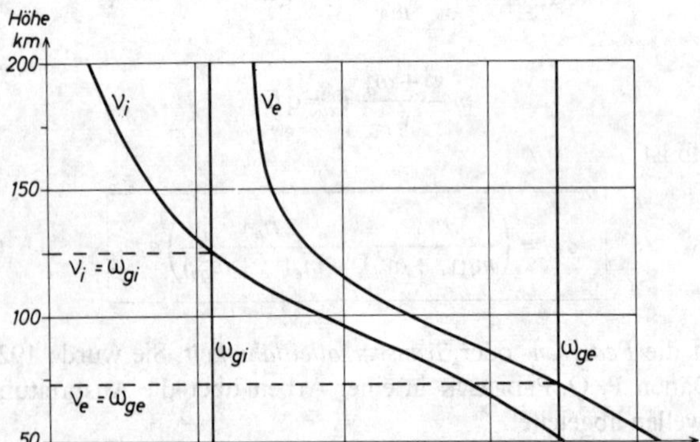

Fig. 88 Höhenabhängigkeit der Stoßfrequenzen für Ionen (ν_i) und Elektronen (ν_e) in der unteren Ionosphäre mittlerer Breiten (Tageswerte). Die Gyrofrequenzen (ω_{gi} und ω_{ge}) sind praktisch konstant, da sich $\boldsymbol{H}$ in dem kleinen Höhenbereich nicht merklich ändert. Die horizontalen, gestrichelten Linien begrenzen die Dynamoschicht.

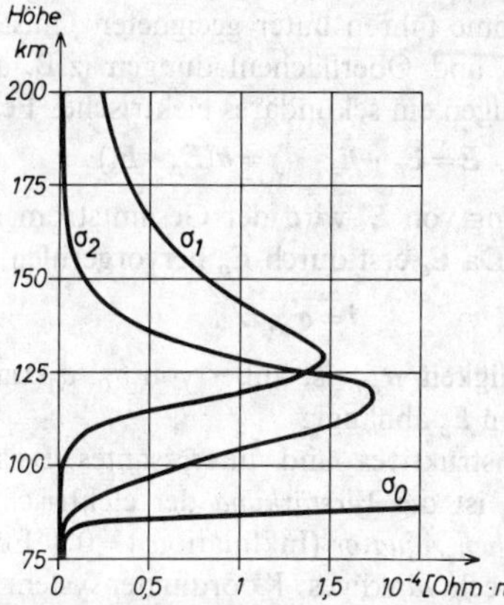

Fig. 89 Höhenabhängigkeit der ionosphärischen Leitfähigkeiten (Gleichung 17.32). Tageswerte für mittlere Breiten (berechnet mit den Werten von Fig. 84 und 88).

einander ins Gewicht. Mit $\nu_i(h)$ und $\nu_e(h)$ sollen effektive Stoßfrequenzen bezeichnet werden. Ihr Verlauf ist in *Fig. 88* dargestellt. Die Werte gelten für mittlere Breiten und Tagesstunden. Wichtig sind die beiden Höhen, für die $\nu_i = \omega_{gi}$ und $\nu_e = \omega_{ge}$ sind. Sie begrenzen die Dynamoschicht (vgl. Fig. 78). Für jede Teilchenart gilt, daß sie unterhalb der Höhe mit $\nu = \omega_g$ mehr in x-Richtung, oberhalb mehr in y-Richtung (Hall-Bewegung) wandert. Dadurch kommt es zur Entstehung elektrischer Felder in der Dynamoschicht.

Die *Fig. 89* zeigt die zugehörigen Leitfähigkeiten als Funktion der Höhe. σ_0 steigt in der Ionosphäre mit zunehmender Höhe monoton an. Wegen der abnehmenden Stoßfrequenzen erreicht σ_0 so hohe Werte, daß die Leitfähigkeit längs der Magnetfeldlinien praktisch vollkommen ist. Die beiden Summanden in der Formel für σ_1 erreichen Maxima bei $\nu = \omega_g$. Da der Ionenterm im allgemeinen größer ist, liegt auch das Gesamtmaximum bei 130 km. σ_2 hat nur in der Dynamoschicht größere Werte. Dort vollführen zwar die Elektronen die Hall-Bewegung, nicht aber die Ionen. Weiter oben kompensieren sich Ionen- und Elektronenterm in der Formel für σ_2.

Die effektive elektrische Leitfähigkeit in der Ionosphäre kann schließlich auch noch von elektrischen *Raum-* und *Oberflächenladungen* beeinflußt werden. Ist $\boldsymbol{E}_p$(p von primär) ein elektrisches Feld in der Ionosphäre, so fließen Ströme

$$\boldsymbol{j}_p = \boldsymbol{\sigma} \boldsymbol{E}_p,$$

$\boldsymbol{\sigma}$ = Leitfähigkeitstensor nach Gleichung (17.32).

Die primären Ströme führen unter geeigneten Umständen zur Ausbildung von Raum- und Oberflächenladungen (z.B. an den Schichtgrenzen). Diese erzeugen ein sekundäres elektrisches Feld $\boldsymbol{E}_s$. Dann gilt

$$\boldsymbol{E}=\boldsymbol{E}_p+\boldsymbol{E}_s \qquad \boldsymbol{j}=\boldsymbol{\sigma}(\boldsymbol{E}_p+\boldsymbol{E}_s)\,.$$

Durch die Einwirkung von $\boldsymbol{E}_s$ wird der Gesamtstrom $\boldsymbol{j}$ (im Gegensatz zu $\boldsymbol{j}_p$) divergenzfrei. Da $\boldsymbol{E}_s$ erst durch $\boldsymbol{E}_p$ hervorgerufen wird, kann man schreiben

$$\boldsymbol{j}=\boldsymbol{\sigma}_{\text{eff}}\boldsymbol{E}_p\,.$$

Die effektive Leitfähigkeit $\boldsymbol{\sigma}_{\text{eff}}$ ist außer von σ_0, σ_1 und σ_2 wesentlich von der Richtung von $\boldsymbol{E}_p$ abhängig.

Ein besonders instruktives und interessantes Beispiel für solche Raumladungseffekte ist die *Verstärkung* der elektrischen Leitfähigkeit über dem *magnetischen Äquator* (Inklination $\mathrm{I}=0°$). Für die Rechnung benutzen wir ein rechtwinkliges Koordinatensystem: x-Achse nach (magnetisch) Nord, y-Achse nach (magnetisch) Ost, z-Achse nach oben. Dann weist $\boldsymbol{H}$ in x-Richtung. In der Ionosphäre existiert ein $\boldsymbol{E}_p$ in y-Richtung. Dieses bewirkt

$$j_{py}=\sigma_1 E_{py} \qquad j_{pz}=\sigma_2 E_{py}\,.$$

Der vertikale Strom $\boldsymbol{j}_{pz}$ lädt die Unterseite der Ionosphäre positiv und die Oberseite negativ auf *(Fig. 90)*. Dadurch entsteht ein vertikales $\boldsymbol{E}_s$-Feld. Der vertikale Ladungsstrom fließt solange, bis $\sigma_1 \boldsymbol{E}_{sz}$ den primären Vertikalstrom kompensiert:

$$j_z=\sigma_2 E_{py}+\sigma_1 E_{sz}=0\,.$$

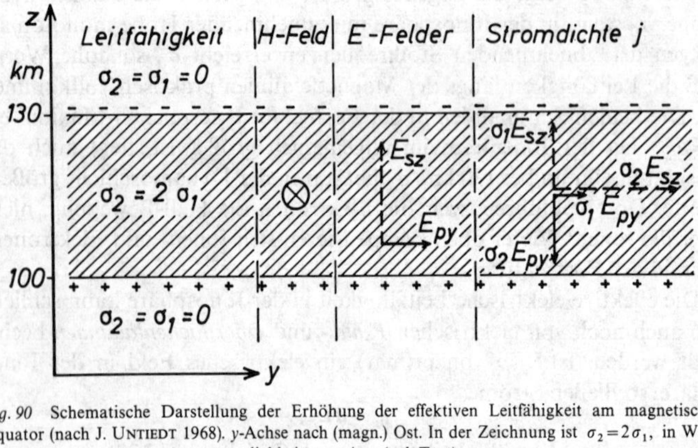

Fig. 90 Schematische Darstellung der Erhöhung der effektiven Leitfähigkeit am magnetischen Äquator (nach J. Untiedt 1968). y-Achse nach (magn.) Ost. In der Zeichnung ist $\sigma_2=2\sigma_1$, in Wirklichkeit $\sigma_2\approx 4\sigma_1$ (vgl. Text).

Daraus ergibt sich

$$\boldsymbol{E}_{sz} = -\frac{\sigma_2}{\sigma_1}\boldsymbol{E}_{py}\,.$$

$\boldsymbol{E}_{sz}$ bewirkt aber auch noch einen Hallstrom, und zwar in y-Richtung

$$\boldsymbol{j}_{sy} = -\sigma_2 \boldsymbol{E}_{sz} = +\frac{\sigma_2^2}{\sigma_1}\boldsymbol{E}_{py}\,.$$

Insgesamt gilt deshalb für die y-Komponente

$$\boldsymbol{j}_y = \boldsymbol{j}_{py} + \boldsymbol{j}_{sy} = \left(\sigma_1 + \frac{\sigma_2^2}{\sigma_1}\right)\boldsymbol{E}_{py} = \sigma_3 \boldsymbol{E}_{py}\,,$$

$$\boxed{\sigma_3 = \sigma_1 + \frac{\sigma_2^2}{\sigma_1}} \tag{17.36}$$

Die effektive Leitfähigkeit σ_3 heißt auch *Cowling-Leitfähigkeit*. Zwischen 110 und 120 km Höhe ist σ_2 rund 4mal so groß wie σ_1 (vgl. Fig. 89). Dann wird $\sigma_3 = 17\,\sigma_1$. Die Fig. 90 zeigt schematisch die zugehörigen $\boldsymbol{H}$-, $\boldsymbol{E}$- und $\boldsymbol{j}$-Felder. Die sehr starke Erhöhung der Cowling-Leitfähigkeit ist auf einen schmalen Streifen beiderseits des magnetischen Äquators beschränkt, da nur dort $\boldsymbol{H}$ horizontal liegt. Einen entsprechenden Effekt kann man aber in hohen geomagnetischen Breiten (bei vertikalem $\boldsymbol{H}$) erwarten, wenn ein seitlich begrenztes Band besonders hoher Elektronenkonzentration in der Polarlichtzone existiert.

17 c) *Elektromagnetische Wellen in ionisierten Gasen*

In diesem Abschnitt sollen die theoretischen Grundlagen für die Erforschung der Ionosphäre mit Radiowellen zusammengestellt werden. Der leichteren Verständlichkeit wegen wird die Wellenausbreitung zunächst untersucht, ohne Stöße zwischen den Gasteilchen und ohne das erdmagnetische Feld zu berücksichtigen. Später werden die Einflüsse dieser beiden Effekte je besonders angegeben. Eine elektromagnetische Welle versetzt die Elektronen und Ionen eines ionisierten Gases in mechanische Schwingungen. Schwingt das elektrische Feld E der Welle in x-Richtung, so gilt für die Koordinate x eines Teilchens

$$m\frac{\mathrm{d}^2 x}{\mathrm{d}t^2} = \mathrm{q}E = \mathrm{q}E_0\,\mathrm{e}^{i\omega t}$$

mit der Lösung

$$x = -\frac{q}{m\omega^2} E_0 \mathrm{e}^{i\omega t} \tag{17.37}$$

Selbst bei niedrigen Frequenzen sind die Amplituden in der Ionosphäre klein verglichen mit dem mittleren Abstand der Ladungen. Da die Elektronen eine viel kleinere Masse haben als die Ionen, sind ihre Schwingungsamplituden nach Gleichung (17.37) erheblich größer als die der Ionen. Deshalb braucht man bei der Untersuchung der Wellenausbreitung nur auf die *Elektronen* zu achten. Dementsprechend benutzen wir als Gleichung für die Stromdichte statt (17.28)

$$\boldsymbol{j} = -n_e \boldsymbol{v}_e e\,.$$

Setzt man dies in die Maxwellschen Gleichungen (11.1) bis (11.4) ein (mit $\varepsilon = \mu = 1$) und beachtet man, daß $\operatorname{div} \boldsymbol{E} = 0$ ist, da keine Raumladungen vorhanden sind, so erhält man

$$\frac{1}{c^2} \frac{\partial^2 \boldsymbol{E}}{\partial t^2} - 4\pi n_e e \frac{\partial \boldsymbol{v}_e}{\partial t} = -\operatorname{rot} \operatorname{rot} \boldsymbol{E} = \Delta \boldsymbol{E}\,. \tag{17.38}$$

$\boldsymbol{v}_e$ eliminiert man mit Hilfe der Bewegungsgleichung für Elektronen. Dabei vernachlässigen wir zunächst den Einfluß des Erdmagnetfeldes.

$$m_e \frac{\partial \boldsymbol{v}_e}{\partial t} = -e\boldsymbol{E}\,. \tag{17.39}$$

Wir erhalten

$$\boxed{\frac{1}{c^2} \frac{\partial^2 \boldsymbol{E}}{\partial t^2} + 4\pi n_e \frac{e^2}{m_e} \boldsymbol{E} = \Delta \boldsymbol{E}} \tag{17.40}$$

Zur Erforschung der Ionosphäre benutzt man Radiowellen, die von einem Sender am Erdboden ausgehend senkrecht nach oben laufen, an der Ionosphäre reflektiert werden und zum Boden zurückkehren, wo sie beobachtet werden können. Deshalb suchen wir Lösungen der Gleichung (17.40) in der Form einer in z-Richtung (z nach oben) fortschreitenden transversalen Welle. Diese Welle sei linear polarisiert; deshalb setzen wir an

$$\boldsymbol{E}_x = \boldsymbol{E}_{x0} \mathrm{e}^{i(\omega t - kz)}\,.$$

Dann erhalten wir aus Gleichung (17.40)

$$-\frac{\omega^2}{c^2} + 4\pi n_e \frac{e^2}{m_e} = -k^2\,. \tag{17.41}$$

Für $n_e = 0$ wird die Phasengeschwindigkeit der Welle $v = \omega/k$ gleich der Vakuumlichtgeschwindigkeit c. Im ionisierten Medium ($n_e > 0$) hingegen ist

$$v^2 = \frac{\omega^2}{k^2} = \left(1 + \frac{4\pi}{k^2} n_e \frac{e^2}{m_e}\right) c^2. \tag{17.42}$$

v ist also größer als die Lichtgeschwindigkeit. In der Optik[1] benutzt man den Brechungsindex $\mathrm{n} = c/v$. Für das ionisierte Gas wird dann nach Gleichung (17.41)

$$\mathrm{n}^2 = \frac{k^2}{\omega^2} c^2 = 1 - 4\pi n_e \frac{c^2 e^2}{m_e \omega^2}. \tag{17.43}$$

Dispersionsformel

Der Brechungsindex ist also kleiner als 1.

Für die Ausbreitung der Energie ist nicht die Phasengeschwindigkeit v, sondern die *Gruppengeschwindigkeit* $v_G = \mathrm{d}\omega/\mathrm{d}k$ (vgl. Gleichung 4.34) maßgebend. Aus der Gleichung (17.41) erhält man

$$-\frac{2\omega}{c^2} \mathrm{d}\omega = -2k\,\mathrm{d}k,$$

also

$$v_G = \frac{\mathrm{d}\omega}{\mathrm{d}k} = \frac{k}{\omega} c^2 = \frac{\mathrm{n}}{c} c^2 = \mathrm{n}c. \tag{17.44}$$

v_G ist also kleiner als die Lichtgeschwindigkeit (Schlimm, wenn's anders herausgekommen wäre!).

Für Anwendungen auf die Radiowellenausbreitung ist es zweckmäßig, von den Kreisfrequenzen ω zu wirklichen Frequenzen f überzugehen:

$$f = \frac{\omega}{2\pi},$$

$$f_0 = \frac{1}{2\pi}\sqrt{4\pi n_e \frac{e^2 c^2}{m_e}} = \textit{Plasmafrequenz}, \tag{17.45}$$

$$f_g = \frac{\omega_g}{2\pi} = \frac{eH}{2\pi m_e} = \textit{Gyrofrequenz}. \tag{17.46}$$

[1] Mit n schreibt sich das Brechungsgesetz (Gleichung 4.25) $\sin\alpha/\sin\beta = v_1/v_2 = \mathrm{n}_2/\mathrm{n}_1 = \mathrm{n}_2$, wenn das Medium 1 Luft (mit $\mathrm{n}_1 = 1$) ist.

Die in der Gleichung (17.45) definierte Größe f_0 hat die Dimension einer Frequenz. Sie kennzeichnet das Verhalten des ionisierten Gases bei elektromagnetischen Schwingungen und wird deshalb Plasmafrequenz genannt. Auch in der Ionosphäre ist sie (für den vorliegenden Spezialfall) die ausschlaggebende Größe; denn die Dispersionsformel (17.43) läßt sich umschreiben in

$$n^2 = 1 - \left(\frac{f_0}{f}\right)^2. \qquad (17.43\,a)$$

Bei senkrechtem Einfall tritt Reflexion ein, wenn $n = 0$ oder $f = f_0$ ist. Durch Bestimmung (siehe Kap. 20a) dieser *Grenzfrequenz* (engl. critical oder penetration frequency) erhält man die Elektronenkonzentration

$$n_e = \frac{m_e}{e^2\,c^2}\,\pi f_0^2 = 1{,}24 \cdot 10^4 f_0^2 \qquad (17.47)$$

$$(f_0 \text{ in MHz und } n_e \text{ in cm}^{-3}).$$

Berücksichtigt man den Einfluß des Magnetfeldes auf das ionisierte Gas, so ändert sich das Ausbreitungsverhalten der elektromagnetischen Wellen. Im folgenden soll $\boldsymbol{H}$ das erdmagnetische Permanentfeld bedeuten (nicht das variable Feld der elektromagnetischen Welle). Zunächst sei $\boldsymbol{H}$ vertikal (longitudinaler Fall, diese Annahme gilt in der Nähe der magnetischen Pole). Die Elektronen kreiseln in der (horizontalen) x-y-Ebene. Eine zirkular polarisierte Welle wird die Gyrationsbewegung je nach Umlaufsinn verstärken oder abschwächen. Jede beliebige Welle kann man bekanntlich in zwei zirkular polarisierte Wellen mit entgegengesetztem Umlaufsinn zerlegen. Das Medium reagiert auf beide unterschiedlich. Deshalb erhält man bei der Reflexion zwei Anteile, die sich nicht mehr zu einer einheitlichen Welle zusammensetzen. Man sagt: „Die Ionosphäre ist *doppelbrechend*".

Diejenige zirkular polarisierte Welle, die die Gyrationsbewegung verstärkt und für die daher der Einfluß des erdmagnetischen Feldes besonders groß ist, nennt man die *außerordentliche Komponente.* Die andere heißt *ordentliche Komponente.* Für einen Beobachter, der in Ausbreitungsrichtung der reflektierten Welle blickt, ist

	Symbol	Nordpol	Südpol
ordentliche Komponente	o	links drehend	rechts drehend
außerordentliche Komponente	x	rechts drehend	links drehend

Die Dispersionsformeln sind im longitudinalen Fall:

$$\text{o: } n^2 = 1 - \frac{f_0^2}{f(f+f_g)}, \qquad \text{x: } n^2 = 1 - \frac{f_0^2}{f(f-f_g)}. \tag{17.48a}$$

Anders liegen die Verhältnisse am magnetischen Äquator. Dort ist ***H*** horizontal (transversaler Fall), die Gyration findet in einer Vertikalebene statt, deren Spur ost-westlich verläuft. Zur Untersuchung der Doppelbrechung muß man die Welle in zwei linear polarisierte Wellen zerlegen. Diejenige, deren ***E***-Feld in Nord-Süd-Richtung polarisiert ist, bleibt ohne Einfluß auf die Gyration (ordentliche Komponente). Schwingt das ***E***-Feld dagegen in Ost-West-Richtung, so verformt es die Kreise zu Ellipsen. Die Dispersionsformeln sind im transversalen Fall:

$$\text{o: } n^2 = 1 - \frac{f_0^2}{f^2}, \qquad \text{x: } n^2 = 1 - \frac{f_0^2}{f^2}\,\frac{(f^2 - f_0^2)}{(f^2 - f_0^2 - f_g^2)}. \tag{17.48b}$$

Bei einem beliebigen Winkel zwischen Ausbreitungsrichtung und Magnetfeld sind beide Hauptpolarisationen elliptisch. In den meisten Fällen kann man sich aber mit den Formeln (17.48a und b) als *quasilongitudinalen* bzw. *quasitransversalen Näherungen* behelfen[1].

Bisher wurde der Einfluß der *Stöße* – der für die Leitfähigkeit die ausschlaggebende Rolle spielt – vernachlässigt. Stellt man die Stöße in Rechnung, so muß man die Bewegungsgleichung (17.39) ersetzen durch

$$m_e \frac{\partial \boldsymbol{v}_e}{\partial t} + \nu_e m_e \boldsymbol{v}_e = -e\boldsymbol{E}. \tag{17.49}$$

An Stelle von Gleichung (17.43a) erhält man dann für das Modell ohne Magnetfeld

$$n^2 = 1 - \frac{f_0^2}{f^2 + (\nu_e/2\pi)^2} - \mathrm{i}\,\frac{\nu_e/2\pi}{f}\,\frac{f_0^2}{f^2 + (\nu_e/2\pi)^2}. \tag{17.50}$$

Der Brechungsindex wird also komplex. Sein Imaginärteil bewirkt eine fortschreitende Abschwächung der Welle. Auf diese Weise entsteht die *Absorption* der Radiowellen in der Ionosphäre. Da die Absorption von ν_e abhängt, kann man ν_e durch Absorptionsmessungen ermitteln.

[1] In der Literatur werden diese Näherungen häufig mit den Abkürzungen QL bzw. QT bezeichnet. Ein Diagramm für den Zusammenhang zwischen n_e und den Grenzfrequenzen der ordentlichen und außerordentlichen Komponenten findet man im Artikel „Ionosphäre" von W. Dieminger LB (Literaturverzeichnis Kap. 29) 3 (1952) 718–728.

17d) *Übergang zur Theorie der Magnetohydrodynamik*

Die Magnetohydrodynamik (MHD) verhält sich zu der in Kap. 17a behandelten Bewegung einzelner Ladungsträger wie die Hydrodynamik zur Dynamik einzelner Massenpunkte. In der MHD untersucht man die Bewegung eines Kollektivs geladener Teilchen im Magnetfeld. Elektrische Ströme, die bei dieser Bewegung in der Flüssigkeit induziert werden, verändern das Magnetfeld. Gleichzeitig treten mechanische Kräfte auf, die die Bewegung modifizieren. Die Wechselwirkung zwischen dem Magnetfeld und der Bewegung ist das Studienobjekt der MHD.

Wir wollen ein Kollektiv betrachten, welches aus einer *Ionen-* und einer *Elektronenkomponente* besteht. Beide zusammen sollen nach außen elektrisch neutral wirken. Wir gehen aus von den hydrodynamischen Gleichungen für die einzelnen Gaskomponenten:

$$n_i m_i \frac{d\boldsymbol{v}_i}{dt} = -\operatorname{grad} p_i + n_i e(\boldsymbol{E} + \boldsymbol{v}_i \times \boldsymbol{H}) + n_i m_i \mathbf{g} - n_i n_e \alpha(\boldsymbol{v}_i - \boldsymbol{v}_e), \quad (17.51)$$

$$n_e m_e \frac{d\boldsymbol{v}_e}{dt} = -\operatorname{grad} p_e - n_e e(\boldsymbol{E} + \boldsymbol{v}_e \times \boldsymbol{H}) + n_e m_e \mathbf{g} + n_e n_i \alpha(\boldsymbol{v}_i - \boldsymbol{v}_e), \quad (17.52)$$

p_i = Partialdruck der Ionenkomponente,
p_e = Partialdruck der Elektronenkomponente.

Die Gleichungen (17.51) und (17.52) ergeben sich durch Summation über viele Teilchen, die die Gleichung (17.1) erfüllen. Neu sind hier die Druckterme und die jeweils letzten Glieder, welche die beiden Gaskomponenten aneinander koppeln. Der Druck kommt genauso ins Spiel wie in der gewöhnlichen Hydrodynamik. Die Glieder mit α sind verallgemeinerte Reibungsterme, die die Wechselwirkung zwischen den beiden Gaskomponenten beschreiben. Damit das Gas nach außen neutral ist, muß $n_i = n_e = n$ sein. Durch Addition der Gleichung (17.51) und (17.52) gewinnt man (für kleine $\boldsymbol{v}$) eine Bewegungsgleichung für folgende Werte:

$\rho = n(m_i + m_e)$ = Massendichte,

$\boldsymbol{v} = \frac{1}{m_i + m_e}(m_i \boldsymbol{v}_i + m_e \boldsymbol{v}_e)$ = Massengeschwindigkeit,

$p = p_i + p_e$ = Gesamtdruck,

$\boldsymbol{j} = n e(\boldsymbol{v}_i - \boldsymbol{v}_e)$ = elektrische Stromdichte,

$$\boxed{\rho \frac{\partial \boldsymbol{v}}{\partial t} = -\operatorname{grad} p + [\boldsymbol{j} \times \boldsymbol{H}] + \rho \mathbf{g}} \quad (17.53)$$

Denkt man sich die Gleichung (17.51) mit e/m_i und (17.52) mit e/m_e multipliziert, so erhält man durch Subtraktion der beiden Gleichungen

$$\frac{\partial \boldsymbol{j}}{\partial t} = \left(-\underset{\sim\sim\sim}{\frac{e}{m_i}\operatorname{grad} p_i} + \frac{e}{m_e}\operatorname{grad} p_e\right) + n e^2\left(\underset{\sim}{\frac{1}{m_i}} + \frac{1}{m_e}\right)\boldsymbol{E}$$

$$+ n e^2\left[\left(\frac{\boldsymbol{v}_i}{m_i} + \frac{\boldsymbol{v}_e}{m_e}\right)\times \boldsymbol{H}\right] - n^2 \alpha e\left(\underset{\sim}{\frac{1}{m_i}} + \frac{1}{m_e}\right)(\boldsymbol{v}_i - \boldsymbol{v}_e).$$

Die unterschlängelten Glieder fallen weg, weil $m_e \ll m_i$. Dann gilt näherungsweise

$$\boldsymbol{v}_i \approx \boldsymbol{v} \quad \text{und} \quad \boldsymbol{v}_e \approx \boldsymbol{v} - \boldsymbol{j}/n e.$$

Deshalb ist

$$\frac{\boldsymbol{v}_i}{m_i} + \frac{\boldsymbol{v}_e}{m_e} \approx \underset{\sim}{\frac{\boldsymbol{v}}{m_i}} + \frac{\boldsymbol{v}}{m_e} - \frac{\boldsymbol{j}}{n e m_e}.$$

Daraus erhält man schließlich

$$\boxed{\frac{m_e}{n e^2}\frac{\partial \boldsymbol{j}}{\partial t} = \frac{1}{n e}\operatorname{grad} p_e + \{\boldsymbol{E} + [\boldsymbol{v}\times \boldsymbol{H}]\} - \frac{1}{n e}[\boldsymbol{j}\times \boldsymbol{H}] - \frac{\alpha}{e^2}\boldsymbol{j}} \qquad (17.54)$$

Die Gleichungen (17.53) und (17.54) sind die *Ausgangsgleichungen* der MHD. Sie bestimmen, zusammen mit der Kontinuitätsgleichung, der Zustandsgleichung und den Maxwellschen Gleichungen, die Wechselwirkung zwischen Magnetfeld und Geschwindigkeitsfeld.

Für die Anwendungen auf die Ionosphäre sind diese Gleichungen noch nicht ausreichend: In der Ionosphäre ist die Luft ja nur teilweise ionisiert. Den Gleichungen (17.51) und (17.52) muß man noch eine dritte Gleichung für die Neutralgaskomponente mit entsprechenden Wechselwirkungstermen hinzufügen. Auch in diesem Fall gelingt die Zusammenfassung zu Bewegungs- und Stromgleichung[1].

Aus den Gleichungen für das vollständig ionisierte Gas wollen wir noch einige Beziehungen herleiten, die zum Verständnis der Bewegungen und Felder in der Magnetosphäre, im interplanetaren Raum und in der Sonnenatmosphäre von Bedeutung sind. Alle Terme in Gleichung (17.54) haben die Dimension einer elektrischen Feldstärke. Man kann aus dieser Gleichung eine Verallgemeinerung des Ohmschen Gesetzes

[1] A. Schlüter: Dynamik des Plasmas. Z. Naturforschung **5a** (1950) 72–78, **6a** (1951) 73–78. In den Kap. 17b und c haben wir den Einfluß des (ruhenden) Neutralgases implizit in den Stoßfrequenzen ν_i und ν_e berücksichtigt.

gewinnen. Das Glied mit $[\boldsymbol{j}\times\boldsymbol{H}]$ erzeugt den Hall-Effekt. Wie wir gesehen haben, spielt dieser in der Ionosphäre eine wichtige Rolle. Für Anwendungen auf Magnetosphäre und interplanetaren Raum kann man dieses Glied in (17.54) gewöhnlich vernachlässigen, da sich senkrecht zum Magnetfeld keine Ströme ausbilden. Überhaupt kann man statt der Gleichung (17.54) in sehr vielen Fällen die Lösung für den *stationären* Fall benutzen, die wir schon in Kap. 17b kennenlernten:

$$\boldsymbol{j}=\sigma\{\boldsymbol{E}+[\boldsymbol{v}\times\boldsymbol{H}]\}. \tag{17.55}$$

Hierin soll jetzt σ isotrop sein. Für den stationären Fall $(\mathrm{d}\boldsymbol{j}_{\parallel}/\mathrm{d}t=0)$ und bei Vernachlässigung des Druckgliedes erhält man durch den Vergleich von (17.54) und (17.55):

$$\sigma=\frac{e^2}{\alpha} \quad \text{und aus Gleichung (17.31)} \quad \alpha=\frac{m_e \nu_e}{n}. \tag{17.56}$$

Auf denselben Wert führt auch eine elementare Berechnung der Impulsübertragung bei Stößen zwischen Elektronen und Ionen.

Berechnet man $\boldsymbol{E}$ aus der Gleichung (17.55)

$$\boldsymbol{E}=-[\boldsymbol{v}\times\boldsymbol{H}]+\frac{\boldsymbol{j}}{\sigma}, \tag{17.57}$$

so ist das zweite Glied für die Magnetosphäre gewöhnlich klein, weil ν_e klein und deshalb σ groß ist. Aus der Gleichung (17.57) und den Maxwellschen Gleichungen erhält man unter Vernachlässigung des Verschiebungsstromes

$$\begin{aligned}\frac{\partial \boldsymbol{H}}{\partial t}&=\operatorname{rot}\left\{[\boldsymbol{v}\times\boldsymbol{H}]-\frac{\boldsymbol{j}}{\sigma}\right\}\\&=\operatorname{rot}[\boldsymbol{v}\times\boldsymbol{H}]+\frac{1}{4\pi\sigma}\Delta\boldsymbol{H}.\end{aligned} \tag{17.58}$$

Für den Fall ruhender Materie $(\boldsymbol{v}=0)$, bei dem das erste Glied auf der rechten Seite verschwindet, handelt es sich um eine *Diffusionsgleichung*, die uns von der Berechnung der elektromagnetischen Induktion im Erdkörper (Kap. 11a) her bekannt ist. Ist L eine charakteristische Länge des Objektes, auf welches die Gleichung (17.58) angewandt werden soll, so gibt $4\pi^2\sigma \mathrm{L}^2$ die Zerfallszeit des Magnetfeldes an (vgl. Gleichung 11.8). Da im Kosmos sowohl L als auch σ groß sind, ist die Zerfallszeit gewöhnlich sehr lang.

Einen anderen Grenzfall von Gleichung (17.58) erhält man, wenn man $\sigma \to \infty$ gehen läßt. Dann wird

$$\frac{\partial \boldsymbol{H}}{\partial t} = \operatorname{rot}[\boldsymbol{v} \times \boldsymbol{H}]. \tag{17.59}$$

Zur Diskussion dieser Gleichung benutzen wir eine Analogie zur Hydrodynamik reibungsloser Strömungen. Für den Wirbelvektor

$$\boldsymbol{W} = \tfrac{1}{2} \operatorname{rot} \boldsymbol{v} \tag{17.60}$$

wird in der Strömungslehre gezeigt[1], daß

$$\frac{\partial \boldsymbol{W}}{\partial t} = \operatorname{rot}[\boldsymbol{v} \times \boldsymbol{W}]. \tag{17.61}$$

Daher gelten unter der Voraussetzung vollkommener elektrischer Leitung für $\boldsymbol{H}$ die in der Strömungslehre für den Wirbelvektor $\boldsymbol{W}$ abgeleiteten Sätze. Insbesondere folgt aus dieser Analogie, daß Magnetfeldröhren, d.h. Gebilde, die von magnetischen Feldlinien begrenzt werden, immer von den gleichen Teilchen gebildet werden und sich daher mit der Materie bewegen. ALFVÉN hat diesen Sachverhalt mit dem anschaulichen Begriff der *eingefrorenen Magnetfeldlinien* beschrieben. Die Gleichung (17.59) oder, was auf dasselbe hinauskommt, $\boldsymbol{E} = \boldsymbol{v} \times \boldsymbol{H}$ wird das *Hydromagnetische Theorem* genannt und ist als exakte oder als Näherungslösung ein anschauliches Hilfsmittel der Magnetohydrodynamik.

Das hydromagnetische Theorem ist dann als Näherungslösung geeignet, wenn die sogenannte *magnetische Reynoldszahl* $\mathrm{Re}_\mathrm{M} \gg 1$ ist. Diese Zahl vergleicht die Größenordnung der beiden Terme in Gleichung (17.58). Wenn L wieder eine charakteristische Länge ist, so ist

$$\mathrm{Re}_\mathrm{M} = 4\pi \mathrm{L} \cdot v\sigma. \tag{17.62}$$

Im Laboratorium ist die Bedingung $\mathrm{Re}_\mathrm{M} \gg 1$ schwer zu verwirklichen. Bei kosmischen Problemen ist sie aus den oben angegebenen Gründen meist erfüllt.

Eine wichtige Eigenschaft des aus Ionen und Elektronen bestehenden Plasmas ist seine Tendenz, *elektrische Neutralität* herzustellen. Wenn in einem Gebiet n_e merklich von n_i abweicht, so stellen sich sofort ein lokales elektrisches Feld und eine entsprechende Teilchenbewegung ein,

[1] Siehe W. WEIZEL: Physikalische Formelsammlung I. B.I.-Hochschultaschenbücher **28.** Mannheim 1962, 85–87.

die einen Ausgleich der Ladung bewirken. Das elektrische Feld ist um so stärker, je größer das Gebiet ist. Um zu einer quantitativen Abschätzung zu kommen, nehmen wir an, es existiere im Innern des Gases ein kugelförmiger Bereich *(Fig. 91)*, in dem sich nur Elektronen und keine Ionen

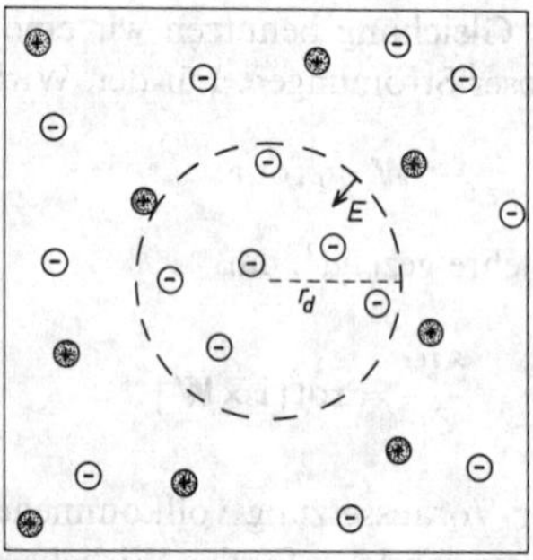

Fig. 91 Zur Herleitung des Radius der *Debye-Kugel.* In der gestrichelt eingezeichneten Kugel befinden sich nur Elektronen und keine Ionen. Außerhalb ist $n_e = n_i$.

befinden. Dann entsteht ein nach innen gerichtetes elektrisches Feld $\boldsymbol{E}$. Die Feldstärke berechnet man, genau wie beim Schwerepotential (vgl. Gleichung 6.8), zu

$$\boldsymbol{E}_r = -\frac{4\pi}{3} n_e \, \mathrm{c} \, e \, r \quad \text{für} \quad r \leq r_d . \tag{17.63}$$

(Hierin tritt die Lichtgeschwindigkeit c wegen der Benutzung el.magn. cgs-Einheiten auf.) Befände sich ein positives Ion im Mittelpunkt der Kugel, so müßte man die Arbeit A gegen das Feld leisten, um es bis zum Kugelrand zu transportieren:

$$A = -\int_0^{r_d} \mathrm{c} \, e \, \boldsymbol{E}_r \, \mathrm{d}r = \frac{2\pi}{3} n_e \, \mathrm{c}^2 e^2 r_d^2 . \tag{17.64}$$

In einem Gas der Temperatur T steht hierfür (höchstens) die Energie $\mathrm{k}T/2$ (k = Boltzmannkonstante) zur Verfügung. Durch Gleichsetzen erhält man

$$r_d^2 = \frac{3}{4\pi} \frac{\mathrm{k}}{\mathrm{c}^2 e^2} \frac{T}{n_e} .$$

r_d ist ein Maß für die Größe des Gebietes, in dem n_e wesentlich von n_i abweichen kann. Überlegungen dieser Art gehen auf P. DEBYE (1884 bis 1966) zurück. Da in vielen Anwendungen ebene Begrenzungen, statt der kugelförmigen auftreten, ist es üblich, nicht r_d, sondern die *Debye-Länge d* zur Abschätzung zu benutzen

$$\boxed{d = \sqrt{\frac{\mathrm{k}}{4\pi c^2 e^2}}\sqrt{\frac{T}{n_e}} = 6{,}90\sqrt{\frac{T}{n_e}}} \qquad (17.65)$$

d *in* cm, T *in* °K, n_e *in* cm^{-3}.

Mit der *MHD-Theorie* (Gleichungen 17.53 und 17.54) kann man Probleme lösen, bei denen die geometrischen Abmessungen groß gegen d sind. Sind die Abmessungen dagegen klein gegen d, so ergibt die *Einzelteilchen-Rechnung* (Kap. 17a) gute Ergebnisse. d gibt auch die Größenordnung für die Dicke von *Grenzschichten* an, die sich an festen Wänden (Raketen und Raumsonden) ausbilden. In diesen Grenzschichten treten starke elektrische Felder auf.

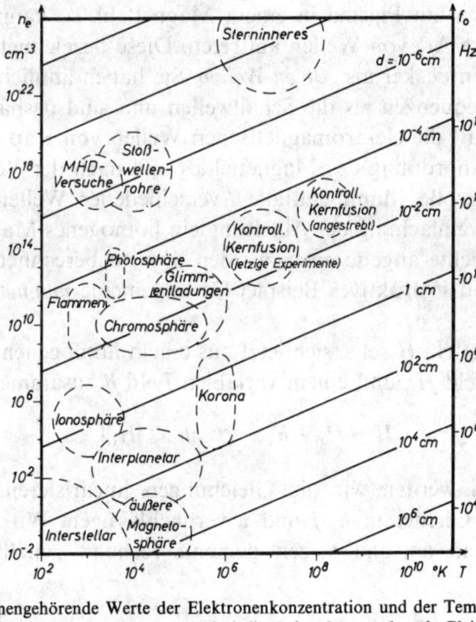

Fig. 92 Zusammengehörende Werte der Elektronenkonzentration und der Temperatur für natürliche und künstliche Plasmen. Eingetragen sind die *Debye-Längen d* nach Gleichung (17.65) und *Plasmafrequenz* f_0 nach Gleichung (17.45).

Zum Schluß dieses Abschnitts bringt *Fig. 92* eine Übersicht über Plasmen, die in der Natur vorkommen, und Plasmen, die bei Laboratoriumsversuchen verwendet werden. Als Abszisse ist die Temperatur T aufgetragen. Für die Ordinate sind zwei Skalen angebracht: *links* die Elektronenkonzentration n_e und *rechts* die Plasmafrequenz f_0. Die Linien konstanter Debye-Länge erscheinen als Geraden in dem doppelt-logarithmisch geteilten Netz.

Die natürlichen Plasmen sind ausnahmslos für den Geophysiker interessant: Die höchsten n_e-Werte findet man im Inneren von Sternen, wie z. B. auch von unserer Sonne. An der Sonnenoberfläche (Photosphäre) sind n_e und T sehr viel niedriger. In der Sonnenatmosphäre (Chromosphäre, Korona) steigt T wieder an, aber n_e sinkt ab. n_e nimmt weiter ab, wenn man von der Korona zum interplanetaren Raum und zur äußeren Magnetosphäre übergeht. Die niedrigsten Werte von n_e und T herrschen im interstellaren Raum. Das Bild läßt deutlich die Sonderstellung der Ionosphäre erkennen: relativ große n_e-Werte bei niedriger Temperatur.

17e) *Magnetohydrodynamische Wellen*

Befindet sich ein Plasma in einem Magnetfeld, so kann im Plasma eine besondere Art von Wellen auftreten. Diese bezeichnet man häufig nach ihrem Entdecker als *Alfvén-Wellen.* Sie haben ähnliche oder noch niedrigere Frequenzen als die Schallwellen und sind deshalb viel langperiodischer als die elektromagnetischen Wellen von Kap. 17c. Es gibt je nach der Anordnung des Magnetfeldes und nach der Verteilung der Dichte eine große Mannigfaltigkeit verschiedener Wellentypen. Hier sollen zur Vereinfachung der Ableitung ein homogenes Magnetfeld und homogene Dichte angenommen werden. Der so berechnete Wellentyp bildet aber ein instruktives Beispiel für allgemeine *magnetohydrodynamische Wellen.*

Das Magnetfeld $\boldsymbol{H}$ setze sich jetzt aus einem homogenen und zeitlich konstanten Feld $\boldsymbol{H}_0$ und einem variablen Feld $\boldsymbol{h}$ zusammen

$$\boldsymbol{H} = \boldsymbol{H}_0 + \boldsymbol{h}, \qquad |\boldsymbol{h}| \ll |\boldsymbol{H}_0|. \tag{17.66}$$

Im folgenden werden wir die Gleichungen linearisieren, indem wir quadratische Glieder in $\boldsymbol{h}$, $\boldsymbol{j}$ und $\boldsymbol{v}$ vernachlässigen. Wir wenden das MHD-Theorem an und setzen dementsprechend gemäß Gleichung (17.59):

$$\frac{\partial \boldsymbol{h}}{\partial t} = \operatorname{rot}\,[\boldsymbol{v} \times (\boldsymbol{H}_0 + \boldsymbol{h})] \approx \operatorname{rot}\,[\boldsymbol{v} \times \boldsymbol{H}_0].$$

Nun gilt nach einer allgemeinen Formel

$$\operatorname{rot}[\boldsymbol{v}\times\boldsymbol{H}_0]=(\boldsymbol{H}_0\operatorname{grad})\boldsymbol{v}-(\boldsymbol{v}\operatorname{grad})\boldsymbol{H}_0+\boldsymbol{v}\operatorname{div}\boldsymbol{H}_0-\boldsymbol{H}_0\operatorname{div}\boldsymbol{v}.$$

Wegen der Homogenität von $\boldsymbol{H}_0$ und der Quellenfreiheit von $\boldsymbol{H}_0$ und $\boldsymbol{v}$ verschwinden auf der rechten Seite alle Glieder bis auf das erste. Deshalb gilt

$$\frac{\partial\boldsymbol{h}}{\partial t}=(\boldsymbol{H}_0\operatorname{grad})\boldsymbol{v}. \tag{17.67}$$

Man benutzt die Stromdichte $\boldsymbol{j}$ aus der ersten Maxwellschen Gleichung (ohne Verschiebungsstrom)

$$\boldsymbol{j}=\frac{1}{4\pi}\operatorname{rot}\boldsymbol{h},\quad \text{also}\quad [\boldsymbol{j}\times\boldsymbol{H}]\approx[\boldsymbol{j}\times\boldsymbol{H}_0]=\frac{1}{4\pi}[\operatorname{rot}\boldsymbol{h}\times\boldsymbol{H}_0]$$

es gilt (wieder nach einer allgemeinen Formel)

$$\operatorname{grad}(\boldsymbol{H}_0\cdot\boldsymbol{h})=(\boldsymbol{H}_0\operatorname{grad})\boldsymbol{h}+(\boldsymbol{h}\operatorname{grad})\boldsymbol{H}_0+[\boldsymbol{H}_0\times\operatorname{rot}\boldsymbol{h}]+[\boldsymbol{h}\times\operatorname{rot}\boldsymbol{H}_0].$$

Wegen der Homogenität von $\boldsymbol{H}_0$ folgt hieraus

$$[\operatorname{rot}\boldsymbol{h}\times\boldsymbol{H}_0]=-\operatorname{grad}(\boldsymbol{H}_0\cdot\boldsymbol{h})+(\boldsymbol{H}_0\operatorname{grad})\boldsymbol{h}.$$

Setzt man dies in die Bewegungsgleichung (17.53) ein und führt man dort außerdem noch das Schwerepotential Φ ein, so erhält man

$$\rho\frac{\partial\boldsymbol{v}}{\partial t}=-\operatorname{grad}\left\{p+\rho\Phi+\frac{1}{4\pi}(\boldsymbol{H}_0\cdot\boldsymbol{h})\right\}+\frac{1}{4\pi}(\boldsymbol{H}_0\operatorname{grad})\boldsymbol{h}.$$

Wendet man auf diese Gleichung den Operator div an, so verschwinden wegen $\operatorname{div}\boldsymbol{v}=0$ und $\operatorname{div}\boldsymbol{h}=0$ alle Glieder bis auf das erste auf der rechten Seite. Mithin ist

$$\operatorname{div}\operatorname{grad}\left\{p+\rho\Phi+\frac{1}{4\pi}(\boldsymbol{H}_0\cdot\boldsymbol{h})\right\}=\Delta\{\}=0.$$

Der Klammerausdruck muß also Lösung der Laplacegleichung sein. Außerhalb des von der Störung ($\boldsymbol{h}\neq 0$) erfaßten Gebietes ist $\operatorname{grad}(p+\rho\Phi)=0$. Deshalb ist der Klammerausdruck eine Lösung der Laplacegleichung, die außerhalb des Störungsgebietes konstant ist. Die Potentialtheorie lehrt aber, daß der Klammerausdruck dann überall konstant sein muß. Deshalb erhält man

$$\frac{\partial\boldsymbol{v}}{\partial t}=\frac{1}{4\pi\rho}(\boldsymbol{H}_0\operatorname{grad})\boldsymbol{h}. \tag{17.68}$$

Die beiden Gleichungen (17.67) und (17.68) beschreiben einen Wellenvorgang. Um dies deutlich zu machen, führen wir ein kartesisches Koordinatensystem ein, dessen z-Achse in $\boldsymbol{H}_0$-Richtung zeigt. Dann gilt

$$\frac{\partial \boldsymbol{h}}{\partial t} = H_0 \frac{\partial \boldsymbol{v}}{\partial z},$$

$$\frac{\partial \boldsymbol{v}}{\partial t} = \frac{H_0}{4\pi\rho} \frac{\partial \boldsymbol{h}}{\partial z}.$$

Hieraus folgt

$$\frac{\partial^2 \boldsymbol{h}}{\partial t^2} = v_A^2 \frac{\partial^2 \boldsymbol{h}}{\partial z^2} \quad \text{und} \quad \frac{\partial^2 \boldsymbol{v}}{\partial t^2} = v_A^2 \frac{\partial^2 \boldsymbol{v}}{\partial z^2} \tag{17.69}$$

mit

$$\boxed{v_A = \frac{H_0}{\sqrt{4\pi\rho}}} \tag{17.70}$$

Die Gleichungen (17.69) gelten für Wellen, die sich parallel oder antiparallel zum Magnetfeld mit der Geschwindigkeit v_A ausbreiten. Man nennt sie Alfvén-Wellen. v_A ist ihre Fortpflanzungsgeschwindigkeit. Obwohl wir die Beziehung (17.70) für konstante Dichte abgeleitet haben, gilt sie doch allgemeiner, auch in Gebieten mit örtlich variablem ρ.

Alfvén-Wellen treten in der Magnetosphäre auf. Da ρ nach oben rascher abnimmt als H_0, existiert ein Maximum für v_A in 2500 km

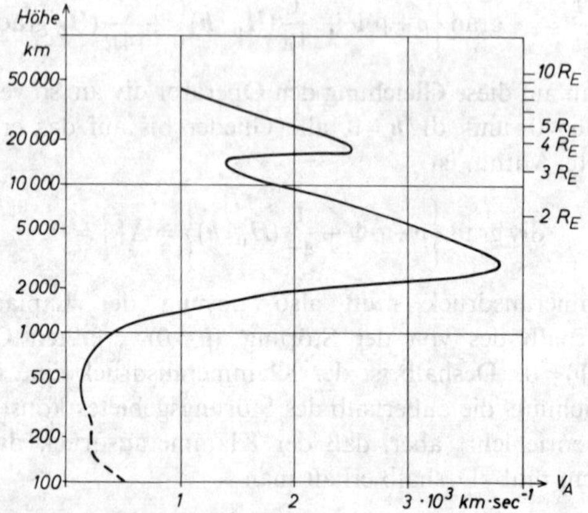

Fig. 93 Fortpflanzungsgeschwindigkeit der *Alfvén-Wellen* als Funktion der Höhe. Die Skala am *rechten* Rand gibt den Abstand vom Erdmittelpunkt an (R_E = Erdradius).

Höhe *(Fig. 93)*. (Das zweite Maximum in Fig. 93 entsteht durch die ungleichförmige Elektronenkonzentration in der Höhe, siehe Kap. 25c.)

Außer den reinen magnetohydrodynamischen Wellen gibt es Mischtypen zwischen magnetohydrodynamischen und akustischen Wellen. Man nennt sie *magnetoakustische* Wellen. Diese können sich auch quer zum Magnetfeld ausbreiten. Bei diesen Wellen muß man zwischen Phasen- und Gruppengeschwindigkeit unterscheiden. Dafür ist nicht die Dispersion, sondern die Anisotropie der Ausbreitungsgeschwindigkeit verantwortlich[1].

Dringender Rat:

Mit diesem Kapitel wurde der Versuch unternommen, eine allererste und ganz elementare Einführung in dieses umfangreiche Gebiet der Physik zu geben. Wer irgendwie auf diesem Feld weiterarbeiten will, darf es keinesfalls damit bewenden lassen, sondern muß sich intensiver mit dem Stoff beschäftigen. Dazu kann empfohlen werden:

F. Cap: Einführung in die Plasmaphysik I. Wiss. Taschenbücher. Berlin, Oxford, Braunschweig 1970.

H. Alfvén und C.-G. Fälthammar: Cosmical Electrodynamics. Oxford 1963.

J. D. Jackson: Classical Electrodynamics. New York-London 1962. Speziell: Kap. 10 und 12.

G. Schmidt: Physics of High Temperature Plasmas. New York-London 1966.

C. L. Longmire: Elementary Plasma Physics. New York-London 1963.

B. Lehnert: Dynamics of Charged Particles. Amsterdam 1964.

Speziell zu Kap. 17c:

B. Beckmann: Die Ausbreitung elektromagnetischer Wellen. Leipzig 1949.

18. *Polarlicht und Luftleuchten*

18a) *Polarlichtformen und geographische Verteilung*

Die Polarlichter sind im wörtlichen Sinne aufsehenerregende Vorgänge in der Oberen Atmosphäre. Dem Beobachter bieten sie ein wechselvolles Schauspiel in Farben und Formen. Die häufigste Farbe ist ein weißliches Grün bis Gelb, doch werden auch rote, violette und mehrfarbige Polarlichter beobachtet. Groß ist der Formenreichtum:

[1] Ist $\boldsymbol{k}$ der Wellenvektor, so gilt bei anisotroper Wellenausbreitung ($\omega = \omega(\boldsymbol{k})$) für die (vektorielle) Gruppengeschwindigkeit $\boldsymbol{v}_G = \frac{1}{k}(\boldsymbol{k} \cdot \text{grad})\omega = \text{grad}_k \omega$. Diese Formel vereinfacht sich im isotropen Fall zur Gleichung (4.34).

man sieht leuchtende *Flächen*, *Bögen*, *Strahlen* und viele zusammengesetzte Gebilde, die an kunstvoll in Falten gelegte Vorhänge erinnern und deshalb *Draperien* genannt werden. Die Strahlen verlaufen in Richtung der magnetischen Feldlinien. Diese – annähernd parallelen – Strahlen laufen scheinbar in einem Punkt zusammen: dem magnetischen Zenit des Beobachters. Man nennt diese Erscheinung *Korona.* Für Beobachter auf der Nordhalbkugel liegt der magnetische Zenit südlich, seine Höhe ist gleich der Inklination. Die Polarlichtbögen dagegen verlaufen senkrecht zu den geomagnetischen Meridianen, parallel zu den geomagnetischen Breitenkreisen.

Die Helligkeit der im Polarlicht leuchtenden Flächen wird durch die Strahlungsdichte S (Energie/cm^2 · sec · Raumwinkel) angegeben. Statt der üblichen Energieeinheit erg gibt man bei Polarlichtern die Zahl der Photonen an, weil man dann das Licht verschiedener Wellenlängen besser vergleichen kann. Für Aussagen über die Obere Atmosphäre ist die Zahl $\varepsilon(e)$ der in einer sec von einem cm^3 der Atmosphäre im Abstand e vom Beobachter ausgesandten Photonen von Bedeutung. Da sich die Lichtemission gleichmäßig über die Einheitskugel (Fläche 4π) verteilt, entspricht dem Leuchten der ganzen Säule (engl. column) von $e=0$ bis zur weitest entfernten Lichtquelle (symbolisch durch $e=\infty$ ausgedrückt) die Leuchtdichte

$$S=\frac{1}{4\pi}\int\limits_0^\infty \varepsilon(e)\,\mathrm{d}e. \tag{18.1}$$

Dieses Integral ist die entscheidende Größe, um aus der Leuchtdichte Kenntnisse der Oberen Atmosphäre zu gewinnen. Deshalb berechnet man aus den Photometermessungen die *Emissionsrate* ($4\pi S$) und führt für diese Größe eine eigene Einheit ein:

$$1\,\mathit{Rayleigh} = 1\,R = 10^6\ \text{Photonen/cm}^2\ \text{(Säule) sec}$$

$$(1\,\mathrm{k}R = 1\,\mathit{Kilorayleigh} = 10^3\,R).$$

Die Gleichung (18.1) ist nur gültig unter der idealisierenden Voraussetzung isotroper Emission und fehlender Extinktion in der Säule. Im allgemeinen ist deshalb ($4\pi S$) nur eine „scheinbare Emissionsrate". Im folgenden sollen die Leuchtdichten einiger natürlicher Lichtquellen mitgeteilt werden. Der besseren Vergleichsmöglichkeit wegen wurde für alle Objekte, auch solche, deren Helligkeit ganz anders entsteht, die Größe $4\pi S$ berechnet und in kR angegeben:

Sonne	$6 \cdot 10^{13}$ k*R*,
Vollmond	$1{,}3 \cdot 10^{8}$ k*R*,
Polarlicht	1 bis 1000 k*R*,
Nachtleuchten (sichtbar)	0,5 k*R*,
Nachtleuchten (infrarot)	$4{,}5 \cdot 10^{3}$ k*R*,
Totales Sternlicht	0,4 k*R*.

Die Häufigkeitsverteilung der Polarlichter auf der Erde zeigt ausgeprägte Maxima in Zonen, die die geomagnetischen Pole im Abstand von etwa 23° umgeben. Diese Gebiete werden *Polarlichtzonen* genannt. Dort sieht man Polarlichter in fast jeder wolkenlosen und nicht durch Vollmond überstrahlten Nacht. Zu den Polen hin fällt die Häufigkeit allmählich, zum Äquator hin dagegen steil ab. In Deutschland beträgt die relative Häufigkeit der Nächte mit Polarlicht rund 1‰. Dabei sind aber auch sehr schwache Leuchterscheinungen mitgezählt, die nur von geübten Beobachtern und nur unter günstigen Beobachtungsbedingungen wahrgenommen werden. Polarlichter nennt man auch Nord- und auf der Südhalbkugel Südlichter.

Mit Hilfe von Radargeräten kann man Polarlichter auch tags, in bewölkten Nächten und in Vollmondnächten beobachten. Kurze und ultrakurze Radiowellen werden nämlich unter bestimmten, noch nicht völlig bekannten Bedingungen an Polarlichtern reflektiert. Eine notwendige Bedingung ist: Die Wellennormale muß senkrecht auf den erdmagnetischen Feldlinien stehen, die das Polarlicht durchsetzen. Solche *Radiopolarlichter* führen gelegentlich zu Überreichweiten in der UKW-Ausbreitung.

18b) *Polarlichtspektren*

1867 wurde das Nordlichtspektrum zum ersten Mal von A. ÅNGSTRÖM (schwedischer Astrophysiker, 1814–1874) beobachtet. Wegen der geringen Strahlungsleistung der Polarlichter ist die spektroskopische Analyse umständlich, zeitraubend und schwierig. Um die Entwicklung einer geeigneten Beobachtungstechnik haben sich in der Folgezeit vor allem J. VEGARD (1880–1961) und seine Schüler sehr verdient gemacht.

Die Identifizierung der beobachteten Linien und Banden gab den Geophysikern manche Rätsel auf. Besonders für die schon von Ångström gefundene grüne Linie der Wellenlänge 5577 Å fand man zunächst keine Erklärung. Deshalb dachte z. B. A. WEGENER (bekannt durch die von ihm postulierte Kontinentalverschiebung, vgl. Kap. 2) an ein unbekanntes Gas in der Oberen Atmosphäre, welches er „Geocoronium“ nannte. VEGARD versuchte (vorübergehend), das Leuchten fester Stickstoffkristalle, die mit Elektronen beschossen worden waren, für das Polarlichtspektrum verantwortlich zu machen. Die richtige Lösung fanden die Amerikaner McLennan und Shrum im Jahre 1924: Die grüne Linie entspricht einem Übergang zwischen den metastabilen Niveaus ^1S und ^1D des angeregten Sauerstoffatoms (elektrische Quadrupolstrahlung). Die Aufenthaltsdauer im ^1S-Niveau beträgt 0,74 sec. Unter Laboratoriumsbedingungen und in der unteren Atmosphäre findet in dieser Zeit mit einer an Sicherheit grenzenden Wahrscheinlichkeit ein Zusammenstoß mit einem anderen Atom statt, bei dem die überschüssige Energie abgegeben wird, ohne daß es zur Ausstrahlung eines Photons kommt. In der Oberen Atmosphäre dagegen ist die mittlere Stoßzeit größer als die Lebensdauer des angeregten Zustandes.

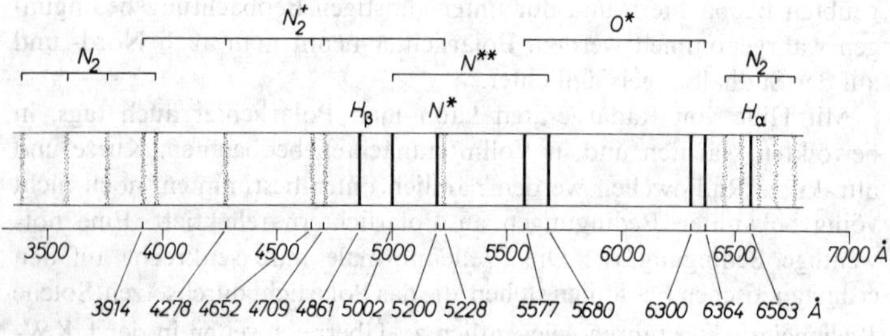

Fig. 94 Linien *(ausgezogen)* und Banden *(punktiert)* im Polarlichtspektrum. *Unten:* zugehörige Wellenlängen. *Oben:* Identifizierung.

Die *Fig. 94* zeigt die wichtigsten Linien und Banden im Polarlichtspektrum. Vom angeregten Sauerstoffatom O* stammen außer der grünen Linie noch zwei rote bei 6300 und 6364 Å. Hierbei handelt es sich um Übergänge vom ^1D- zum ^3P-Niveau (magnetische Dipolstrahlung). Die mittlere Aufenthaltsdauer im ^1D-Niveau beträgt 110 sec. Dementsprechend beobachtet man diese Übergänge vor allem in den höheren Schichten der Oberen Atmosphäre (200 bis 500 km). Beim angeregten Stickstoffatom N* ist der tiefste angeregte Zustand ebenfalls metastabil. Seine Lebensdauer beträgt 26 Stunden. Aber auch aus diesem Zustand sind Übergänge (5200 Å) im Polarlichtspektrum beobachtet worden, häufig lange, nachdem das eigentliche Polarlicht abgeklungen war.

Die intensivsten Banden im sichtbaren Polarlichtspektrum gehören zum molekularen Stickstoff (neutral oder ionisiert). Die N_2^+-Bande, deren Kopf bei 3914 Å liegt, ist etwa so stark wie die 5577-Å-Linie. Da die Empfindlichkeit des Auges im Violetten weniger als 1% der Grünempfindlichkeit beträgt, überwiegt die weißlich-grüne Farbe. Für rote Polarlichter sind außer den beiden O*-Linien vor allem die roten N_2-Banden verantwortlich.

Eine besondere Bedeutung bei der Erforschung der Oberen Atmosphäre haben die beiden Wasserstofflinien H_α (rot) und H_β (blau). Im Polarlichtspektrum zeigen diese Linien eine ungewöhnliche Linienverbreiterung, die auf Geschwindigkeitsunterschiede von mehreren hundert km/sec schließen läßt. Eine Entdeckung, die seinerzeit großes Aufsehen erregte, ist die folgende: 1951 fand A. B. Meinel eine Dopplerverschiebung für H_α bei Beobachtung in Richtung des Magnetfeldes, die zu einer Protonengeschwindigkeit von rund 3000 km/sec gehörte. Senkrecht zum Magnetfeld wurde keine Verschiebung beobachtet.

Die Frage nach der *Ursache* der Polarlichter blieb lange Zeit ungelöst. Inzwischen haben theoretische Studien und Satellitenmessungen gezeigt, daß für die normalen Polarlichter energiereiche Elektronen (siehe Kap. 26b), die in die Polarlichtzonen längs der Magnetfeldlinien einfallen, verantwortlich sind. Es gibt aber besondere Polarlichttypen, wie z. B. rote Bögen in großen Höhen, sonnenbeschienene Nordlichter und polares Glühen bei PCA (Polar-Cap-Absorption)-Effekten (siehe Kap. 20b), deren Anregung nicht in dieses Schema paßt.

Bei einer Reihe von amerikanischen und russischen Kernwaffenversuchen in großen Höhen traten *künstliche Polarlichter* auf. Der erste Versuch dieser Art war das ARGUS-Experiment (August/September 1958), später folgten STARFISH und andere Experimente im Sommer und Herbst 1962[1].

Man hat versucht, aus den Polarlichtspektren die Temperaturverteilung der Oberen Atmosphäre abzuleiten. Die Hauptschwierigkeit ist es dabei, richtige Annahmen über die Art des thermodynamischen Gleichgewichtes zu machen. Es ist fraglich, ob überhaupt in der Oberen Atmosphäre Gleichgewicht vorhanden ist; wenn ja, dann sicher nur zwischen bestimmten Zuständen, wie z. B. den Rotationen der Moleküle. Am einfachsten lassen sich Doppler-Temperaturen bestimmen. Aus der 5577-Å-Linie wurden Temperaturen zwischen 300 und 600 °K und aus

[1] Beschreibungen dieser Experimente findet man in PH (Literaturverzeichnis Kap. 29) **49,1** (1966) 120–121; B. M. McCormac (Herausg.): Aurora and Airglow. New York-Amsterdam-London 1967, 325–403; die politischen Hintergründe des ARGUS-Experiments beschreibt W. Sullivan in SU (Literaturverzeichnis Kap. 29) 142–171.

der 6300-Å-Linie solche zwischen 1000 und 1900 °K bestimmt. Das entspricht der unterschiedlichen Höhe der Emission beider Linien. Bei 6300 Å beobachtet man Variationen zwischen 1200 °K in Nächten mit geringem und 3500 °K in Nächten mit starkem Polarlicht.

18c) *Luftleuchten*

Dieser Abschnitt ist hier eingefügt, weil er mit den Spektren an Kap. 18b anknüpft und mit den Variationen zu Kap. 18d überleitet. Sachlich schließt Kap. 18d an Kap. 18b an.

Der Astronaut J. H. Glenn berichtete nach seinem Weltraumflug am 20. Februar 1962: "I had no trouble seeing the horizon on the nightside. Above the horizon some 6 to 8 degrees, there was a layer that I would estimate to be roughly 1,5 to 2 degrees wide... As I looked more carefully I could see a band parallel to the horizon, that was a different color than the clouds below. It was not the same white color as moonlight on clouds at night. It was a tannish (lohfarben, gelbbraun) color or buff white (blaß gelblich orange), in comparison to the clouds, and not very bright. This band went clear across the horizon. I observed this layer on all three passes through the nightside. The intensity was reasonably constant through the night." (Nach Science **136** (1962) 1093–1094.)

Die von Glenn beobachtete Erscheinung ist als *Nachtleuchten* (engl. nightglow) schon seit mehr als 50 Jahren bekannt. Vom Boden aus kann man sie aber nicht mit bloßem Auge wahrnehmen, da die Strahlungsdichte zu gering ist. Vom Raumfahrzeug oberhalb der leuchtenden Schicht aus hat man günstigere Beobachtungsbedingungen, da man tangential auf die Schicht sieht.

Nachtleuchten ist ein Spezialfall des *Luftleuchtens* (engl. airglow). Unter diesem Begriff faßt man außerdem noch das *Tagesluftleuchten* (engl. day airglow) und das *Dämmerungsleuchten* (engl. twilight glow) zusammen. Das Luftleuchten ist weniger variabel als das Polarlicht, auch ist es nicht auf bestimmte Gebiete der Erde beschränkt. Es handelt sich um ein Nachleuchten von Atomen und Molekülen in der Oberen Atmosphäre, die durch die eingestrahlte Sonnenenergie – gewöhnlich über einen zwischengeschalteten Prozeß wie Dissoziation oder Ionisation – in einen angeregten Zustand versetzt worden sind.

Da die Strahlungsdichte des Nachtleuchtens viel geringer ist als die des Polarlichtes (vgl. die Tabelle in Kap. 18a), ist das *Spektrum* noch schwerer zu analysieren. Die O*-Linien 5577, 6300 und 6364 Å (vgl. Fig. 94) findet man auch im Nachtleuchten. Zusätzlich zum Polarlichtspektrum beobachtet man die Herzberg-Banden des O_2 im UV-Gebiet (vgl. Kap. 16b). Die Banden des N_2^+ (vgl. Fig. 94) sind nur mit sehr geringer Intensität vorhanden. Neu gegenüber dem Polarlicht sind vor allem die beiden gelben Na-D-Linien bei 5890 und 5896 Å. Die größte Intensität hat die Spektraldichte im Infraroten. Dort beobachtet man vor allem die Meinel-Banden des OH.

Die *Höhe* von Polarlichtern kann man vom Boden aus durch Triangulation bestimmen, dabei werden markante Punkte, wie Säulenenden, Höchstpunkte von Bögen oder dgl. anvisiert. Beim Luftleuchten versagt diese Methode, da es keine ausgezeichneten Punkte gibt, die sich zur Triangulation eignen. Wenn man aber voraussetzt, daß das Licht einer dünnen, leuchtenden Schicht entstammt, so kann man deren Höhe h

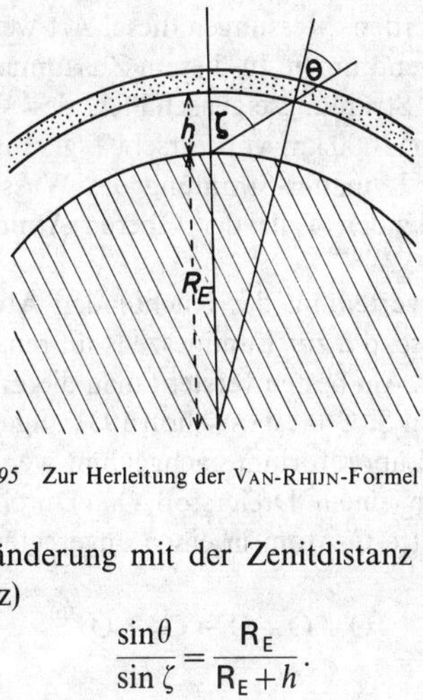

Fig. 95 Zur Herleitung der VAN-RHIJN-Formel (18.3).

aus der Intensitätsänderung mit der Zenitdistanz ζ erschließen. Nach *Fig. 95* ist (Sinussatz)

$$\frac{\sin\theta}{\sin\zeta} = \frac{R_E}{R_E + h}. \tag{18.2}$$

Die Strahlungsdichte S ist proportional zur Länge des Weges in der leuchtenden Schicht, also

$$S(\zeta) = \frac{S(0)}{\cos\theta} = S(0) \frac{1}{\sqrt{1 - \left(\frac{R_E}{R_E + h}\right)^2 \sin^2\zeta}} \tag{18.3}$$

(nach P. J. VAN RHIJN 1921).

Wenn man die beobachteten $S(\zeta)$ über ζ aufträgt, so kann man diejenige Van-Rhijn-Kurve aussuchen, die am besten zu den Beobachtungen paßt, und damit h bestimmen. Leider ist die Gültigkeit der Gleichung (18.3) an sehr einschneidende Voraussetzungen geknüpft: Die leuchtende Schicht muß dünn, homogen und kugelsymmetrisch sein; vor allem aber darf keine Extinktion in der darunter liegenden Atmosphäre auftreten. Diese Bedingung ist sehr kritisch, da für die Bestimmung von h gerade die Beobachtungen mit großen ζ entscheidend sind. Bei schwacher Extinktion kann man eine Korrektion anbringen, doch gehen die dazu erforderlichen Abschätzungen des Extinktionskoeffizienten sehr stark in die Höhenbestimmung ein.

Trotz aller Sorgfalt erhält man nach der Van Rhijnschen Methode keine sehr zuverlässigen Daten. Die erhaltenen Werte streuen zwischen 70 und 1000 km. Verläßliche Daten kann man von Raketenmessungen erwarten, bei denen Photometer bis in die Höhe der emittierenden Schichten gesandt werden. Messungen dieser Art werden zur Zeit (1969) an vielen Orten vorgenommen. In diesem Zusammenhang interessieren auch besonders die Strahlungseigenschaften des Wasserstoffs, der in Höhen oberhalb von 2000 km vorherrscht (vgl. Fig. 80). Mit Raketen beobachtet man die Lyman-α-Strahlung des Wasserstoffs im UV bei 1215 Å. Diese strahlenden Teile der Oberen Atmosphäre nennt man die *Geokorona*[1].

Außer der Höhenverteilung der leuchtenden Atome und Moleküle sind auch die Prozesse, die zur Lumineszens führen, noch nicht in allen Einzelheiten bekannt. Am besten versteht man die Emission der 5577-Å-Linie. Ein Prozeß, den S. CHAPMAN schon 1931 angegeben hatte, konnte inzwischen auch im Laboratorium nachgeahmt werden: Aus atomarem Sauerstoff entsteht in einem Dreierstoß O_2. Durch die frei werdende Energie wird das dritte O-Atom in einen angeregten Zustand versetzt:

$$O + O + O \rightarrow O_2 + O^*.$$

Dieses angeregte Atom strahlt schließlich das 5577-Å-Licht ab.

Das Nachthimmelslicht zeigt *Zeitvariationen* wie sie für alle Erscheinungen der Oberen Atmosphäre typisch sind: Leuchtende Flecken wandern im Verlauf der Nacht über den Himmel. Helligkeit, Richtung und Größe dieser Verschiebungen sind mit der erdmagnetischen Aktivität (siehe Kap. 19b) korreliert. Man beobachtet, vor allem bei der 5577-Å-Linie, eine 27tägige Wiederholungsneigung. Diese Variationen sind also mit Vorgängen auf der Sonne verknüpft.

[1] Nach I. S. SHKLOVSKY: Planetary Space Sci. **1** (1959) 63; vgl. auch J. W. CHAMBERLAIN, Science **142** (1963) 921–924.

18 d) *Polarlichtaktivität*

Verglichen mit dem Nachthimmelslicht zeigen Polarlichter viel schnellere und größere zeitliche Variationen. Unwillkürlich denkt man an die Veränderlichkeit des Wetters und nennt deshalb auch Zeiten mit starkem Polarlicht *Polarlichtstürme*[1]. Einzelheiten über Form und Ablauf solcher Polarlichtstürme hat man in der Geschichte der Polarlichtforschung verhältnismäßig spät erkannt. Dazu waren ein wohlorganisiertes Beobachtungsnetz und der Bau von Kameras, deren Öffnungswinkel das ganze Himmelsgewölbe umfaßt (engl. all-sky cameras), erforderlich. Die meisten Ergebnisse verdanken wir dem Internationalen Geophysikalischen Jahr (IGJ) 1957/58.

Ein Beobachtungsprogramm im IGJ galt der Frage nach dem Zusammenhang zwischen Polarlichtern auf der Nord- und Südhalbkugel. Es ergab sich, daß die Polarlichter auf beiden Halbkugeln immer gleichzeitig auftreten, genau gesagt: Gebiete, die an den Enden der gleichen magnetischen Feldlinien liegen *(magnetisch konjugierte Punkte)*, zeigen die gleiche Polarlichtaktivität. Nach Kap. 17 a und b ist das ohne weiteres verständlich, da die Feldlinien einen sehr guten Kanal für kinetische und elektrische Energie darstellen. Die Dipolfeldlinie, die in den Polarlichtzonen ($\vartheta = 23^\circ$ und $\vartheta = 157^\circ$) die Erdoberfläche ($r = \mathsf{R_E}$) durchstößt, erhält man nach Gleichung (8.7) zu

$$r = r_0 \sin^2 \vartheta \quad \text{mit} \quad r_0 = 6{,}6\,\mathsf{R_E}\,. \tag{18.4}$$

Die Feldlinie entfernt sich also bis 6,6 Erdradien vom Erdmittelpunkt.

Durch Angabe der Polarlichtzonen und der zugehörigen Feldlinien ist die Geometrie der Polarlichterscheinungen aber noch nicht hinreichend beschrieben: Die Polarlichtzonen (= Gebiete häufigsten Polarlichtes auf der Erde, vgl. Kap. 18 a) wurden aus der Polarlichtstatistik über ein langjähriges Beobachtungsintervall bestimmt. Bei einem einzelnen Polarlichtsturm zeigen sich Polarlichter nicht in der ganzen Polarlichtzone, sondern in einem *Oval* um den geomagnetischen Pol, welches die Polarlichtzone auf der Nachtseite berührt. Auf der Tagseite reicht das Oval nur bis zu kleineren ϑ-Werten. Diese Unsymmetrie wird aus der Verschiebung polarer Feldlinien durch den solaren Wind verständlich (vgl. Fig. 2). Einige Feldlinien werden ja von der Tag- auf die Nachtseite verschleppt („der solare Wind bläst der Erde die Polkappe in den Nacken").

[1] Durch diese Namengebung darf man sich nicht verleiten lassen zu glauben, Polarlichtstürme und meteorologische Stürme seien irgendwie miteinander verknüpft. Trotz intensivster Suche hat man bisher keine deutlich erkennbare Beziehung zwischen Wettererscheinungen und den Vorgängen in der Oberen Atmosphäre gefunden.

Den durchschnittlichen Verlauf eines Nordlichtsturms soll *Fig. 96* veranschaulichen. Auf den Polarkarten für die verschiedenen Sturmphasen ist die Tagseite oben und die Nachtseite unten. Der Sturm beginnt mit dem plötzlichen Aufflammen eines vorher ruhigen Bogens auf einer Länge von ungefähr 1 000 km, zentriert um den Mitternachtsmeridian.

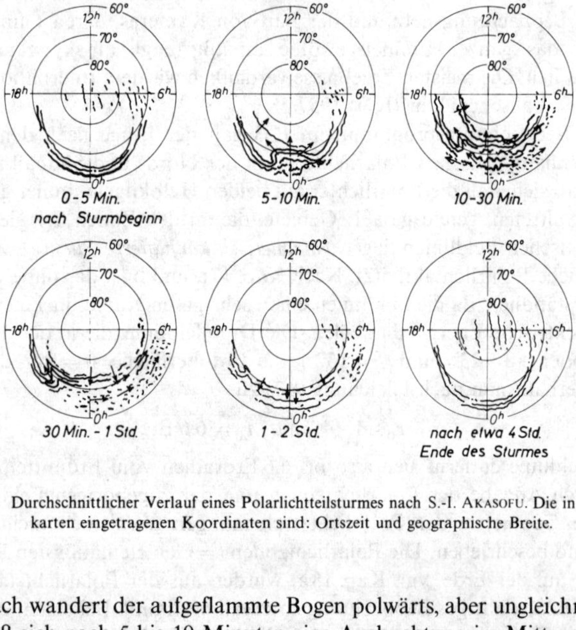

Fig. 96 Durchschnittlicher Verlauf eines Polarlichtteilsturmes nach S.-I. AKASOFU. Die in die Polkarten eingetragenen Koordinaten sind: Ortszeit und geographische Breite.

Danach wandert der aufgeflammte Bogen polwärts, aber ungleichmäßig, so daß sich nach 5 bis 10 Minuten eine Ausbuchtung im Mitternachtsgebiet bildet. Dann setzen auch seitliche Bewegungen ein. (Die ganze Erscheinung kann man von einer einzigen Station aus nicht überblicken, da die Ausbuchtung groß gegenüber dem Gesichtsfeld ist.) Die Geschwindigkeiten liegen zwischen 300 und 3 000 m/sec. Nach 10 bis 30 Minuten hat die Front den nördlichsten Punkt erreicht (75 bis 80° Breite). Danach bilden sich auf der Ost- und Westseite unterschiedliche Störungsformen aus. Auf der Abendseite gleicht die Störung einer nach Westen wandernden Woge (engl. westward travelling surge). Auf der Morgenseite bewegt sich die Leuchterscheinung nach Osten. Die Abendseite zeigt im allgemeinen größere Helligkeit. Die Erholungsphase setzt mit einer Südwanderung des Polarlichts ein.

Häufig treten mehrere der in Fig. 96 beschriebenen Abfolgen nacheinander auf. Jede einzelne von ihnen nennt man dann einen *Polarlichtteilsturm* und die ganze Erscheinung den *Polarlichtsturm.* Um das zeitliche Verhalten zu kennzeichnen, spricht man auch von der *Polarlichtaktivität.* Mit zunehmender Aktivität dehnt sich die Polarlichterscheinung zu niederen Breiten hin aus, und zwar so, daß der jeweils folgende – stärkere –Teilsturm weiter südlich beginnt.

Wie in Kap. 18b gesagt, werden die Polarlichter durch längs der Magnetfeldlinien einfallende Elektronen erzeugt. Die Polarlichtstürme sind eng mit mehreren anderen Erscheinungen in der Oberen Atmosphäre korreliert, die alle eine Bevorzugung der Polargebiete erkennen lassen: Erdmagnetische Stürme, Ionosphärenstörungen, erhöhte Absorption kosmischer Radiostrahlung, Szintillationen von Radiosternen, Röntgenstrahlungsausbrüche und polare sporadische E-Schichtbildung. Vermutlich gehen alle diese gleichzeitigen Erscheinungen von ein und derselben Magnetosphärenstörung aus. Der Mechanismus ist aber in seinen Einzelheiten noch nicht bekannt.

Ergänzende Literatur zu Kap. 18

S.-I. Akasofu, S. Chapman und A. B. Meinel: The Aurora. In PH (Literaturverzeichnis Kap. 29) **49, 1** (1966) 1–158.

B. M. McCormac (Herausg.): Aurora and Airglow. New York-Amsterdam-London 1967.

M. Walt (Herausg.): Auroral Phenomena. Stanford, Calif.-London 1965.

C. Störmer: The Polar Aurora. Oxford 1955.

J. W. Chamberlain: Physics of the Aurora and Airglow. New York-London 1961.

19. *Erdmagnetisches Außenfeld*

Elektrische Ströme in der Ionosphäre und Magnetosphäre rufen Magnetfelder hervor, die sich dem in Kap. 8 besprochenen erdmagnetischen Innenfeld überlagern. Der Größe nach rangiert das Außenfeld weit hinter dem Innenfeld, in der wissenschaftlichen Bedeutung hat es aber einen mindestens gleichrangigen Platz erlangt. Im Gegensatz zum Innenfeld zeigt es nämlich starke Variationen mit Perioden, die direkter menschlicher Beobachtung leicht zugänglich sind. Carl Friedrich Gauss, der als erster diese Variationen systematisch studiert hat, bezeichnete ihre

Aufzeichnung als die „rätselhafte Hieroglyphenschrift der Natur". Er hielt sich und seine Zeitgenossen noch nicht für in der Lage, diese Schrift zu entziffern: „Wir müssen vorerst unser Bestreben nur sein lassen, Abschriften von dem, was sich darbietet, zu sammeln, und denselben immer mehr Zuverlässigkeit, Treue und Mannigfaltigkeit zu verschaffen: reichem Stoff wird, wie wir zuversichtlich hoffen dürfen, dereinst auch die Entzifferung nicht fehlen... Es wird der Triumph der Wissenschaft sein, wenn es dereinst gelingt, das bunte Gewirr der Erscheinungen zu ordnen, die *einzelnen* Kräfte, von denen sie das zusammengesetzte Resultat sind, auseinander zu legen, und einer jeden Sitz und Maß nachzuweisen[1]." In diesem Kapitel soll – soweit es im Rahmen einer Einführung möglich ist – gezeigt werden, wie weit diese Entzifferung bisher gediehen ist.

19a) *Einteilung der Variationen und Pulsationen*

In diesem Abschnitt lernen wir eine Einteilung des Außenfeldes nach phänomenologischen Gesichtspunkten kennen (Fig. 97). Die physikalischen Deutungen findet man in den folgenden Abschnitten dieses Kapitels (auf die jeweils verwiesen wird). Das erdmagnetische Außenfeld ist ein örtlich und zeitlich veränderliches Vektorfeld. Jedem Punkt auf der Erdoberfläche werden die Komponenten des Feldes, drei kontinuierliche Zeitfunktionen oder, wenn man sich auf diskrete Ablesungen beschränkt, drei Zeitreihen zugeordnet. Um die in diesen Zeitreihen enthaltene Information zu erfassen, führt man eine Zerlegung in verschiedene Gruppen von Variationen ein. Für diese Zerlegung verwendet man unterschiedliche Einteilungsprinzipien. Das erste wurde von GAUSS angegeben und wurde bereits in Kap. 8c beschrieben: die Zerlegung in inneren und äußeren Anteil. In diesem Kapitel wollen wir uns nur noch mit den äußeren Variationen befassen. Es sei aber erinnert, daß es zu jeder äußeren Variation einen elektromagnetisch induzierten inneren Anteil gibt. Von der Beobachtung dieser inneren Anteile wird bei der erdmagnetischen Tiefensondierung (vgl. Kap. 11) Gebrauch gemacht.

Die Einteilung der äußeren Variationen ist in *Fig. 97* dargestellt. Darin sind die Einteilungsprinzipien jeweils am Kopf der Spalten aufgeführt. Nach der Periode (vgl. auch das Energiespektrum in Fig. 63) unterscheidet man *Variationen* (Periode > 10 Min.) und *Pulsationen* (Periode 0,2 bis 600 sec). Einzelheiten über Pulsationen und deren weitere Unterteilung findet man in Kap. 19j. Geht man von den Pulsationen

[1] C. F. GAUSS: Resultate aus den Beobachtungen des Magnetischen Vereins im Jahre 1836. Göttingen 1837, 98 und 100 (abgedruckt Werke **5**, 573–574).

zu noch kürzeren Perioden über, so kommt man in das Gebiet der *Radiowellen.*

Für die weitere Gliederung der Variationen ist ein Gesichtspunkt maßgebend, der sich aus den inneren Eigenschaften der Variationen selbst ergibt: Beim Durchsehen magnetischer Registrierungen (= Magnetogramme) verschiedener Tage erkennt man deutliche Unterschiede

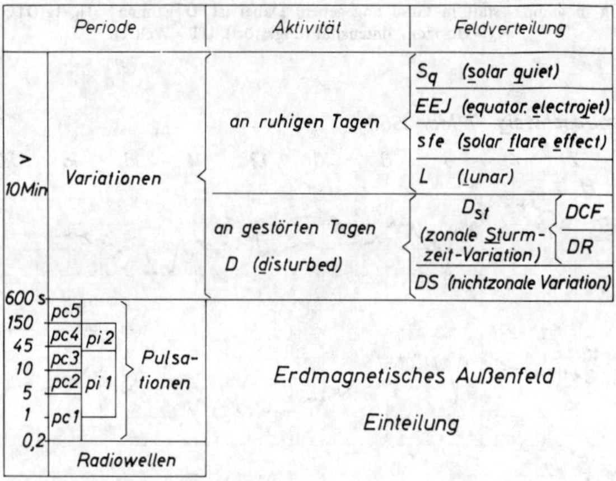

Fig. 97 Gliederung des erdmagnetischen Außenfeldes. (Die Überschriften der Spalten bezeichnen die jeweiligen Einteilungsprinzipien.)

zwischen *ruhigen* und *gestörten* Tagen (Fig. 98 und 99). Man teilt die Tage deshalb nach dem Störungsgrad oder, wie man auch sagt, nach der erdmagnetischen Aktivität ein. In Kap. 19b werden Verfahren beschrieben, die es erlauben, aus den Magnetogrammen ausgewählter Observatorien Maßzahlen für die erdmagnetische Aktivität zu gewinnen. Die erdmagnetische Aktivität ist keine lokale Erscheinung. Sie variiert ziemlich einheitlich auf der ganzen Erde.

In den Variationen an ruhigen Tagen (Beispiel in *Fig. 98*) erkennt man eine regelmäßige Schwingung, die sich Tag für Tag in ähnlicher Form wiederholt: *Sq* (periodisch nach Sonnenzeit, Kap. 19c). Es gibt eine ähnliche Schwingung mit kleinerer Amplitude, die an die Mondzeit geknüpft ist: *L* (Kap. 19f). Eine Besonderheit, die mit *Sq* und *L* verwandt ist, ist die Wirkung eines elektrischen Stromes über dem magnetischen Äquator: *EEJ* (Kap. 19d). Als Auswirkung einer Sonneneruption

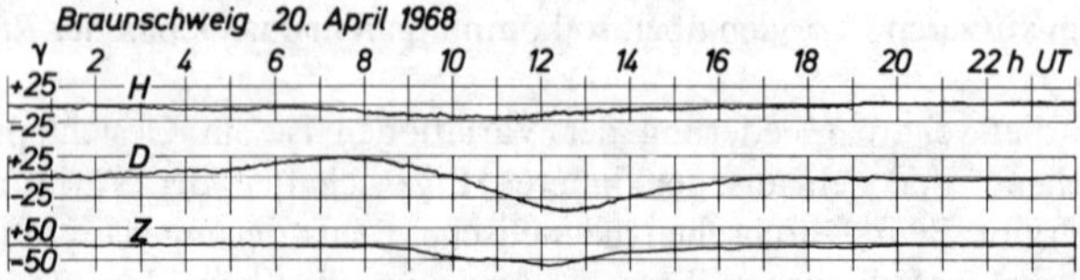

Fig. 98 Magnetogramm eines magnetisch *ruhigen* Tages. H = Variation der Horizontalintensität, D = Variation der Deklination, Z = Variation der Vertikalintensität. Die Variation der Deklination wird häufig in gamma statt in Grad angegeben. Dabei ist $D[\text{gamma}] = H_0 \cdot \text{tg}(D[\text{Grad}])$ mit H_0 = Horizontalintensität (ungestört). UT = Weltzeit.

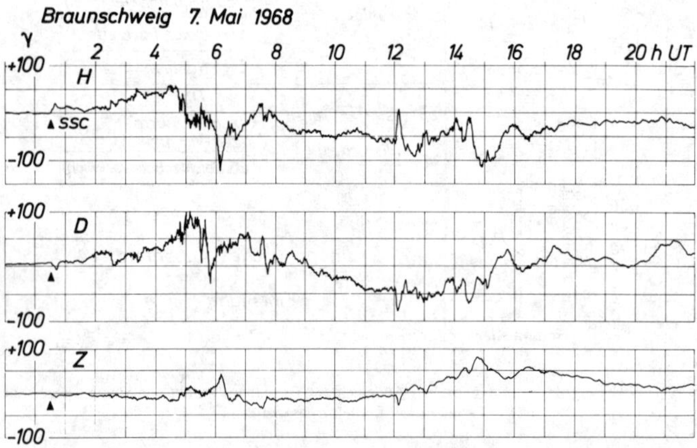

Fig. 99 Magnetogramm eines magnetisch *gestörten* Tages. Bezeichnungen wie in Fig. 98.

(engl. flare) beobachtet man gelegentlich eine kurzzeitige Verstärkung der *Sq*-Variation: *sfe* (Kap. 19e).

Mit *D* [1] bezeichnet man die Variationen, die an magnetisch gestörten Tagen zusätzlich auftreten. Diese nennt man auch *magnetische Stürme.* (Sie sind verwandt mit den Polarlichtstürmen, vgl. Kap. 18d.)

Die an der Erdoberfläche beobachteten *D*-Variationen sind Funktionen der geographischen Poldistanz ϑ, der geographischen Länge λ und der Sturmzeit t_{st}, wobei $t_{st}=0$ den Sturmbeginn bezeichnet. $D(\vartheta, \lambda, t_{st})$

[1] Diese Terminologie wurde von S. Chapman eingeführt und ist weit verbreitet. Es besteht eine gewisse Gefahr der Verwechslung mit der Deklination, die auch mit D bezeichnet wird, doch ist die Bedeutung gewöhnlich aus dem Zusammenhang zu erkennen.

wird nach der Geometrie der Feldverteilung in einen zonalen Anteil $D_{st}(\vartheta, t_{st})$ und einen nichtzonalen Rest (engl. longitudinal inequality) $DS(\vartheta, \lambda, t_{st})$ zerlegt. $D_{st}(\vartheta, t_{st})$ berechnet man durch Mittelung über λ (für festes ϑ und t_{st}). In DS ersetzt man die Länge λ noch durch die Ortszeit t' gemäß

$$t' = t + \lambda \quad \text{mit } t = \text{Weltzeit} = t_0 + t_{st}, \quad t_0 = \text{Sturmbeginn in Weltzeit.}$$

In dieser Gleichung können alle Größen entweder in Stunden oder in Grad gemessen werden, wobei 1 Std. = 15°. Es gilt dann

$$D(\vartheta, \lambda, t_{st}) = D_{st}(\vartheta, t_{st}) + DS(\vartheta, t', t_{st}). \tag{19.1}$$

Diese Mittelung und Zerlegung muß für jede einzelne Magnetfeldkomponente ausgeführt werden. Den zonalen Anteil zerlegt man weiter:

$$D_{st} = DCF + DR. \tag{19.2}$$

Dabei ist DCF (von engl. *c*orpuscular *f*lux) die Magnetfeldwirkung einer an die Magnetosphäre heranrückenden solaren Partikelwolke. Am deutlichsten erkennt man diese Wirkung beim Sturmbeginn, dem *ssc* (von engl. *s*torm *s*udden *c*ommencement, vgl. *Fig. 99* und Kap. 19g). DR schließlich ist das Feld des magnetosphärischen Ringstroms (Kap. 19h).

Das DS-Feld hat besonders große Amplituden in der Nachbarschaft der Polarlichtzonen. Es wird hervorgerufen durch den *polaren Elektrojet*, ein ionosphärisches Stromsystem mit starker Bündelung über der Nachtseite der Polarlichtzonen (Kap. 19i).

Bei dieser Einteilung wurden die Zeitreihen, welche die erdmagnetischen Störungen repräsentieren, in einzelne, unter einander ähnliche Variationsformen *zerlegt*. Ein wichtiges Ergebnis erdmagnetischer Forschung erhält man aber gerade nicht durch Zerlegung, sondern durch *Zusammenschau:* Die einzelnen Variationsformen treten nicht unabhängig voneinander auf, sondern ordnen sich in einen größeren Rahmen ein. Außerdem sind sie eng mit anderen geophysikalischen Vorgängen korreliert.

Der wichtigste aus dieser Zusammenschau gewonnene Begriff ist der *magnetische Sturm*. Einem typischen magnetischen Sturm geht ein *sfe* voraus. Gleichzeitig beobachtet man im Lichtwellen- oder Radiowellenbereich eine Sonneneruption (Kap. 22) sowie eine Ionisationsverstärkung in der D-Schicht (Kap. 20). Alle diese Störungen kommen mit Lichtgeschwindigkeit in 8 Minuten von der Sonne zur Erde. Eine halbe bis zwei Stunden später tritt ein *PCA*-Effekt (von engl. *p*olar *c*ap *a*bsorption) auf (vgl. Kap. 20). 20 bis 40 Stunden nach dem *PCA* folgt dann in der Regel der *ssc*. Der Sturm selbst (vgl. Fig. 99) besteht aus heftigen Schwankungen aller drei Komponenten des magnetischen Vektors. Dem ist überlagert ein Absinken der Horizontalintensität. Einige Stunden nach dem *ssc* erreicht die Horizontalintensität ihren tiefsten Wert (*Hauptphase* des Sturms). Sie braucht dann gewöhnlich mehrere Tage, um wieder auf den Ausgangswert anzusteigen *(Nachstörung)*. Absinken und Nachstörung erklärt man als Wirkung des magnetosphärischen *Ringstroms* (*DR*).

Während der Anfangs- und Hauptphase des magnetischen Sturms beobachtet man häufig Polarlicht und Ionosphärenstörungen. Gelegentlich treten gleichzeitig auch Variationen der Kosmischen Strahlung auf. Nicht jeder magnetische Sturm zeigt alle diese Effekte; in der Mehrzahl der Fälle sind jeweils nur einige Merkmale ausgeprägt.

Die Auslösung oder Steuerung der erdmagnetischen Variationen geschieht im wesentlichen durch die Sonne. Bei der Energieübertragung von der Sonne zur Erde spielen sowohl Wellen- als auch Partikelstrahlung eine Rolle. Zeitliche Schwankungen der solaren *Wellen*strahlung (UV- und Röntgenstrahlung) beeinflussen vor allem die erdmagnetischen Variationen an *ruhigen* Tagen, Schwankungen der *Partikel*strahlung die Variationen an *gestörten* Tagen (vgl. Fig. 97). Da diese solaren Größen direkt nur sehr schwer meßbar sind, benutzt man die Beobachtungen der erdmagnetischen Variationen, um die Schwankungen der solaren Wellen- und Partikelstrahlung laufend zu verfolgen.

19b) *Maßzahlen für die erdmagnetische Aktivität*

Die Begriffe *magnetisch ruhig* und *magnetisch gestört* haben wir qualitativ anhand der Figuren 98 und 99 erläutert. In diesem Abschnitt geht es darum, die erdmagnetische Aktivität quantitativ durch Maßzahlen[1] zu erfassen. Die laufende Bestimmung solcher Maßzahlen kommt nicht nur der erdmagnetischen Forschung zugute, sondern dient dem Studium aller Vorgänge auf der Sonne, im interplanetaren Raum, in der Magnetosphäre und Oberen Atmosphäre. Praktische Bedeutung hat sie unter anderem für die Vorhersage von Funkstörungen und die Auswertung magnetischer Messungen in der angewandten Geophysik. Die bekanntesten und wichtigsten Maßzahlen für die erdmagnetische Aktivität sind die *Bartelsschen dreistündlichen planetarischen Kennziffern Kp*.

[1] Über die Ableitung von *Maßzahlen in der Geophysik* vgl. die Bemerkung in Kap. 4a.

JULIUS BARTELS wurde 1899 in Magdeburg geboren. Er studierte in Göttingen Mathematik, Physik und Geographie. Wenn er später von seinen akademischen Lehrern erzählte, so war die Rede von HILBERT, LANDAU, COURANT, natürlich auch von WIECHERT, dessen Lehrstuhl er später innehatte, von MEINARDUS, bei dem er promovierte, vor allem aber von dem Mathematiker CARL RUNGE. Bei Runge hatte Bartels rechnen gelernt. Bei dem Satz werden Kollegen und vor allem Studenten die Nase rümpfen. Es ist aber so; wie GAUSS und J. v. HANN hat Bartels sein Leben lang gerechnet. Er entwarf nicht nur geschickte Rechenschemata, sondern berechnete selbst Tabellen mit tausenden von Zahlen. Er war ein Meister im Aufspüren von Rechenfehlern. Nach der Promotion (1923) ging Bartels als wissenschaftlicher Mitarbeiter zu ADOLF SCHMIDT nach Potsdam. Bartels und Schmidt waren einander kaum ähnlich, Bartels gehörte nicht mehr zur Generation der Geheimräte. Aber viel gelernt hat er von ihm, und durch Schmidt kam er zum Erdmagnetismus. Bartels frühe Arbeiten hatten nämlich meteorologische Themen. Seine Habilitationsschrift von 1927 heißt „Über die atmosphärischen Gezeiten". Es sollten noch mehrere Gezeitenarbeiten folgen, vor allem über die erdmagnetischen und ionosphärischen Gezeiten in Huancayo (Peru). 1928 wurde Bartels Professor in Eberswalde, 1936 Professor in Berlin und Direktor des Potsdamer Instituts, 1945 Professor in Göttingen. Zwischen 1931 und 1940 war er wiederholt und für längere Zeit als Mitarbeiter des Carnegie Instituts in den USA. In vielen seiner Arbeiten entwickelte, benutzte und vervollkommnete Bartels statistische Methoden. Aufgabe der Statistik in der Geophysik ist es, in Beobachtungsreihen die Spreu vom Weizen zu trennen. Bartels entlarvte manches als Spreu, was andere für Weizen hielten. Zum Weizen, den er selbst einbrachte, gehörten die Maßzahlen für die solare Wellen- und Partikelstrahlung und besonders die *Kp*. Bartels war kein Freund gelehrt klingender Ausdrücke, er hielt es mit der Anschaulichkeit: Punktwolke, Periodenuhr, Schüttelversuch, äquivalente Wiederholungszahl – das waren die Begriffe, mit denen er arbeitete. Man kann nicht über Bartels als Geophysiker schreiben, ohne an Bartels als Mensch zu denken. Bescheiden, sachlich, humorvoll, so begegnete er seinen Schülern und Kollegen. Er war das Gegenteil von streitsüchtig; wo Streit auftauchte, suchte er einen sachlichen Ausgleich herbeizuführen, und das nicht nur im kleinen Kreis des Instituts, der Fakultät und der deutschen Geophysik, sondern unter den Geophysikern aller Länder. Als einer der Initiatoren des Internationalen Geophysikalischen Jahres stand er mehrmals als Vermittler zwischen den großen weltpolitischen Kontrahenten, die ihre Gegensätze auch in die Geophysik hereintrugen. Als er 1964 starb, verlor die deutsche Geophysik in ihm einen Vertreter, der mit seinem Werk und seiner Person erheblich zu ihrem Ansehen in der Welt beigetragen hat.

Bartels führte 1938 die Potsdamer erdmagnetischen Kennziffern und 1949 die *Kp* zur Charakterisierung des magnetischen Störungszustandes der ganzen Erde (*p*lanetarisch!) ein. Die Kennziffern sollten von den Observatorien einfach, sicher und schnell zu bestimmen sein, damit sie den „Verbrauchern" – ähnlich wie die telegraphischen Wettermeldungen – schon nach kurzer Zeit zur Verfügung stünden. Die Kp wurden schnell zum unentbehrlichen Hilfsmittel der Geophysiker. Inzwischen hat sich herausgestellt, daß die Kp nicht nur die magnetische Unruhe auf unserem Planeten beschreiben, sondern auch ein Maß für die Geschwindigkeit des Plasmas im *interplanetaren* Raum sind (siehe Fig. 129).

Die Kp basieren auf den (lokalen) *Kennziffern* K einzelner Observatorien. Die Observatorien eliminieren zunächst den (bekannten) Gang an ruhigen Tagen sowie den Einfluß der Nachstörung (DR) aus ihren Variationsregistrierungen. Für jedes der 8 Dreistundenintervalle (0 bis 3, 3 bis 6, ..., 21 bis 24 h UT) des Greenwich-Tages bestimmen sie dann die maximale Schwankung (Max – Min in gamma) der gestörtesten der drei Komponenten nach der folgenden, näherungsweise logarithmischen Skala:

maximale Schwankung	K	$2ak$	maximale Schwankung	K	$2ak$
0– 5	0	0	70–120	5	96
5–10	1	6	120–200	6	160
10–20	2	14	200–330	7	280
20–40	3	30	330–500	8	480
40–70	4	54	über 500	9	800

Diese Tabelle gilt für Stationen in etwa 50° geomagnetischer Breite. Für Stationen in anderen geomagnetischen Breiten werden Skalen verwandt, die durch Multiplikation mit einem konstanten Faktor aus der obigen Skala hervorgehen. Zur Kennzeichnung begnügt man sich mit der Angabe der Untergrenze für $K=9$. Diese beträgt z.B. für Stationen in der Nähe des Äquators (aber außerhalb des EEJ-Bereiches) 300 gamma und für Observatorien in der Polarlichtzone 2000 gamma.

Da der Mittelwert von Logarithmen in der Regel nicht gleich dem Logarithmus des Mittelwertes ist, ist es falsch, bei Mittelungen über mehrere Tagesachtel, z.B. bei der Berechnung von Tagesmitteln, die K zu mitteln. Für eine solche Mittelwertberechnung wurden die (linearen) *durchschnittlichen Amplituden* ak eingeführt. Diese werden in der Einheit 2 gamma angegeben, um nicht eine nicht vorhandene Genauigkeit vorzutäuschen.

K ist ein lokales Maß, es beschreibt die Störungen in der Umgebung der Observatorien. Entsprechend ihren geographischen und geomagnetischen Koordinaten reagieren die einzelnen Stationen unterschiedlich auf einfallende solare Partikelstrahlung. Diese jährliche Variation des Tagesganges hat Bartels durch statistische Vergleiche (Aufstellung von „conversion tables") berechnet, so daß man diesen Effekt eliminieren kann. Die dann erhaltene Kennziffer wird *standardisierte Kennziffer Ks* genannt. *Kp* schließlich ist der Durchschnittswert der *Ks* von 12 ausgewählten Observatorien, die über die ganze Erde verteilt sind. Dem Fehlerfortpflanzungsgesetz entsprechend ist die mittlere Streuung des Durchschnitts nur $1/\sqrt{12}=0{,}29$mal so groß wie die Streuung der Einzelwerte. Bartels hat deshalb für *Kp* Drittelstufen eingeführt und schreibt abkürzend

$$5- \quad \text{für } 5-\tfrac{1}{3}; \qquad 5\text{o} \quad \text{für } 5; \qquad 5+ \quad \text{für } 5+\tfrac{1}{3} \quad \text{usw.}$$

Insgesamt ergeben sich so 28 Stufen (0o, 0+, 1−, 1o, 1+, 2−, ..., 9o). Um zu erreichen, daß man aus einer großen Anzahl von Daten mit einem Blick markante Ereignisse oder ihren generellen Verlauf erfassen kann, hat Bartels eine Art Notenschrift eingeführt *(Fig. 100)*, die es außerdem erlaubt, jeden einzelnen *Kp*-Wert genau abzulesen.

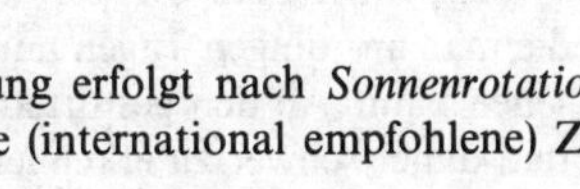

Fig. 100 Schlüssel für die graphische Darstellung der *Bartelsschen planetarischen Kennziffern Kp* (im engl. gelegentlich "musical scales" genannt).

Die Zeileneinteilung erfolgt nach *Sonnenrotationen* zu je 27 Tagen. Dabei wird folgende (international empfohlene) Zählung der Rotation verwendet

Rot. Nr. 1 beginnt 1832 Febr. 8,

Rot. Nr. 1001 beginnt 1906 Jan. 11,

Rot. Nr. 1989 beginnt 1979 Jan. 24,

Rot. Nr. 2002 beginnt 1980 Jan. 10

(bequeme Weiterzählung gemäß $27 \cdot 27 = 2 \cdot 365 - 1$). Die Einteilung nach Sonnenrotationen ist für Erscheinungen, die von der Aktivität der Sonne abhängen, geeigneter als die Einteilung nach Monaten. Nach jeweils 27 Tagen gelangt die Erde wieder in die gleiche Position zu den Eruptionsgebieten auf der Sonne (und zu der von ihnen abhängigen Struktur des interplanetaren Raumes, siehe Kap. 23c). Deshalb besitzen die auf der Erde beobachteten magnetischen Störungen eine *27tägige Wiederholungsneigung.* Diese kann man in den *Kp*-Diagrammen besonders gut erkennen.

Entsprechend den *ak* berechnet man *durchschnittliche planetarische Amplituden ap*. Den täglichen Mittelwert dieser Größen bezeichnet man mit *Ap*. Er ist ein sinnvolles Maß für den Störungsgrad des ganzen Tages (nicht dagegen ΣKp !).

Ein altes Maß für die tägliche erdmagnetische Aktivität ist die *internationale magnetische Charakterzahl* C_{int} (vgl. Fig. 5). Ihre Definition ist nicht frei von Willkür: Jedes der etwa 50 magnetischen Observatorien schätzt für jeden Tag eine der drei Ziffern: 0 = ruhig, 1 = mäßig gestört, 2 = stark gestört. C_{int} ist der Mittelwert aller Observatorien, eine Zahl zwischen 0,0 und 2,0. (Es gibt ruhige Tage, an denen alle Observatorien 0 und gestörte Tage, an denen alle 2 schätzen, so daß die Werte 0,0 und 2,0 durchaus auftreten. Natürlich erscheinen sie nicht in den Monatsmittelwerten von Fig. 5.) Bartels ermittelte 1951 die stochastische Beziehung zwischen *Ap* und C_{int}. Diese erlaubt es, ein objektives Ersatzmaß für C_{int} aus den *Kp* zu berechnen. Dieses Maß nannte Bartels *Cp*.

Um dem gelegentlich aufgetauchten Bedürfnis nach höherer Zeitauflösung nachzukommen, führten 1956 Bartels und N. Fukushima einen viertelstündigen *Q*-Index ein. Er wird ähnlich bestimmt wie *Kp*. Dieses Maß ist besonders geeignet zur Erfassung der raschen und örtlich sehr variablen Störfelder in der Umgebung der Polarlichtzonen.

19c) *Sq-Variationen und Dynamotheorie*

Mit *Sq* (vgl. Fig. 97) bezeichnet man die periodischen Variationen (Periode 24 Stunden), die man an ruhigen Tagen unmittelbar im Verlauf der Magnetogramme sehen kann. An den gestörten Tagen sind sie von Störungen überlagert und daher schwer zu erkennen. Seit mehr als 100 Jahren werden die *Sq*-Variationen aller erdmagnetischen Observatorien durch Mittelung der Stundenwerte der 5 ruhigsten Tage eines jeden Monats berechnet. Die so gewonnenen Tagesgänge zeigen eine ausgeprägte Breitenabhängigkeit. In *Fig. 101* sind Tagesgänge der einzelnen Komponenten (etwas schematisiert) für verschiedene geographische Breiten dargestellt. Die Variationen der Nordkomponente sind symmetrisch, die der Ost- und Vertikalkomponente antisymmetrisch zum Äquator.

Außer von der Breite hängt *Sq* von der Jahreszeit ab: Die Amplituden sind im Sommer größer als im Winter. Da die Größe der *Sq*-Variationen durch die elektrische Leitfähigkeit in der Ionosphäre bestimmt und diese wiederum durch die UV- und Röntgenstrahlung der Sonne gesteuert wird, ergeben sich zeitliche Änderungen der *Sq*-Variationen aus Schwankungen der kurzwelligen Sonnenstrahlung.

Es besteht eine enge Korrelation zwischen diesen *Sq*-Änderungen und der Zahl der *Sonnenflecken.* Deshalb existiert auch eine langperiodische Variation von *Sq* mit dem 11jährigen Sonnenfleckenzyklus. Die Fig. 101 zeigt *Sq* zur Zeit des Sonnenfleckenminimums.

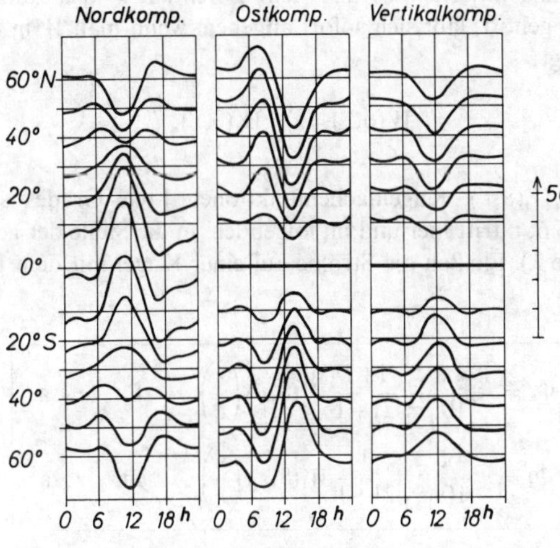

Fig. 101 Schematischer Überblick über die täglichen Gänge der erdmagnetischen Feldkomponenten an ruhigen Tagen (*Sq*) in Abhängigkeit von der geographischen Breite (nach CHAPMAN, 1919).

Die in Fig. 101 dargestellten Variationen der drei Magnetfeldkomponenten mit der Tageszeit und der geographischen Breite werden durch ein *ionosphärisches Stromsystem* erzeugt, welches (scheinbar) mit der Sonne um die Erde kreist. Dieses Stromsystem beschreibt man durch seine Stromfunktion $W(\vartheta, t')$, wobei

$$\vartheta = \text{Poldistanz} = 90° - \beta, \qquad t = \text{Weltzeit},$$
$$\lambda = \text{geographische Länge}, \qquad t' = \text{(mittlere) Ortszeit} = t + \lambda.$$

Prinzipiell kann man zur Beschreibung der *Sq*-Variationen an der Erdoberfläche natürlich auch eine Potentialfunktion $\Phi(r, \vartheta, t')$ und die Formeln von Kap. 8c verwenden. Die Beschreibung durch die Stromfunktion ist aber anschaulicher. W hat die Dimension einer Stromstärke (Amp). Die Linien $W = \text{const}$ sind die Stromlinien. Ist s der Abstand zweier Stromlinien W und $W + \mathrm{d}W$, so erhält man die Flächenstromdichte w durch Differentiation

$$w = \frac{\partial W}{\partial s} \quad [\text{in Amp/cm}]. \tag{19.3}$$

Die Beziehung zwischen W und dem Potential Φ, das zum gleichen Magnetfeld gehört, läßt sich sofort angeben, wenn man W in folgender Weise zerlegt:

$$W(\vartheta, t') = \sum_{l=0}^{\infty} W_l(\vartheta, t'), \tag{19.4}$$

wobei die $W_l(\vartheta, t')$ Kugelflächenfunktionen l-ten Grades sind (vgl. Gleichung 5.6; t' tritt hier und im folgenden an die Stelle der geographischen Länge λ). Fließen die Ströme auf einer Kugel mit dem Radius a, so gilt

$$\boxed{\begin{aligned} \Phi_e &= -\frac{4\pi}{10} \sum_{l=0}^{\infty} \frac{l+1}{2l+1} W_l(\vartheta, t') \left(\frac{r}{a}\right)^{l} \quad &&\text{für} \quad r < a, \\ \Phi_i &= \frac{4\pi}{10} \sum_{l=1}^{\infty} \frac{l}{2l+1} W_l(\vartheta, t') \left(\frac{a}{r}\right)^{l+1} \quad &&\text{für} \quad r > a \end{aligned}} \tag{19.5}$$

(e von engl. *e*xternal, i von engl. *i*nternal, vgl. Gleichung 8.22.) In diesem Zusammenhang interessieren wir uns nur für Φ_e. Die zweite Formel ist der Vollständigkeit halber hinzugefügt. Sie wird für die induzierten Anteile, vgl. Kap. 11, gebraucht. Die Herleitung[1] der Formeln (19.5) ist recht einfach, wenn man das Stromsystem durch eine magnetische Doppelschicht ersetzt. Der Faktor $^1/_{10}$ rührt von der Umrechnung der Einheiten der Stromstärke her:

$$1\ \text{Amp} = \tfrac{1}{10}\ \text{el. magn. cgs-Einheit}.$$

$4\pi/(2l+1)$ ergibt sich bei der Integration über die Kugelfläche und $(l+1)$ bzw. l bei der Differentiation, die im mathematischen Modell der Doppelschicht enthalten ist.

[1] Siehe CB (Literaturverzeichnis Kap. 29), 630–631.

Für eine Höhe der stromführenden Kugelfläche von 100 km über der Erdoberfläche (ionosphärische E-Schicht) ergibt sich das *Sq*-Stromsystem der *Fig. 102* auf der Tagseite der Erde. (Die Ströme auf der Nachtseite sind unbedeutend.) Nördlich und südlich des Äquators befindet sich je ein Stromwirbel. Ihre Mittelpunkte werden in entgegengesetztem Sinn vom Strom umflossen. Die magnetischen *Sq*-Vektoren unter den Strömen liegen senkrecht zu den Stromlinien, auf der Nordhalbkugel sind sie auf den Wirbelmittelpunkt hin gerichtet. Die Fig. 102

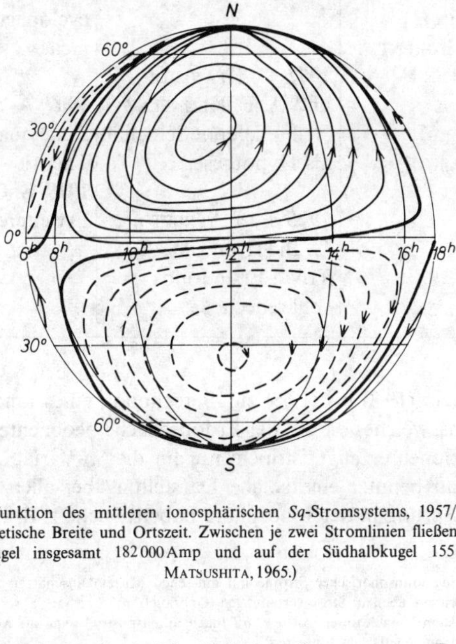

Fig. 102 Stromfunktion des mittleren ionosphärischen *Sq*-Stromsystems, 1957/58. Die Koordinaten sind magnetische Breite und Ortszeit. Zwischen je zwei Stromlinien fließen 25000 Amp, auf der Nordhalbkugel insgesamt 182000 Amp und auf der Südhalbkugel 155000 Amp. (Nach Matsushita, 1965.)

ist weniger schematisch als Fig. 101. So erkennt man z. B. eine leichte Unsymmetrie bezüglich des Äquators. Die Stromwirbel folgen bei ihrer täglichen Bewegung Linien, die parallel zum magnetischen Äquator verlaufen.

Da die Nullstelle der Stromfunktion in der Nachbarschaft des Äquators liegt, sind in der Kugelfunktionsentwicklung die Terme mit $m = l - 1$ besonders groß, wobei $l = 2$ das ganztägige, $l = 3$ das halbtägige Glied usw. darstellen.

Tabelle N: Geschichtstabelle zur Entwicklung der Dynamotheorie

Elektrodyn. Theorie	Ionosphärenforschung	Dynamotheorie
1831 M. FARADAY: Elektromagn. Induktion.		
1867 W. v. SIEMENS: Dynamoelektr. Prinzip.	**1839** C. F. GAUSS: Elektrische Ströme in der Oberen Atmosphäre als Hypothese.	**1878** B. STEWART: Grundidee der Dynamotheorie (in der Encyclopaedia Britannica!).
1889 O. HEAVISIDE: $\boldsymbol{K}=\mathrm{q}[\boldsymbol{v}\times\boldsymbol{H}]$		
1892 H. A. LORENTZ: $\boldsymbol{E}=\boldsymbol{E}'+[\boldsymbol{v}\times\boldsymbol{H}]$		
	1902 O. HEAVISIDE und A. E. KENNELLY: Reflektierende Schicht als Hypothese.	**1907** A. SCHUSTER: Erste quantitative Theorie
	1925 E. V. APPLETON, G. BREIT und M. A. TUVE: Erste Ionosphärenechos.	**1919** S. CHAPMAN: Erweitere Theorie.

Die Formeln (19.3) bis (19.5) zur Berechnung eines ionosphärischen Stromsystems, welches die auf der Erdoberfläche beobachteten magnetischen Variationen erzeugt, ist nicht nur für die *Sq*-Variationen von Bedeutung. Man benutzt eine solche Darstellung bei allen Variationen, die ihren Ursprung in der Ionosphäre haben[1] (siehe z. B. Fig. 108).

[1] Um die Wirkung ionosphärischer Ströme mit einfachen Mitteln abschätzen zu können, kann man von folgenden ebenen Stromverteilungen Gebrauch machen: $x\,y\,z$ sei ein kartesisches Koordinatensystem, z nach unten. δX, δY, δZ (nach unten positiv) seien die Magnetfeldkomponenten (in elektromagnetischen Einheiten).

a) *Flächenstrom* $w=\text{const}=w_y$ in y-Richtung (in Amp/cm)

$$\delta X=\frac{2\pi}{10}w_y, \qquad \delta Y=0, \qquad \delta Z=0.$$

Das Magnetfeld ist also unabhängig von der Höhe der Stromfläche.

b) *Linienstrom* der Stärke J_y in y-Richtung (in Amp) in der Höhe h über dem Koordinatenursprung

$$\delta X=\frac{2}{10}J_y\frac{h}{x^2+h^2}, \qquad \delta Y=0, \qquad \delta Z=-\frac{2}{10}J_y\frac{x}{x^2+h^2}$$

(alle Längen in cm).

Man erklärt die *Sq*-Variationen mit der Dynamotheorie (genauer: ionosphärische Dynamotheorie, im Gegensatz zur Theorie des Erddynamos, vgl. Kap. 8e). Beim *ionosphärischen Dynamo* bildet das permanente Magnetfeld der Erde den Ständermagneten, die bewegte Atmosphäre entspricht dem rotierenden Anker und die leitfähigen Schichten der Ionosphäre den Ankerwicklungen. Diese Idee stammt von BALFOUR STEWART (1828–1887). Die Dynamotheorie hat eine lange Entwicklungsgeschichte, die auch heute noch nicht abgeschlossen ist. *Tabelle N* bringt eine synoptische Zusammenstellung der ersten experimentellen und theoretischen Arbeiten zu diesem Thema. Man erkennt daraus das Zusammenwirken der verschiedenen Disziplinen. (Eine weitere Erläuterung der Tabelle N folgt in der Einleitung zu Kap. 20.)

In dieser Einführung soll nur die allereinfachste Form der Dynamotheorie gebracht werden, ein Modell, an dem man die Grundgedanken besonders gut erkennen kann. Die Ionosphäre werde wieder durch eine unendlich dünne Kugelschale (Kugelradius a) ersetzt. Das elektrische Feld erhält man aus dem Lorentzterm (vgl. Gleichung 17.1):

$$\boldsymbol{E} = \boldsymbol{v} \times \boldsymbol{H}, \tag{19.6}$$

wobei $\boldsymbol{v}$ die Geschwindigkeit der bewegten Luft und $\boldsymbol{H}$ das permanente Magnetfeld der Erde ist. $\boldsymbol{v}$ soll aus einem Potential Ψ ableitbar sein ($\operatorname{rot} \boldsymbol{v} = 0$):

$$v_\vartheta = -\frac{\partial \Psi}{a\,\partial \vartheta}, \qquad v_\lambda = -\frac{\partial \Psi}{a \sin\vartheta\, \partial \lambda}, \qquad v_r = 0. \tag{19.7}$$

Das Permanentfeld werde durch ein Dipolfeld angenähert, dessen Achse mit der Rotationsachse der Erde zusammenfalle:

$$\boldsymbol{H}_\vartheta = -\frac{\mathfrak{M}_E}{a^3} \sin\vartheta, \qquad \boldsymbol{H}_\lambda = 0, \qquad \boldsymbol{H}_r = -\frac{2\mathfrak{M}_E}{a^3} \cos\vartheta. \tag{19.8}$$

$\mathfrak{M}_E$ ist dabei das Dipolmoment der Erde. Zur Abkürzung führt man

$$b = \frac{2\mathfrak{M}_E}{a^3} = \text{Feldstärke über den Polen}$$

ein. Dann wird

$$\boldsymbol{E}_\vartheta = b \operatorname{ctg}\vartheta \frac{\partial \Psi}{a\,\partial \lambda}, \qquad \boldsymbol{E}_\lambda = -b \cos\vartheta \frac{\partial \Psi}{a\,\partial \vartheta}, \qquad \boldsymbol{E}_r = -\frac{1}{2} b \frac{\partial \Psi}{a\,\partial \lambda}. \tag{19.9}$$

Als Ursache des Stromes kommen nur die beiden horizontalen Komponenten $\boldsymbol{E}_\vartheta$ und $\boldsymbol{E}_\lambda$ in Frage. Wir beschränken uns im folgenden auf eine zweidimensionale Behandlung: Es gebe nur Ströme in einer Kugelfläche. Da die Flächenstromdichte $\boldsymbol{w}$ divergenzfrei sein muß, zerlegen wir $\boldsymbol{E}$ in einen divergenzfreien Anteil $\boldsymbol{E}_1$ und in den Rest $\boldsymbol{E}_2$

$$\boldsymbol{E} = \boldsymbol{E}_1 + \boldsymbol{E}_2 . \tag{19.10}$$

Wie in Kap. 4c bereits gesagt wurde, ist eine solche Zerlegung immer möglich. $\boldsymbol{E}_1$ können wir durch ein Vektorpotential $(b\,\boldsymbol{U})$ und $\boldsymbol{E}_2$ durch ein skalares Potential (bS) darstellen:

$$\boldsymbol{E}_1 = \operatorname{rot}(b\,\boldsymbol{U}), \qquad \boldsymbol{E}_2 = -\operatorname{grad}(bS). \tag{19.11}$$

Dann wird

$$\boldsymbol{w} = \kappa\,\boldsymbol{E}_1 = \kappa \operatorname{rot}(b\,\boldsymbol{U}). \tag{19.12}$$

Da $\boldsymbol{w}$ eine Flächenstromdichte ist, hat κ die Dimension eines reziproken Widerstandes. Bei Anwendung dieser Beziehung auf die wirkliche Ionosphäre, die ja eine nicht verschwindende Dicke besitzt, muß man für κ die über die Dicke integrierte Leitfähigkeit setzen (die die gleiche Dimension hat). Die Verwendung einer (höhen-)*integrierten Leitfähigkeit* ist ein in der Geophysik häufig gebrauchtes Hilfsmittel, welches viele Rechnungen sehr vereinfacht.

Da $\boldsymbol{E}_1$ nur Komponenten in der Kugelfläche hat, besitzt $\boldsymbol{U}$ nur eine r-Komponente $\boldsymbol{U}_r = U$. U ist bis auf einen konstanten Faktor identisch mit der Stromfunktion W.

$$\begin{aligned} \boldsymbol{E}_\vartheta &= b\left(\frac{1}{\mathrm{a}\sin\vartheta}\,\frac{\partial U}{\partial\lambda} - \frac{1}{\mathrm{a}}\,\frac{\partial S}{\partial\vartheta}\right), \\ \boldsymbol{E}_\lambda &= b\left(-\frac{1}{\mathrm{a}}\,\frac{\partial U}{\partial\vartheta} - \frac{1}{\mathrm{a}\sin\vartheta}\,\frac{\partial S}{\partial\lambda}\right). \end{aligned} \tag{19.13}$$

Sowohl U als auch S müssen sich aus dem Potential Ψ des Geschwindigkeitsfeldes $\boldsymbol{v}$ berechnen lassen, da dies die einzige freie Größe in unserer Rechnung ist. Das Ergebnis wird sehr einfach, wenn Ψ eine Kugelflächenfunktion ist, etwa

$$\Psi = \Psi_\mathrm{l}^\mathrm{m} = A_\mathrm{l}^\mathrm{m}\,\mathrm{P}_\mathrm{l}^\mathrm{m}(\vartheta)\cos(\mathrm{m}\lambda). \tag{19.14}$$

Dann ergibt sich

$$\boxed{\begin{aligned} U &= \cos\vartheta\,\Psi_\mathrm{l}^\mathrm{m} - \frac{\sin\vartheta}{\mathrm{l(l+1)}}\,\frac{\partial\Psi_\mathrm{l}^\mathrm{m}}{\partial\vartheta}, \\ S &= -\frac{1}{\mathrm{l(l+1)}}\,\frac{\partial\Psi_\mathrm{l}^\mathrm{m}}{\partial\lambda} \end{aligned}} \tag{19.15}$$

Die Richtigkeit dieser Formeln kann man nachweisen, indem man die Ausdrücke (19.14) und (19.15) in (19.13) einsetzt. Dann erhält man für $\boldsymbol{E}_\vartheta$ und $\boldsymbol{E}_\lambda$ die in der Gleichung (19.9) geforderten Beziehungen ($\boldsymbol{E}_\vartheta$ unmittelbar, $\boldsymbol{E}_\lambda$ unter Benutzung der Differentialgleichung für Kugelflächenfunktionen).

Erzeugt werden die Dynamoströme von einem tagesperiodischen Windsystem. Es liegt daher nahe, an die Gezeitenschwingungen der Atmosphäre (Kap. 7c) zu denken. Der wichtigste Term im Gezeitenpotential ist der halbtägige (ζ_2 in Gleichung 7.8, mit Ortszeit t' statt τ). Deshalb benutzen wir als Potential des Geschwindigkeitsfeldes

$$\Psi_2^2 = A\,\mathrm{P}_2^2(\vartheta)\cos 2t' = \tfrac{1}{2}\sqrt{3}\,A\sin^2\vartheta\cos(2t+2\lambda). \tag{19.16}$$

Dieser Anregung entspricht ein System von zwei Hoch- und zwei Tiefdruckgebieten am Äquator, die die Erde mit Ortszeit, der scheinbaren Bewegung der Sonne folgend, umkreisen. Nach Gleichung (19.15) erhält man

$$U = \frac{1}{2}\sqrt{3}\,A\left(\cos\vartheta\sin^2\vartheta - \frac{2}{6}\sin^2\vartheta\cos\vartheta\right)\cos 2t'$$

$$= \frac{1}{\sqrt{3}}\,A\sin^2\vartheta\cos\vartheta\cos 2t' = \frac{2}{3\sqrt{5}}\,A\,\mathrm{P}_3^2(\vartheta)\cos 2t'. \tag{19.17}$$

Das ist das Hauptglied zur Berechnung der Stromverteilung. Es ergibt je vier Stromwirbel auf der Nord- und auf der Südhalbkugel. Wegen der Annahme konstanter Leitfähigkeit gibt es keinen Unterschied zwischen der Tag- und der Nachtseite der Erde.

Wie schon einleitend gesagt wurde, ist dieses grobe Modell nur geeignet, die Grundgedanken der Dynamotheorie zu erläutern. Um ein realistischeres Modell zu erhalten, muß man z.B. die Neigung der Dipolgegen die Rotationsachse einführen, die unterschiedliche Leitfähigkeit auf der Tag- und Nachtseite berücksichtigen und für das Potential des Geschwindigkeitsfeldes nicht nur das halbtägige Glied, sondern eine ganze Reihe von Gliedern verwenden. Schließlich müssen auch die Vertikalbewegungen und die Anisotropie der elektrischen Leitfähigkeit in Rechnung gestellt werden. Wenn auch Beobachtung und Theorie beim *Sq*-System immer noch nicht völlig übereinstimmen, so stellen die *Sq*-Variationen doch die bestverstandenen unter den magnetischen Variationen dar. Merkwürdigerweise waren Raketenversuche zur direkten Messung des *Sq*-Stromsystems bisher (1969) nicht so erfolgreich, wie man es nach dem Stand unserer Kenntnisse erhofft hatte.

19d) *Der äquatoriale Elektrojet (EEJ)*

In Kap. 17b wurde gezeigt, wie im Bereich des magnetischen Äquators Polarisationseffekte an den Schichtgrenzen der Ionosphäre eine lokale Erhöhung der effektiven Leitfähigkeit bewirken (veranschaulicht in Fig. 90). Diese Erhöhung führt zu einem stark gebündelten elektrischen Strom längs des magnetischen Äquators, den man in Analogie zu den Jet- (oder Strahl-)Strömen der Atmosphäre „äquatorialer Elektrojet" nennt (abgekürzt EEJ von engl. *e*quatorial). Der EEJ ist eine typische Erscheinung der Dynamoregion, er fließt in einer Höhe zwischen 90 und 120 km. Man beobachtet seine Wirkung am Boden in den magnetischen Registrierungen äquatornaher Observatorien vor allem mittags. Die Amplitude am Äquator beträgt etwa 100 gamma.

Bezeichnet man mit r (von engl. *r*ange) die Abweichung des Mittagswertes der Horizontalintensität vom ungestörten Nachtniveau, und trägt man r als Funktion des Winkelabstandes χ (nach Norden positiv) vom magnetischen Äquator auf – wobei man, um Variationen von Tag zu Tag zu unterdrücken, auf den zur gleichen Zeit am Äquator gemessenen Wert $r(0)$ normiert –, so erhält man die Kurve der *Fig. 103.*

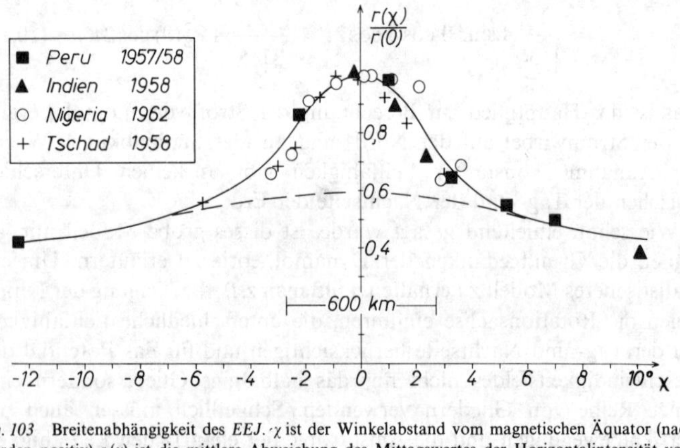

Fig. 103 Breitenabhängigkeit des *EEJ*. χ ist der Winkelabstand vom magnetischen Äquator (nach Norden positiv). $r(\chi)$ ist die mittlere Abweichung des Mittagswertes der Horizontalintensität vom Nachtniveau. *Gestrichelt:* Breitenabhängigkeit von *Sq*. (Nach UNTIEDT, 1968.)

Man erkennt deutlich, daß der normalen, langsamen Breitenänderung von *Sq* (gestrichelte Linie) in der Umgebung des Äquators eine Glockenkurve aufgesetzt ist, die man dem *EEJ* zuordnen muß. Die Halbwertsbreite ist etwa 500 km.

Diese Halbwertsbreite ergibt sich größenordnungsmäßig auch bei einer quantitativen Berechnung der effektiven Leitfähigkeit für die Nachbarschaft des Äquators. Eine verbleibende Diskrepanz konnte J. UNTIEDT – durch Berücksichtigung vertikaler und meridionaler Ströme – beheben; die ausgezogene Kurve in Fig. 103 ist das Ergebnis seiner Rechnungen[1]. Diese Ströme erzeugen einen interessanten Effekt in der Oberen Atmosphäre: Zu beiden Seiten des magnetischen Äquators treten in der Höhe des *EEJ* toroidale Magnetfelder (vgl. Kap. 8e) auf. Ihre Amplitude ist etwa so groß wie die des *EEJ*-Feldes am Erdboden. Sie lassen sich aber prinzipiell nur durch Raketenmessungen nachweisen. Bisher (1969) liegen solche Messungen noch nicht vor.

Der *EEJ* erreicht seine größte Intensität und seine stärkste Bündelung am Mittag; zur Morgen- und Abendseite hin fächert er auf. Die Rückströme fließen über mittleren Breiten, werden aber verdeckt von dem dort intensiveren *Sq*-Stromsystem. Die Korrelation zwischen den *EEJ*- und den *Sq*-Variationen ist nicht so eng, wie man erwartet. Offenbar handelt es sich beim *EEJ* um eine selbständige Erscheinung. Er spiegelt auch kurzperiodische magnetische Störungen verstärkt wider. Auch die lunaren Variationen (siehe Kap. 19f) besitzen einen (verstärkten) *EEJ*-Anteil.

Wie der Regenbogen ist der *EEJ* ein Phänomen, das man nicht als abnorm bezeichnen kann, da er – wie jener – nach den Gesetzen der Physik zwangsläufig auftreten muß. Gleichwohl wird man von beiden immer wieder fasziniert, wenn man auf sie trifft.

19e) *Der magnetische Sonneneruptionseffekt (sfe)*

Bei starken Sonneneruptionen beobachtet man an Stationen auf der Tagseite der Erde häufig einen charakteristischen magnetischen Effekt. Wegen seiner Form im Magnetogramm wird er gelegentlich „chrochet“ (frz. Häkchen) genannt, neuerdings benennt man ihn mit der Abkürzung *sfe*. Nicht bei allen Sonneneruptionen, nicht einmal bei allen starken, beobachtet man einen *sfe*. Es hat den Anschein, als müßten besondere Bedingungen auf der Sonne erfüllt sein.

Der magnetische Effekt läßt sich interpretieren als eine kurzzeitige, 10 Min. bis 2 Stunden dauernde Verstärkung der normalen *Sq*-Variation (Beispiel in *Fig. 104*). Die Amplituden liegen gewöhnlich zwischen 5 und 30 gamma. An einer vom *EEJ* beeinflußten Station wie Huancajo in Peru können jedoch über 100 gamma erreicht werden. Aus einer

[1] J. UNTIEDT: A model of the equatorial electrojet involving meridional currents. J. Geophys. Res. **72** (1967) 5799–5810.

Anzahl deutlicher *sfe*, die an zahlreichen Stationen beobachtet worden waren, hat man ein ionosphärisches *sfe*-Stromsystem berechnet. Dieses sieht dem *Sq*-System sehr ähnlich (die beobachteten Abweichungen sind statistisch nicht signifikant). Allerdings treten viel stärker als bei *Sq* lokale und zeitliche Streuungen auf.

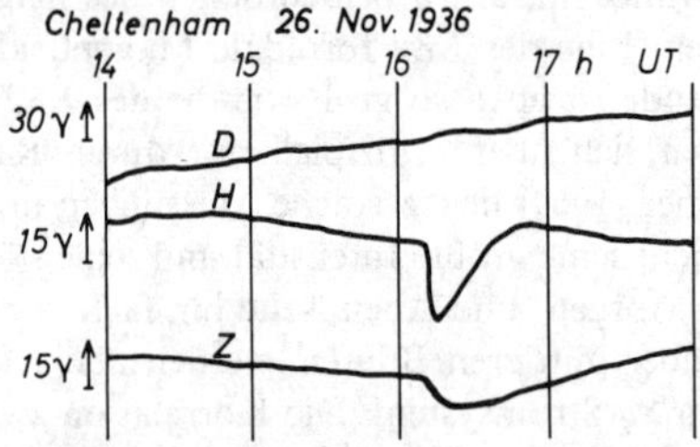

Fig. 104 Magnetischer Sonneneruptionseffekt (*sfe*) in Cheltenham bei Washington, D. C., 16 h UT entspricht 11 h Ortszeit (= Eastern standard time).

Allem Anschein nach kommt auch das *sfe*-Stromsystem durch Dynamowirkung zustande, wobei die von der Eruption ausgehende UV- und Röntgenstrahlung für eine zusätzliche Ionisation sorgt. Fraglich ist immer noch, in welcher Höhe die Ströme fließen. Viele Bearbeiter sind der Meinung, das Stromsystem befinde sich im Niveau der D-Schicht, andere glauben, es handele sich lediglich um eine Verstärkung der *Sq*-Ströme in der E-Schicht. Wieder andere vermuten eine Überlagerung eines D-Schicht-Stromsystems mit einer Verstärkung der *Sq*-Ströme. Aufschluß können wohl nur Raketenmessungen bringen. Doch ist eine solche Messung wegen der Seltenheit der *sfe* und ihrer kurzen Dauer ein Unternehmen, das viel Geduld und Scharfsinn erfordert.

So etwas wie einen umgekehrten *sfe* erwartet man bei *Sonnenfinsternissen*, bei denen ein Teil der Ionosphäre gegen die ionisierende Strahlung abgeschirmt ist. Beobachtungsversuche und Theorien hierzu gibt es viele; man hat aber noch keine überzeugenden Ergebnisse erhalten.

19f) *Lunare Variationen (L)*

Da die Atmosphäre lunare Gezeitenschwingungen ausführt (vgl. Kap. 7c), muß man nach der (ionosphärischen) Dynamotheorie auch lunare erdmagnetische Variationen erwarten. Solche Variationen wurden auch schon sehr früh nachgewiesen. Man findet sie in allen erdmagnetischen und ionosphärischen Beobachtungsreihen, wenn diese nur genügend lang sind, so daß man mit Hilfe einer statistischen Analyse die anderen Effekte unterdrücken kann. Wie wir schon im Kap. 7 gesehen haben, bietet der Mond dem Geophysiker manche Hilfe bei der Erforschung der Erde und ihrer Atmosphäre. Deshalb sind in der Geophysik sehr einfache und wirkungsvolle Methoden zur Berechnung des Mondeinflusses entwickelt worden. Wegen Unkenntnis dieser Methoden wird bei naiver Rechnung immer wieder viel Zeit vergeudet, indem man z. B. von den Tabellenwerten für die wahre Kulmination des Mondes, seiner Deklination und Entfernung von der Erde ausgeht und dann alle Beobachtungswerte entsprechend umordnet. Darum sollen hier einige Worte über zweckmäßige Berechnungsmethoden gesagt werden. Vor eigenen Rechnungen sollte man aber unbedingt die vorhandene Literatur zu Rate ziehen[1].

Analog zur hypothetischen, gleichmäßig umlaufenden mittleren Sonne, die für die Zeitbestimmung wichtig ist, hat man für lunare Rechnungen den „mittleren Mond" eingeführt. Sein Stundenwinkel gibt die mittlere Mondzeit τ an (vgl. Fig. 38), analog zur mittleren (lokalen) Sonnenzeit t'. Außerdem brauchen wir noch das „Alter" ν des mittleren Mondes (in Stunden)

$\nu = 0$ und $\nu = 24$ Neumond, $\nu = 6$ erstes Viertel,
$\nu = 12$ Vollmond, $\nu = 18$ letztes Viertel.

Für die ν-Werte eines jeden Jahres gibt es Tabellen[2]. Es gilt dann die Beziehung

$$\tau = t' - \nu. \tag{19.18}$$

Alle drei Größen werden normalerweise in Stunden gemessen. Wenn sie aber als Argumente von trigonometrischen Funktionen auftreten, so deutet man sie als Winkel zwischen 0 und 360 Grad und ersetzt eine Stunde durch 15°.

Eine erste Methode zur Berechnung lunarer Variationen besteht darin, die (gewöhnlich nach Sonnenzeit geordneten) Beobachtungen in Gruppen nach Tagen mit gleichem ν einzuteilen (fixed-age method). Dabei darf man ν getrost auf die nächste volle Stunde oder gar auf Tagesachtel abrunden. Für diese Gruppen berechnet man dann mittlere Tagesgänge. Mit Hilfe der Gleichung (19.18) kann man die Ergebnisse entweder in Sonnen- oder in Mondzeit angeben.

Das Ergebnis einer solchen Rechnung für die magnetische Deklination in Batavia (heute Djakarta) zeigt die *Fig. 105*. In der untersten Zeile ist

[1] Z. B. S. CHAPMAN: Terr. Mag. **47** (1942) 279–294.

[2] Z. B. LB (Literaturverzeichnis Kap. 29) **3** (1952) 279–280.

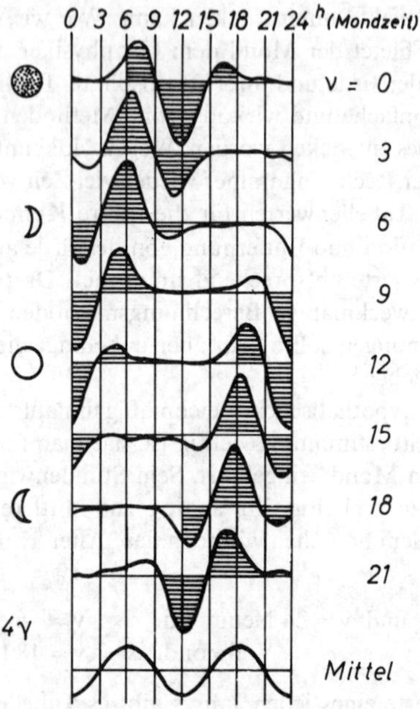

Fig. 105 Lunare Variation der magnetischen Deklination (positiv nach Westen, 4 gamma entsprechen 0,37′) in Batavia (heute Djakarta) für acht verschiedene Mondphasen. Für jede Mondphase sind die *Tagesstunden* durch Schraffur der Flächen zwischen Kurve und Zeitachse gekennzeichnet. *Unten:* Mittlerer Gang für alle Mondphasen. (Nach S. CHAPMAN, 1925.)

der Tagesgang, gemittelt über alle ν-Gruppen, aufgetragen. Er zeigt die erwartete halbmondentägige Welle. Die Tagesgänge für die einzelnen Mondphasen (= ν-Gruppen) sehen aber anders aus. Bei lunaren erdmagnetischen (und ionosphärischen) Variationen wird nämlich die periodische lunare Anregung durch die Sonne moduliert: Die Amplituden sind wegen der von der Sonnenstrahlung abhängigen Leitfähigkeit der Ionosphäre tags groß und nachts klein, d. h. es kann sich immer nur der Teil der halbmondentägigen Anregung entfalten, der in die Tagesstunden fällt.

Schon 1910 hatte N. F. A. MOOS (1859–1936), der Direktor des magnetischen Observatoriums in Bombay, einen mathematischen Ansatz für diese Amplitudenmodulation angegeben:

$$C\{1-f\cos t'\}\cos(2\tau+\varepsilon), \quad 0<f\leq 1. \tag{19.19}$$

Hiernach wird die Amplitude der halbmondentägigen Welle mittags gleich $C(1+f)$ und mitternachts gleich $C(1-f)$. Ersetzt man t' durch τ aus Gleichung (19.18), so kann man den Ausdruck (19.19) umformen:

$$C\{1-f\cos(\tau+\nu)\}\cos(2\tau+\varepsilon)$$
$$=\tfrac{1}{2}C\{-f\cos[\tau+(\varepsilon-\nu)]+2\cos[2\tau+\varepsilon]-f\cos[3\tau+(\varepsilon+\nu)]\}. \quad (19.20)$$

Auf der rechten Seite dieser Gleichung steht eine Summe von ganz-, halb- und drittelmondentägigen Gliedern der Form

$$A_n\cos[n\tau+\alpha_n], \quad n=1,2,3. \quad (19.21)$$

Die Amplituden sind unabhängig vom Mondalter ν. Für die α_n gilt das sogenannte *Phasengesetz*

$$\alpha_n=\varepsilon+(n-2)\nu. \quad (19.22)$$

Man kann auch τ statt t' aus den Gleichungen (19.18) und (19.19) eliminieren:

$$C\{1-f\cos t'\}\cos[2(t'-\nu)+\varepsilon]$$
$$=\tfrac{1}{2}C\{-f\cos[t'+(\varepsilon-2\nu)]+2\cos[2t'+(\varepsilon-2\nu)]-f\cos[3t'+(\varepsilon-2\nu)]\}. \quad (19.23)$$

Wieder sind die Amplituden unabhängig von ν. Die Phasen sind für alle Terme gleich. Aus der Gleichung (19.23) kann man eine andere Berechnungsmethode lunarer Variationen gewinnen (fixed-hour method): Man berechnet für feste Sonnenstunden t' die halbmonatlichen Wellen und deutet diese dann um in halbmondentägige Wellen.

Das Moossche Gesetz beschreibt die wirkliche solare Amplitudenmodulation nur sehr grob. Trotzdem folgt das Phasengesetz nicht zufällig aus diesem Ansatz: setzt man nämlich statt dessen eine Reihenentwicklung nach solaren Termen an, so bleibt das Phasengesetz erhalten.

Zu den lunaren erdmagnetischen Variationen hat S. Chapman unter Benutzung der in Kap. 19c beschriebenen Methode das *ionosphärische Stromsystem* berechnet. Es zeigt nach Mittelung über alle Mondphasen das erwartete System von vier Stromwirbeln auf jeder Halbkugel (wenigstens zur Zeit der Äquinoktien). Die aus dem Stromsystem mit Hilfe der Dynamotheorie erschlossenen atmosphärischen Bewegungen sind sehr groß im Vergleich zu den am Boden beobachteten lunaren atmosphärischen Gezeiten. J. Bartels vermutete deshalb, daß die ionosphärischen Gezeitenbewegungen unabhängig von der unteren Atmosphäre erregt werden.

Die lunaren Variationen wachsen mit zunehmender Sonnenaktivität, und sie hängen außerdem von der Jahreszeit ab. Es gibt auch Änderungen von Tag zu Tag. J. Bartels fand in den Huancajo-Registrierungen Tage, an denen *L* zwei- bis dreimal so groß war wie im Durchschnitt ("big-*L*-days"). Außer der halbmondentägigen hat man auch andere Partialtiden (vgl. Kap. 7a) in erdmagnetischen Variationen nachweisen können.

19g) *Der Sturmbeginn (ssc)*

Mit diesem Abschnitt beginnen wir die Betrachtung der magnetischen Variationen an gestörten Tagen, die man auch kurz „Störungen" nennt. Man hätte auch den *sfe* zu den Störungen rechnen können. Gewöhnlich zählt man ihn aber zur Gruppe der Variationen an ruhigen Tagen, weil er über die Dynamotheorie eng mit *Sq* und *L* verwandt ist, vor allem aber weil er durch solare Wellenstrahlung verursacht wird.

Die magnetischen Störungen werden nicht durch Wellenstrahlung, sondern durch solare Partikelstrahlung hervorgerufen. Der *ssc* hängt, wie wir sehen werden, eng mit der Ankunft einer solaren Partikelwolke an der Erde zusammen. Er ist der wichtigste Teil der auch als *DCF* bezeichneten Störung. Er gehört zu den zonalen Sturmzeitvariationen D_{st} (vgl. Kap. 19a).

Die Fig. 99 zeigt ein typisches Beispiel für einen *ssc*. Sein Magnetfeld ist nahezu homogen auf der ganzen Erde. Es ist antiparallel zum Erddipol gerichtet, bewirkt also eine Verstärkung der Horizontalintensität am Äquator und eine Schwächung der Vertikalintensität an den Polen. Das Feld baut sich in knapp einer Minute gleichzeitig auf der ganzen Erde auf. Die Feldstärke liegt zwischen 10 und 100 gamma. Dem *ssc* geht ein entgegengesetzter Impuls unmittelbar voraus, bei dem die Horizontalintensität vorübergehend absinkt. Dieser ist aber häufig so kurz und klein, daß er in der allgemeinen Unruhe nicht auffällt. Nicht alle Stürme zeigen einen *ssc*, wohl aber die starken. Andererseits beobachtet man gelegentlich *ssc*-artige Erscheinungen, ohne daß ein Sturm folgt.

S. Chapman und V. C. A. Ferraro haben 1930 eine einfache Erklärung für den *ssc* gegeben, an deren Grundzügen man noch heute festhält: Wenn eine Plasmawolke, die von der Sonne kommt, sich dem Erdmagnetfeld nähert *(Fig. 106)*, so werden in ihrer Stirnfläche elektrische Ströme (elektrodynamisch) induziert, deren Magnetfeld so beschaffen ist, daß es die Plasmawolke feldfrei hält (Lenzsche Regel). Von der Potentialtheorie her kennt man das Magnetfeld dieser induzierten Ströme im plasmafreien Raum (vor der Stirnfläche). Es ist das Feld eines an der Stirnfläche gespiegelten Dipols. Dieser hat ein gleich starkes Moment wie der Erddipol ($\mathfrak{M}_E$). Chapman und Ferraro erklärten nun den *ssc* als Feld dieses gespiegelten Dipols oder besser der induzierten Ströme, die man auch *Chapman-Ferraro-Ströme* nennt. Die Anfangsbuchstaben der Namen passen zufällig zur Abkürzung *DCF*, die von engl. *c*orpuscular *f*lux (vgl. Kap. 19 a) gebildet wurde.

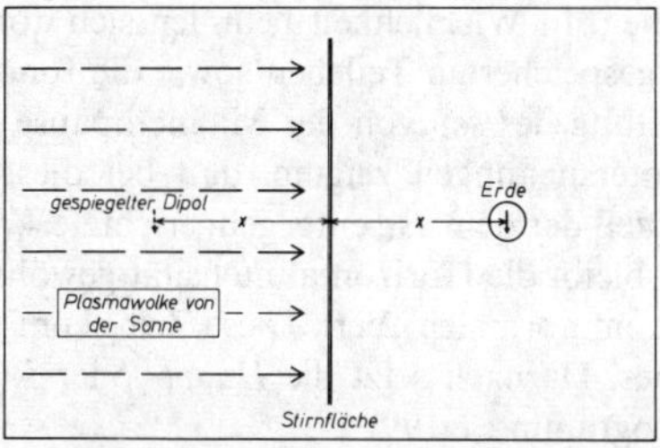

Fig. 106 Zur Entstehung des *ssc* (nach S. CHAPMAN und V. C. A. FERRARO).

Die Magnetfeldstärke, die die Chapman-Ferraro-Ströme am Äquator der Erde hervorrufen, wollen wir $DCF(\mathsf{H})$ – sprich „*DCF* in H" – nennen. Aus Fig. 106 liest man ab:

$$DCF(\mathsf{H}) = \frac{\mathfrak{M}_E}{(2x)^3} = \left(\frac{R_E}{x}\right)^3 \frac{1}{8} [H_0]_{\ddot{A}q} \tag{19.24}$$

mit R_E = Erdradius,
$[H_0]_{\ddot{A}q}$ = Horizontalintensität des Permanentfeldes am Äquator = 31 000 gamma.

Für einen durchschnittlichen Wert von $DCF(\mathsf{H}) = 25$ gamma erhält man $x = 5{,}4\ R_E$. Dies dürfen wir nur als Überschlagsrechnung auffassen, deren Ergebnis besagt: Die den *ssc* verursachenden induzierten Ströme fließen im Abstand von einigen Erdradien. Chapman und Ferraro folgerten, daß die Plasmafront in diesem Abstand zur Ruhe kommt, weil dort der magnetische Druck des Erdfeldes die kinetische Energie des ankommenden Plasmas kompensiert (siehe die Magnetopausenbedingung Gleichung 24.1).

Seit dem Erscheinen der ersten Arbeiten von Chapman und Ferraro hat man teils experimentell (mit Satelliten und Raumsonden), teils theoretisch (Parkers Theorie des solaren Windes) neue Erkenntnisse gewonnen, die zu einer modifizierten Theorie des *ssc* führten: Die Sonne stößt nicht nur gelegentlich Partikelwolken aus, sondern sendet ständig einen Plasmastrom in den interplanetaren Raum. Diesen nennt man den solaren Wind. Durch die Wechselwirkung zwischen solarem Wind und Erdmagnetfeld entsteht die Magnetosphäre (vgl. Fig. 2). Den *ssc* bewirkt eine plötzliche Verstärkung des solaren Windes. Dabei fließen die induzierten Ströme aber nicht auf einer ebenen Stirnfläche, sondern auf der *Magnetopause*, der äußeren Begrenzung der Magnetosphäre.

Im Modell von Fig. 106 haben wir den Raum vor der Plasmawolke als Vakuum angesehen. In Wirklichkeit befinden sich dort aber die in der Magnetosphäre gespeicherten Teilchen sowie die Ionosphäre. Dadurch wird die Ausbreitung des *ssc* von der Magnetopause zur Erde gestört. Theoretische Untersuchungen zeigten, daß bei diesem komplizierten Ausbreitungsprozeß der dem *ssc* entgegengerichtete *Vorläufer* entsteht.

Nach dem *ssc* bleibt die Horizontalintensität gewöhnlich einige Stunden lang über ihrem normalen Wert. Diese Zeit nennt man die *Anfangsphase* des Sturmes. Darnach setzt die *Haupt-* oder *Ringstromphase* ein (vgl. das Magnetogramm Fig. 99).

19h) *Ringstromvariationen (DR)*

Die Hauptphase eines magnetischen Sturmes ist an Stationen in niederen und mittleren Breiten durch ein starkes Absinken der Horizontalintensität gekennzeichnet. Der Wiederanstieg auf den Ausgangswert dauert mehrere Tage, ja mitunter Wochen, und wird Nachstörung (engl. post-perturbation) genannt. Hauptphase und Nachstörung haben die gleiche Ursache. Mit den unterschiedlichen Namen kennzeichnet man lediglich den Zeitpunkt ihres Auftretens innerhalb eines magnetischen Sturmes. Im folgenden bezeichnen wir sie auch einheitlich als *DR*-Variationen (von *R*ingstrom, siehe unten). Meist tritt, bevor der Anstieg abgeschlossen ist, schon wieder eine neue Störung auf. Am besten erkennt man Hauptphase und Nachstörung an der Veränderung der Nachtniveaus äquatornaher Observatorien. Die *Fig. 107* zeigt diesen Effekt besonders klar, weil unmittelbar auf den Sturm mehrere ruhige Tage folgten (vgl. die planetarischen Kennziffern *Kp* am unteren Rand der Fig.).

Der Wiederanstieg ähnelt einem Abklingvorgang, deshalb könnte man annehmen, er folge einem Exponentialgesetz. Weitaus besser wird er aber durch ein 1924 von G. ANGENHEISTER SEN. (1878–1945) aus den Beobachtungen des Samoa-Observatoriums abgeleitetes Gesetz beschrieben:

$$DR(\mathrm{H}) = \frac{1}{(1/DR)_{\mathrm{Max}} + \eta(t - t_{\mathrm{Max}})} \quad \text{für} \quad t \geq t_{\mathrm{Max}}\,. \tag{19.25}$$

(In dieser Formel und in der folgenden (19.26) wird die Nachstörung $DR(\mathrm{H})$ als positive Größe angenommen, obwohl es sich um eine Abnahme von H handelt.) η ergibt sich zu ungefähr 0,01/gamma · Tag.

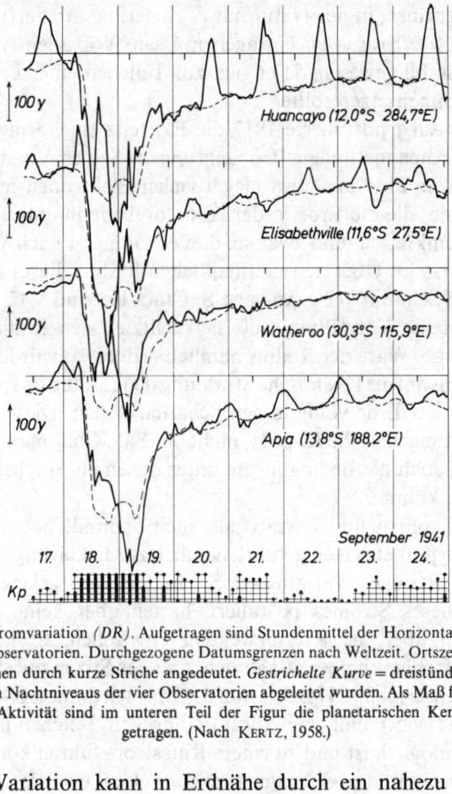

Fig. 107 Ringstromvariation *(DR)*. Aufgetragen sind Stundenmittel der Horizontalintensität in vier äquatornahen Observatorien. Durchgezogene Datumsgrenzen nach Weltzeit. Ortszeitmitternacht der einzelnen Stationen durch kurze Striche angedeutet. *Gestrichelte Kurve* = dreistündliche Ringstromwerte, die aus den Nachtniveaus der vier Observatorien abgeleitet wurden. Als Maß für die allgemeine erdmagnetische Aktivität sind im unteren Teil der Figur die planetarischen Kennziffern *Kp* eingetragen. (Nach KERTZ, 1958.)

Die *DR*-Variation kann in Erdnähe durch ein nahezu homogenes, zur Dipolachse der Erde paralleles Feld beschrieben werden. Deshalb lag der Gedanke nahe, es auf einen *Ringstrom* in der Äquatorebene der Erde zurückzuführen. Die erste Anregung hierzu gab C. STÖRMER 1911 bei seinem Versuch, die Polarlichter durch den Einfall geladener Teilchen ins Dipolfeld der Erde zu erklären (vgl. Kap. 17a, Schluß). Nach Störmers Rechnung gelangen die Teilchen in Breiten, die höher sind, als es den Polarlichtbeobachtungen entspricht. Um eine Übereinstimmung mit den Beobachtungen zu erzielen, nahm Störmer zusätzlich zum Erddipol einen äquatorialen Ringstrom an. Die Existenzmöglichkeit eines solchen Ringstroms schien aus Störmers Rechnungen selbst zu folgen; er hatte nämlich herausgefunden, daß Kreisbahnen in der Äquatorebene *erlaubte* Bahnen für geladene Teilchen im Dipolfeld sind. Störmers „Ringstrom" führte ein fruchtbares Dasein in den Theorien des erdmagnetischen Sturmes; in der Natur hat er sicher nie existiert: sein Radius hätte an die 100 Erdradien betragen müssen. Vor allem wäre er aber sicher nicht stabil gewesen, da er sich aus Teilchen einer Ladung (Elektronen) zusammensetzen sollte.

Adolf Schmidt postulierte 1917 die Existenz eines Ringstromes auf Grund der erdmagnetischen Beobachtungen. Seiner Vorstellung nach sollte der Strom aber aus etwa gleich vielen Elektronen und positiven Ionen bestehen, die die Erde in der Äquatorebene in entgegengesetzten Richtungen umkreisen, und zwar so, daß ein von Ost nach West fließender Strom entsteht. Über den mutmaßlichen Radius dieses Ringstromes machte Adolf Schmidt keine Aussage. S. Chapman und V. C. A. Ferraro griffen 1932 seine Vorstellung auf; sie schätzten den Radius auf 3 bis 10 Erdradien ab. Wäre der Radius nämlich größer, so würde der Einfluß des Ringstroms auf die Kosmische Strahlung den Einfluß des permanenten Magnetfeldes der Erde völlig in den Schatten stellen. Dies ist aber nach den Beobachtungen (siehe Kap. 21) nicht der Fall. Chapman und Ferraro untersuchten auch die Bedingungen, unter denen ein solcher Ringstrom stationär sein könnte.

Sowohl Chapman und Ferraro als auch Schmidt hatten den Ringstrom mehr hypothetisch eingeführt, nämlich zur Erklärung der beobachteten erdmagnetischen Variationen. Sie hatten zwar geladene Teilchen als Träger dieses Stromes postuliert, hatten aber keine detaillierten Vorstellungen über die Kreisbewegung angegeben, weshalb sie z.B. auch der Einfachheit halber annahmen, daß der Strom auf die Äquatorebene konzentriert sei. 1957 zeigte nun S. F. Singer (angeregt durch Arbeiten von H. Alfvén), daß eine Ansammlung von Teilchen im Dipolfeld physikalisch möglich ist und zu einem Ringstrom führen könnte. Wegen der Inhomogenität des erdmagnetischen Feldes und der Krümmung seiner Feldlinien führen diese Teilchen eine *Drift* aus, und zwar Elektronen nach Osten und positive Ionen nach Westen (vgl. Kap. 17a, Schluß). Der scheinbare Diamagnetismus (Gleichung 17.19) verstärkt noch den Effekt. So entsteht ein elektrischer Ringstrom, der nun zwar nicht mehr auf die Äquatorebene konzentriert ist. Sein Feld in der Nähe der Erdoberfläche ist aber ebenfalls nahezu homogen – sofern nur die Hauptmasse der Teilchen in mehr als $2\,R_E$ Abstand vom Erdmittelpunkt liegt –, so daß er als Ursache der *DR*-Variationen angesehen werden kann.

Diese Vorstellung wurde durch die Entdeckung der *Van-Allen-Gürtel* (ein Jahr nach der Veröffentlichung von Singers Theorie) bestätigt (siehe Kap. 26, insbesondere 26c). Van-Allen-Teilchen sind immer in der Umgebung der Erde vorhanden. Während eines magnetischen Sturmes treten niederenergetische Teilchen jedoch verstärkt auf.

In der Folgezeit wurden von verschiedenen Bearbeitern mathematische Modelle für das Magnetfeld berechnet, welches die im Dipolfeld *gespeicherten*[1] Teilchen erzeugen. Die Rechnungen sind ziemlich kompliziert und lassen sich nur numerisch mit Hilfe von Großrechenanlagen ausführen, obwohl man, um überhaupt traktable Gleichungen zu erhalten, diese linearisiert: Zur Berechnung des Störfeldes (*DR*) setzt man in der Bewegungsgleichung für ***H*** das ungestörte Magnetfeld ein, meistens ein reines Dipolfeld. Immerhin kann man das Störfeld, das die Teilchen hervorrufen, in einem Punkte exakt ausrechnen, nämlich im Mittelpunkt der Erde – genauer: am Sitz des fiktiven Erddipols. Da das Ringstromfeld aber in Erdnähe nahezu homogen ist, ist $DR(\mathsf{H})$ am Äquator mit jenem Wert fast identisch. Für jede beliebige Teilchenverteilung gilt nach N. Sckopke[2] in der linearen Näherung

$$\left[\frac{DR(\mathsf{H})}{\mathsf{H}_0}\right]_{\ddot{A}q} \approx \frac{2}{3}\,\frac{\mathsf{E}}{\mathsf{E}_0}, \tag{19.26}$$

H_0 = Horizontalintensität des Permanentfeldes,
E = Energie der gespeicherten Teilchen,
E_0 = Energie des Dipolfeldes außerhalb der Erde $= 1{,}3 \cdot 10^{25}$ erg.

Man kann diese Formel umgekehrt dazu benutzen, E daraus zu berechnen, z.B. ergibt sich für $DR(\mathsf{H}) = 50$ gamma ein Wert von $3 \cdot 10^{22}$ erg.

Genauso wie für die erdmagnetische Aktivität benötigt man auch für die *DR*-Variationen *Maßzahlen*, die eine kontinuierliche Beschreibung ermöglichen. Solche wurden vom Verfasser für das Zeitintervall 1939–45 (gestrichelte Kurve in Fig. 107) und von M. Sugiura für 1957–63 bestimmt. Für die Observatorien sind diese Werte von großer Bedeutung bei der Berechnung der Säkularvariation, da *DR* in die Absolutmessungen auch an ruhigen Tagen eingeht. Dasselbe gilt für magnetische Landes- und Seevermessungen, bei denen es auf Absolutwerte, die vom äußeren Feld befreit sind, ankommt. Es bestehen Zusammenhänge zwischen *DR*, der Kosmischen Strahlung (Kap. 21) und mannigfaltigen

[1] Engl. trapped particles, also wörtlich übersetzt: eingefangene Teilchen; „gespeichert" beschreibt aber den physikalischen Tatbestand und erweckt dabei keine falschen Vorstellungen. Ob nämlich die Teilchen von außen gekommen und im Erdfeld eingefangen worden sind, ist fraglich.

[2] J. Geophys. Res. 71 (1966) 3125–3130.

polaren Erscheinungen: so wird z.B. die Ausdehnung der Polarlichtzone während eines magnetischen Sturmes (vgl. Kap. 18d) von *DR* gesteuert.

Im jahreszeitlichen Verlauf zeigt *DR* eine halbjährliche Variation, ähnlich der, die wir bei der Variation der Dichte in der Hochatmosphäre kennengelernt haben (vgl. Kap. 15c): Maxima treten zur Zeit der Äquinoktien und Minima während der Solstitien auf. Die 27tägige Wiederholungsneigung und den Einfluß der 11jährigen Sonnenfleckenperiode findet man in *DR* genauso wie in der allgemeinen erdmagnetischen Aktivität.

Große Hoffnungen hatte man auf die ersten Magnetfeldmessungen mit künstlichen Satelliten gesetzt, man hoffte vor allem, Genaueres über den erdmagnetischen Ringstrom zu erfahren. Die Ergebnisse waren enttäuschend: Zwar fanden einzelne Satelliten lokale Feldänderungen im Abstand einiger Erdradien vom Mittelpunkt, die auf einen Ringstrom schließen ließen, andere fanden aber nichts oder Effekte in anderen Abständen. Neuerdings hat man aber nach Überwindung meßtechnischer Schwierigkeiten, die „Ringstromteilchen" gefunden (siehe Kap. 26c).

19i) *Der polare Elektrojet (PEJ)*

Die Ströme, welche die nichtzonalen und deshalb ortszeitabhängigen Störungen *DS* erzeugen, fließen im wesentlichen in der Ionosphäre und dort im Niveau der E-Schicht. Bei einer geographischen Analyse von *DS* zeigt sich, daß die Störung ihren Sitz hauptsächlich in den Polarlichtzonen hat. (Deshalb nennt man den Hauptanteil von *DS* gelegentlich auch *DP*; von engl. *p*olar disturbance.) Das Stromsystem, das die magnetische Störung verursacht, weist eine starke Strombündelung über der Nachtseite der Polarlichtzone auf. Den gebündelten Strom nennt man *polaren Elektrojet (PEJ)* (engl. polar oder auroral electrojet).

Es gibt verschiedene Darstellungen des *PEJ* und seiner Rückströme. Eine der neuesten (nach Akasofu, Chapman und Meng 1965) ist die *Fig. 108*. Im Gegensatz zu den älteren Darstellungen enthält die Fig. 108 nur einen von Ost nach West fließenden *PEJ*. Der Konstruktion und Interpretation solcher Stromsysteme haftet eine gewisse Willkür an. Da D_{st} auch eine Verstärkung über den Polarlichtzonen aufweist, ordnet man einen Teil dieser zonalen Störung dem *PEJ* zu. Die Größe dieses Anteils ist aber unbekannt. Weiterhin ist es an den Enden des *PEJ* schwer zu entscheiden, welche ionosphärischen Ströme dem primären *PEJ* und welche dem Rückstromsystem angehören.

Man nennt die vom *PEJ* und den Rückströmen hervorgerufenen magnetischen Störungen *Baystörungen* (C. Chree 1840–1928), da sie im Magnetogramm an die Darstellung einer Meeresbucht auf der Landkarte erinnern. Ein typisches Beispiel haben wir schon in Fig. 67 (links) kennengelernt. Dem Stromsystem von Fig. 108 entsprechend treten die stärksten Baystörungen zwischen 1 und 2 Uhr nachts auf. Unter dem *PEJ* und in seiner Nachbarschaft sind die Bays in der Horizontalintensität negativ, südlich von etwa 55° dagegen positiv. In niedrigen Breiten werden die horizontalen Komponenten ausschließlich durch die Rückströme bestimmt, die über der Station fließen. Die Störung der vertikalen Komponente hingegen kann von dem weiter entfernt liegenden *PEJ* stammen (andere Ursachen der Z-Variationen: Inhomogenität im Rückstromsystem, Leitfähigkeitsanomalie im Untergrund, vgl. Kap. 11 c).

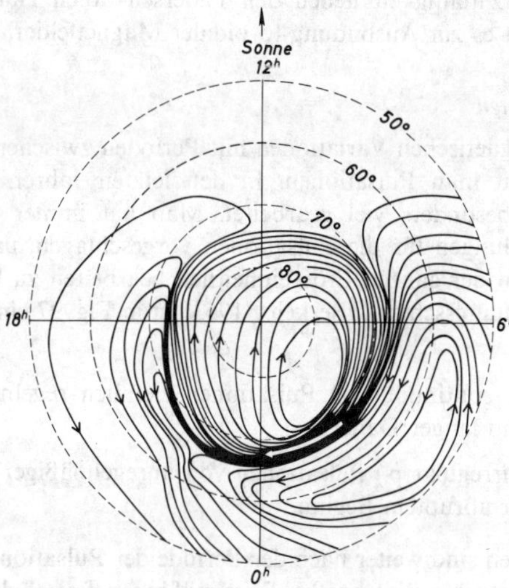

Fig. 108 Polarer Elektrojet *(PEJ)* und Rückströme für einen starken polaren Teilsturm als Funktion von geographischer Breite und Ortszeit. Die Ströme fließen in 100 bis 120 km Höhe. Die Gesamtstromstärke beträgt bei durchschnittlichen Störungen 30 000 Amp, bei starken Störungen bis zu 10^6 Amp. (Nach Akasofu, Chapman, Meng 1965.)

Während eines magnetischen Sturmes beobachtet man häufig ein mehrmaliges An- und Abschwellen des *PEJ*-Systems. Diese Einzeleffekte (einzelne Bays) nennt man *polare Teilstürme* (engl. substorms). Die magnetischen Stürme verhalten sich hier ähnlich wie die Polarlichtstürme (vgl. Kap. 18 d). Überhaupt ist das ganze *PEJ*-System nur ein Glied in der Kette polarer Erscheinungen.

Die Entstehung des *PEJ* ist noch nicht geklärt. Die erforderliche Erhöhung der ionosphärischen Leitfähigkeit dürfte auf die in die Polarlichtzone in Richtung der Magnetfeldlinien einfallenden Elektronen zurückzuführen sein (vgl. Kap. 18b). Zu erklären ist aber noch die Entstehung des den *PEJ* verursachenden elektrischen Feldes. Dynamowirkung scheidet aus, da man zu hohe Windgeschwindigkeiten annehmen müßte. Höchstwahrscheinlich entsteht das $\boldsymbol{E}$-Feld in der äußeren Magnetosphäre. Da die elektrische Leitfähigkeit längs der Magnetfeldlinien sehr groß ist (Kap. 17b), sind die Feldlinien gleichzeitig (elektrische) Potentiallinien. So werden $\boldsymbol{E}$-Felder aus der Magnetosphäre in die Ionosphäre übertragen. In der Ionosphäre treten dann wegen der anisotropen Leitfähigkeit neben den Pedersen- auch Hallströme auf. Dabei kommt es zur Ausbildung toroidaler Magnetfelder.

19j) *Pulsationen*

Die erdmagnetischen Variationen mit Perioden zwischen 0,2 sec und 10 Min. nennt man Pulsationen. In den letzten Jahren wurde über Pulsationen besonders viel gearbeitet. Man hat immer wieder neue Klasseneinteilungen für die Pulsationen vorgeschlagen, um die Beobachtungsdaten der ganzen Erde einheitlich bearbeiten zu können. Das jüngste Einteilungsschema (Berkeley 1963) ist in Fig. 97 eingetragen. Es unterscheidet:

pc (von engl. *c*ontinuous p.) Pulsationen ziemlich regelmäßiger Ausprägung und langer Dauer,

pi (von engl. *i*rregular p.) Pulsationen von unregelmäßiger Ausprägung mit oft sehr abruptem Beginn.

Diese Gruppen sind weiter nach der Periode der Pulsationen unterteilt.

Die *pc* erscheinen mit großer Regelmäßigkeit fast täglich zwischen Sonnenaufgang und frühem Nachmittag, oft mehrere Stunden lang ohne Unterbrechung. Auffallend ist ihr oft sinusförmiger Verlauf, wobei auch schwebungsartige Erscheinungen auftreten. Die *Fig. 109* gibt Beispiele für *pc* an drei Stationen. Zur Registrierung benötigt man spezielle Instrumente, die die kurzperiodischen Pulsationen mit ihren kleinen Amplituden (wenige gamma oder sogar nur Bruchteile davon) aus den verhältnismäßig starken längerperiodischen Variationen herausfiltern. Häufig werden hierzu Induktionsspulen (vgl. Kap. 9f) mit und ohne Kern verwandt. Viele Arbeiten über Pulsationen (so die der bekannten russischen Forscherin V. A. TROITSKAYA) stützen sich aber auf Erdstromregistrierungen, da durch elektromagnetische Induktion im Erdboden aus den magnetischen entsprechende Strompulsationen entstehen. Diese sind meßtechnisch leichter zu erfassen. Bei allen Pulsationsregistrierungen braucht man eine größere Zeitauflösung als bei normalen Magnetogrammen.

G. ANGENHEISTER JUN. und seine Mitarbeiter haben den Tagesgang der Pulsationshäufigkeit statistisch untersucht. Den stärksten Tagesgang findet man in Mitteleuropa für die *pc* 3 mit einem Maximum kurz vor Mittag. Für längerperiodische Pulsationen und Variationen verschiebt sich das Maximum in die Abendstunden. Überraschenderweise zeigt sich diese Verschiebung in Fürstenfeldbruck (bei München) schon bei den *pc* 4, in Göttingen dagegen erst bei Variationen mit Perioden, die größer als 600 sec sind. Weiter unten werden wir noch auffälligere Unterschiede in den Pulsationsregistrierungen von Göttingen und Fürstenfeldbruck kennenlernen. Das ist zunächst sehr verwunderlich, da die Pulsationen in großer Höhe entstehen und deshalb in benachbarten Stationen auf der Erdoberfläche gleiches Aussehen haben sollten.

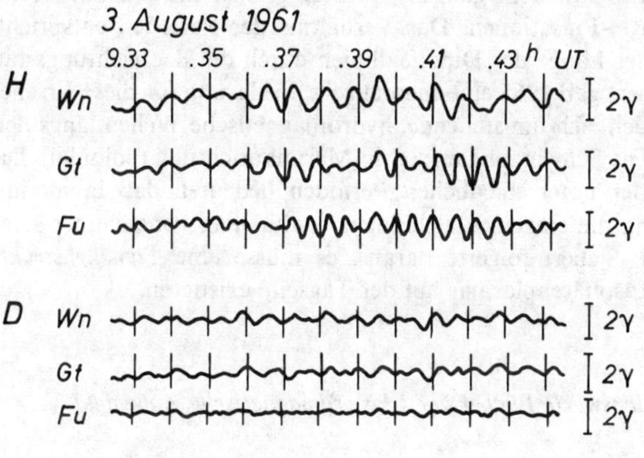

Fig. 109 Erdmagnetische Pulsationen in der (magn.) Nord- (H) und Ostkomponente (D) an den drei Stationen *Wn* = Wingst (zwischen Hamburg und Cuxhaven, geomagn. Breite $\beta^* = 54{,}5°$ N), *Gt* = Göttingen ($\beta^* = 52{,}3°$ N) und *Fu* = Fürstenfeldbruck (bei München, $\beta^* = 48{,}9°$ N). Zeitmarken jede Minute. (Nach H. VOELKER, 1963.)

Die *pi* treten häufig in Verbindung mit markanten längerperiodischen Störungen (Bays und *ssc*) auf. Nachts haben sie gelegentlich die Form von Wellenzügen, die bis zu 15 Min. anhalten. Ihr Frequenzinhalt ist weniger groß als der der *pc*.

Die Pulsationen entstehen in oder am Rande der Magnetosphäre und breiten sich als magnetohydrodynamische Wellen (vgl. Kap. 17e) bis zur Ionosphäre aus. Von dort werden sie als elektromagnetische Wellen zum Erdboden abgestrahlt. Die Ionosphäre ist (jedenfalls tagsüber) undurchlässig für Schwingungen, deren Frequenz höher als 1 Hz ist. Mit Satelliten und Raumsonden hofft man auch solche (schnellen) Pulsationen aufzunehmen, die nicht bis zum Erdboden durchdringen.

Aus der Fülle der Beobachtungen und theoretischen Arbeiten, die in den letzten Jahren erschienen sind, soll hier noch ein besonders instruktives Beispiel herausgegriffen werden. Bei genauer Betrachtung der Fig. 109 sieht man, daß in der H-Komponente die Perioden von *Wn* über *Gt* nach *Fu*, d. h. von Norden nach Süden systematisch abnehmen. In D ist diese Erscheinung nicht zu beobachten. Die Aufzeichnung der Fig. 109 ist kein Einzelfall, dergleichen Effekte treten tagsüber mit großer Häufigkeit, nachts jedoch nie auf.

Vom Göttinger Geophysikalischen Institut (M. SIEBERT, H. VOELKER) wurde eine Kette von Pulsationsstationen von Norwegen bis Italien aufgebaut. Auf dem ganzen Profil zeigt sich die Periodenverkürzung bei den H-Pulsationen. Das Verhältnis der Perioden entspricht recht genau der Länge der Dipolfeldlinien durch die Beobachtungsstationen. M. Siebert gab 1965 eine theoretische Erklärung für diese Erscheinung: Es handelt sich um stehende, hydromagnetische Wellen längs der Feldlinien. Die Schwingung erfolgt in Meridianrichtung (poloidal). Das Auftreten der unterschiedlichen Perioden bedeutet, daß in meridionaler Richtung die einzelnen Feldlinien unabhängig voneinander schwingen können. Siebert folgerte daraus, es müsse eine *Lamellenstruktur* des Magnetosphärenplasmas auf der Tagseite existieren.

Empfehlenswerte Bücher über das erdmagnetische Außenfeld

CB (Literaturverzeichnis Kap. 29) ist immer noch nützlich und gut zu lesen. Man findet dort viele morphologische Details der erdmagnetischen Variationen. Die beiden Bände sind aber 1940 erschienen, und seither haben sich unsere Kenntnisse beträchtlich vermehrt.

Als einen Ergänzungsband kann man ansehen:

S. CHAPMAN: Solar Plasma, Geomagnetism and Aurora. New York-London 1964.

Eine neuere Darstellung von verschiedenen Autoren findet man in GP (Literaturverzeichnis Kap. 29).

20. *Erforschung der Ionosphäre mit Radiowellen*

In der Geschichte der Ionosphärenforschung findet man ein bemerkenswertes Wechselspiel zwischen reiner und angewandter Forschung. Es begann sehr akademisch mit der Frage nach der richtigen Theorie der Elektrizität. HEINRICH HERTZ (1857–1894) zeigte experimentell, daß die Maxwellsche Theorie richtig und die Fernwirkungstheorie falsch ist. Dabei entdeckte er die elektromagnetischen Wellen im Wellenlängenbereich, den wir heute den Radiowellenbereich nennen. Dem Theoretiker Hertz lag der Gedanke einer Anwendung seiner Wellen für die Nachrichtenübermittlung fern. Deshalb griff er auch die in diese Richtung zielende Anregung eines Münchener Ingenieurs namens Huber nicht auf. Nach dem Bekanntwerden der Hertzschen Entdeckung versuchten andere, diese Wellen nutzbar zu machen, nur – wie J. ZENNECK in seinem Vortrag „Aus der Kindheit der drahtlosen Telegraphie" bei der Physikertagung 1951[1] sagte – „hatten sie sich vorher nicht mit elektromagnetischen Schwingungen beschäftigt und verstanden deshalb davon nur sehr wenig oder, freundlicher ausgedrückt, mußten sich erst einarbeiten".

G. MARCONI (1874–1937) war schließlich der Erfolg beschieden: Am 12. Dezember 1901 gelang ihm die drahtlose Übertragung von Signalen über den Atlantik hinweg von England nach Neufundland. Andere hatten daran mitgewirkt, vor allem Marconis Lehrer, der Italiener RIGHI, der ihn mit der Technik der Hertzschen Versuche vertraut gemacht hatte. Von dem Russen POPOFF konnte er ein Antennensystem übernehmen, das dieser zum Studium von Gewitterentladungen gebaut hatte. Der Engländer PREECE, leitender Ingenieur der englischen Post- und Telegraphenverwaltung, stellte ihm seinen Rat und auch materielle Unterstützung zur Verfügung.

Die Marconische Erfindung erregte ungeheures Aufsehen, vor allem auch bei den Physikern. Eine Radioübertragung über den Atlantik hinweg schien den physikalischen Gesetzen zu widersprechen. HERTZ hatte ja gerade gezeigt, daß die Radiowellen und das Licht wesensgleich seien; dann mußten sich die Radiowellen aber geradlinig ausbreiten und konnten nicht in der Lage sein, der Erdkrümmung zu folgen. An vielen Orten der Erde wurde experimentell und theoretisch über die Ausbreitung der Radiowellen gearbeitet. So erfand der Straßburger Physiker FERDINAND BRAUN (1850–1918), dessen Name von der „Braunschen Röhre" her geläufig ist, zu der Zeit den „gekoppelten Sender" (Schwing- und Sendekreis getrennt). Dafür erhielt er 1909 gemeinsam mit Marconi den Nobelpreis für Physik.

Brauns Schüler JONATHAN ZENNECK (1871–1959) wirkte in Deutschland jahrzehntelang als Mentor auf dem Gebiet der drahtlosen Telegraphie, der Radiowellenausbreitung und später der Ionosphärenphysik. Von Anfang an arbeitete er experimentell und theoretisch. Man kann sich heute gar nicht mehr vorstellen, mit welch primitiven Hilfsmitteln in der ersten Zeit experimentiert werden mußte, als man noch nicht einmal Elektronenröhren kannte,

[1] Abgedruckt in Naturwiss. **39** (1952) 409–418.

von Transistoren ganz zu schweigen. Die wichtigste theoretische Arbeit veröffentlichte Zenneck im Jahre 1907: „Über die Fortpflanzung ebener elektromagnetischer Wellen längs einer ebenen Leiterfläche und ihre Beziehung zur drahtlosen Telegraphie." Zenneck machte in dieser Arbeit den Versuch, die Marconischen Ergebnisse durch Wellen, die am Erdboden geführt werden, zu erklären. 1909 hat A. SOMMERFELD das gleiche Problem mit einer mathematisch sehr eleganten Methode gelöst[1]. Diese – später „Bodenwelle" genannte – Lösung beschrieb einen Teil der Beobachtungen besser, als es die Hertzsche Lösung der Maxwellschen Gleichungen tat.

Viele Diskrepanzen zwischen Beobachtung und Theorie blieben aber bestehen; immer mehr Anhänger fand deshalb die schon 1902 von O. HEAVISIDE (1850–1925) in England und von A. E. KENNELLY (1861–1939) in den USA gleichzeitig und unabhängig voneinander geäußerte Vermutung, es existiere in etwa 80 km Höhe eine leitfähige reflektierende Schicht, die die Radiowellen um die Erde herum leite. Auch die Theorie der Ausbreitung von Radiowellen in dieser – zunächst hypothetisch angenommenen – *Heaviside-Kennelly-Schicht*[2] wurde in den folgenden Jahren ausgebaut: von W. H. ECCLES (1912), J. LARMOR (1924) und später von E. V. APPLETON und D. R. HARTREE. Die Grundzüge dieser Theorie wurden bereits in Kap. 17c dargestellt.

1925 wurde die Existenz der reflektierenden Schicht – wieder gleichzeitig und unabhängig – in England von E. V. APPLETON und M. A. F. BARNETT und in den USA von G. BREIT und M. TUVE experimentell bewiesen. Die dabei angewendeten Methoden boten in der Folgezeit die Möglichkeit einer genaueren Untersuchung der Struktur der Ionosphäre und ihrer zeitlichen Veränderungen. Wegen der Bedeutung der Ionosphäre für die Funkausbreitung wurde seit etwa 1930 ein Netz von Observatorien zur ständigen Überwachung der Ionosphäre aufgebaut.

Es zeigte sich, daß die Störungen der Ionosphäre eng mit der *Sonnenaktivität* korreliert sind. Deshalb entwickelte sich eine enge Zusammenarbeit zwischen Nachrichtentechnikern, Geophysikern und Astronomen. Selbstverständlich sind die Nachrichtentechniker in erster Linie an einer guten und zuverlässigen Nachrichtenübermittlung interessiert; die Ionosphäre mit ihren Störungen nehmen sie dabei als ein „notwendiges Übel" in Kauf und sind bestrebt, die gewonnenen Erkenntnisse über die Physik der Ionosphäre für eine Verbesserung des Funkverkehrs und eine Verringerung der Ausfälle durch natürliche Störungen auszunutzen. Die Vorhersage von Ionosphärenstörungen ist dabei von großer Bedeutung.

Neuerdings haben die Nachrichtentechniker in den Nachrichtensatelliten Hilfsmittel für die Radiowellenübertragung auf große Entfernungen gefunden, die die Ionosphäre an Zuverlässigkeit übertreffen. (Es werden dabei solche (hohen) Frequenzen benutzt, die von der Ionosphäre nicht wesentlich beeinflußt werden.) Vielleicht geht deshalb die Zusammenarbeit der Natur-

[1] Im letzten Kapitel von A. SOMMERFELD: Vorlesungen über theoretische Physik. **6**, Wiesbaden 1947, erkennt man noch Spuren der damaligen Kontroverse um die „Zenneckscher Oberflächenwelle".

[2] Der Name *Ionosphäre* wurde von R.A. WATSON WATT eingeführt (Nature **132** (1933) 13–17).

wissenschaftler und Techniker – von der die Geophysik so großen Nutzen hatte – auch schon wieder zu Ende. Dafür ergeben sich für die Ionosphärenforschung neue Arbeitsfelder in der Extraterrestrischen Forschung: Jeder Planet, der nur die Spur einer Atmosphäre besitzt, hat auch eine Ionosphäre.

20 a) *Beobachtungsmethoden*

Die wichtigste Methode zur Erforschung der Ionosphäre ist die *Radioecholotung*. Sie ist dem Radarverfahren ähnlich, nur werden niedrigere Frequenzen benutzt. Von einem Sender am Boden wird ein Impuls abgestrahlt. Dieser läuft senkrecht nach oben und wird an einer Ionosphärenschicht reflektiert. Der reflektierte Impuls (Echo) wird am Boden empfangen, und die Laufzeit t zwischen Aussendung und Empfang des reflektierten Signals wird gemessen. Das Verfahren ähnelt dem Reflexionsverfahren in der angewandten Geophysik (Kap. 13 a), nur treten jetzt elektromagnetische Wellen, die sich mit Lichtgeschwindigkeit ausbreiten, an die Stelle der seismischen Wellen. Man benutzt als Signal im Gegensatz zur angewandten Seismik nicht ein Gemisch von allen möglichen Frequenzen (Explosion), sondern einen auf eine Trägerwelle modulierten Rechteckimpuls; anders ausgedrückt: das Signal besteht aus einem endlich langen Zug von Wellen mit konstanter Amplitude und fester Frequenz (f). Analog zu Gleichung (13.1) berechnet man die Höhe der reflektierten Schicht zu

$$h' = \tfrac{1}{2}\mathrm{c}\,t, \tag{20.1}$$

wobei c die Lichtgeschwindigkeit ist. h' ist aber nur eine *scheinbare* Höhe (engl. virtual height oder auch equivalent height), da das Signal im ionisierten Medium mit der verminderten Geschwindigkeit $\mathrm{n\,c}$ läuft (n = Brechungsindex, Gleichung 17.44). Zwischen h' und der wahren Höhe h gilt nach Gleichung (17.43 a) die folgende Beziehung

$$h' = \int_0^h \frac{\mathrm{d}z}{\mathrm{n}(z)} = \int_0^h \frac{\mathrm{d}z}{\sqrt{1-\left(\frac{f_0(z)}{f}\right)^2}}, \tag{20.2}$$

h' ist immer größer als h; die Abweichungen liegen im allgemeinen zwischen 0 und 50%.

Zu einer scheinbaren Höhe von 100 km gehört eine Laufzeit von 0,67 msec. Zur Messung mit einem Kathodenstrahloszillographen wird die Aussendung der Signale periodisch wiederholt. Dabei wählt man die Periode größer als die Laufzeit, etwa 10 oder 20 msec. Die Impulsdauer beträgt 0,1 msec. Für Ionosphärenmessungen benötigt man Trägerfrequenzen zwischen 1 und 20 MHz (für $f=1$ MHz besteht der Wellenzug aus 100 Schwingungen).

An das horizontale Plattenpaar des Kathodenstrahloszillographen legt man eine der Empfangsfeldstärke proportionale Spannung. Das vertikale Plattenpaar wird mit der Impulsfolgefrequenz getriggert, so daß der Oszillographenschirm während einer Impulsperiode gerade einmal von unten nach oben überstrichen wird. Jedes Echo erzeugt einen horizontalen Strich, dessen Höhe auf dem Schirm der scheinbaren Höhe h' proportional ist. Läßt man nun Sender und Empfänger synchron die Trägerfrequenzen f von 1 bis 20 MHz durchlaufen (innerhalb von etwa 5 Minuten), so sieht man auf dem Oszillographenschirm nacheinander h' als Funktion von f. Durch geeignetes Ausblenden der Nulllinie kann man $h'(f)$ auf einem vor dem Oszillographenschirm vorbeilaufenden Film aufnehmen und erhält so ein *Ionogramm*. Ein solches ist in *Fig. 110* schematisch dargestellt.

Echos kommen aus einer Höhe, in der $\mathsf{n}=0$ ist (für die verwendete Trägerfrequenz f). Da die elektromagnetischen Wellen im Erdmagnetfeld in ordentliche (o) und außerordentliche (x) Komponenten aufspalten (vgl. Kap. 17c), erhält man im allgemeinen zu jedem f zwei verschiedene Echos. Nun ist für die Umgebung der Reflexionsstelle fast immer die quasitransversale Näherung nach Gleichung (17.48b) anwendbar. Daher ergibt sich mit $\mathsf{n}=0$:

$$\text{für (o):} \quad f=f_0, \tag{20.3}$$

$$\text{für (x):} \quad [f_0^2-f(f-f_g)]\,[f_0^2-f(f+f_g)]=0, \tag{20.4}$$

wobei f_0 die Plasmafrequenz und f_g die Gyrofrequenz ist.

Bei (x) gibt es zu gegebenem f zwei Werte von f_0, die die Reflexionsbedingung erfüllen. Für unsere Beobachtungen vom Erdboden aus kommt nur der kleinere (erste Faktor) in Frage, denn die Welle kommt von niedrigeren n_e-Werten her. Sie wird daher schon dort reflektiert, wo der kleinere Wert erreicht wird, und gelangt gar nicht bis zum größeren.

Das Ionogramm von Fig. 110 gehört zur $n_e(h)$-Verteilung, die in *Fig. 111* dargestellt ist. Zu jeder Ionosphärenschicht (E, F_1 und F_2) gibt es Maximalfrequenzen für die Radiowellen, die an dieser Schicht reflektiert werden. Diese nennt man *Grenzfrequenzen* und bezeichnet sie mit $f\mathrm{oE}$, $f\mathrm{oF}_1$, $f\mathrm{xF}_1$, $f\mathrm{oF}_2$ und $f\mathrm{xF}_2$. Ein $f\mathrm{xE}$ wird nicht beobachtet. Diese Frequenz liegt noch zu nahe an der Gyrofrequenz. Dort treten bei der außerordentlichen Komponente sehr große Amplituden auf, infolgedessen ist auch die Dämpfung sehr stark. Für reflektierte Radiowellen, deren Frequenz in der Nachbarschaft der Grenzfrequenzen liegt, ist die Verzögerung des Signals sehr groß, für die Grenzfrequenz selbst geht h' gegen unendlich. Grenzfrequenzen und scheinbare Höhen der einzelnen Schichten sind Parameter, die man verhältnismäßig leicht aus den

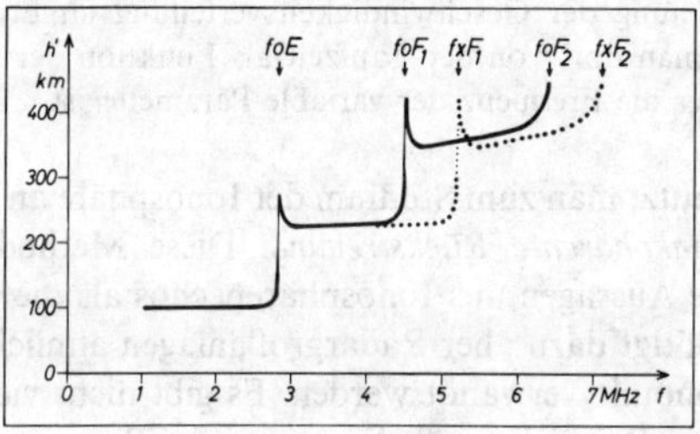

Fig. 110 Ionogramm (schematisch) für Tagesstunden. Die zugehörige Verteilung der Elektronendichte ist in *Fig. 111* dargestellt.

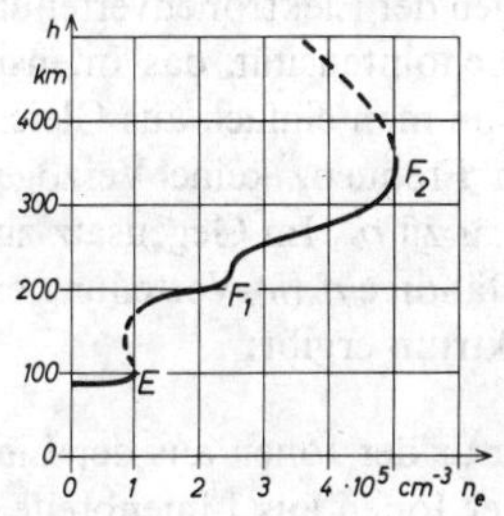

Fig. 111 Höhenverteilung der Elektronendichte n_e für Tagesstunden. Die *gestrichelt* gezeichneten Teile der Kurve werden mit der Ionosonde vom Erdboden aus nicht erfaßt.

Ionogrammen ablesen kann und die deshalb häufig zur Charakterisierung des Ionosphärenzustandes angegeben werden. Aus der Grenzfrequenz kann man f_0 und daraus die maximale Elektronendichte der Schicht berechnen.

Das eigentliche Ziel der Auswertung ist es jedoch, die $n_e(h)$-Verteilung aus der $h'(f)$-Kurve zu gewinnen (Fig. 111 aus Fig. 110). Dazu muß man eine Abelsche Integralgleichung lösen, die man aus der Gleichung (20.2) ableiten kann. Allerdings liefert das Ionogramm grundsätzlich nur Aussagen über die Schichtunterseiten. Die dazwischen und darüber liegenden Teile der $n_e(h)$-Verteilung (in Fig. 111 gestrichelt) bleiben unbestimmt.

Formal ist das Verfahren, nach welchem wahre Höhen berechnet werden, dem *Wiechert-Herglotz-Verfahren* (vgl. Kap. 4f) analog, welches in der Seismologie zur Berechnung der Geschwindigkeitsverteilung im Erdinnern benutzt wird. Nur geht man dort von der Laufzeit als Funktion der Herdentfernung aus, während hier die Frequenz der variable Parameter ist.

Seit 1961 benutzt man zum Studium der Ionosphäre an einigen Stellen der Erde die *inkohärente Rückstreuung.* Diese Methode erlaubt viel weitreichendere Aussagen aus Ionosphärenechos als die oben beschriebene. Man benötigt dazu aber Radargroßanlagen ähnlich denen, die in der Radioastronomie verwandt werden. Es gibt nicht viele solcher Anlagen; bekannte Beispiele sind Jicamarca in Peru und Arecibo auf Puerto Rico. Das Verfahren ist der in der Chemie häufig benutzten Resonanzspektrometrie verwandt.

Man arbeitet anders als bei der Ionosonde mit Frequenzen von etwa 100 MHz ($\gg f\text{o}\,F_2$). Beobachtet wird die Streuung der Wellen, die durch statistische Schwankungen der Elektronenverteilung hervorgerufen wird. Gemessen werden die Echointensität, das Intensitätsspektrum und die Laufzeit t. Die Höhe kann man einfach aus Gleichung (20.1) berechnen, da es wegen der hohen Frequenz keine Verzögerung gibt. Die Echointensität ist proportional zu n_e. Im Gegensatz zum Ionosondenverfahren erhält man die vollständige $n_e(h)$-Verteilung einschließlich der rückläufigen Teile. Das Spektrum ergibt:

T_i = Temperatur der Ionen aus der Linienbreite,
m_i = Masse der Ionen aus Linienbreite und -form,
T_e/T_i aus der Linienform.

Die Oberseite der Ionosphäre wird von *Satelliten-Ionosonden* (engl. topside-sounders) abgetastet. Der erste Satellit, der eine solche Anlage trug, war Alouette 1; er wurde am 29. September 1962 gestartet. Er beschrieb nahezu eine Kreisbahn in 1000 km Höhe, bei der sich die Höhen von Apogäum und Perigäum nur um 35 km unterschieden. Eine Satelliten-Ionosonde arbeitet im Prinzip genauso wie eine Ionosonde am Erdboden. Nur befindet sich die Sonde jetzt selbst inmitten des ionisierten Mediums. Deshalb treten mehrere, früher nicht beobachtete Effekte auf. Die *Fig. 112* zeigt ein schematisches Beispiel für ein Satellitenionogramm. Die scheinbare Entfernung h' des Satelliten von der Ionosphärenoberkante ist jetzt nach unten aufgetragen. Es gibt wieder einen ordentlichen und einen außerordentlichen Strahl. Die Spur des o-Strahls beginnt (mit vertikaler Tangente) bei der Plasmafrequenz f_{0S} am Ort des Satelliten. Im weiteren Verlauf läßt die Spur die Reflexion an der

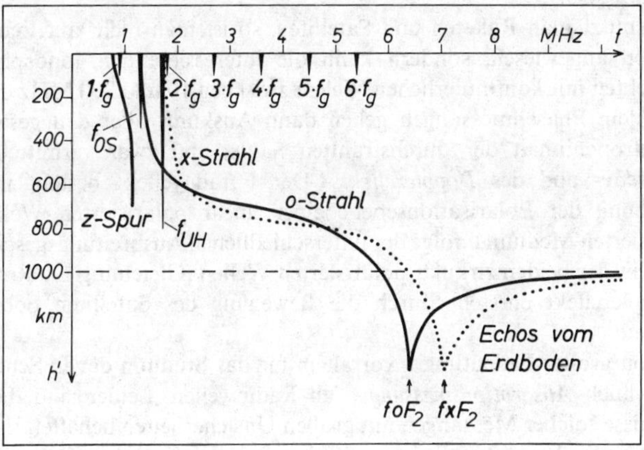

Fig. 112 Satellitenionogramm (schematisch). Der Satellit befindet sich 1000 km über dem Erdboden. h' ist nach unten aufgetragen. Außer dem x- und o-Strahl enthält das Ionogramm die z-Spur und die Resonanzspitzen (siehe Text).

Oberkante der F_2-Schicht erkennen. Bei der Frequenz foF_2 ist die Tangente wieder vertikal. Diese Frequenz stimmt mit der vom Boden aus gemessenen Grenzfrequenz der F_2-Schicht überein. Verzögerte Echos vom Erdboden ergeben eine Fortsetzung der Spur über foF_2 hinaus. Die Spur des x-Strahls verläuft ganz ähnlich wie die des o-Strahls. Ausgewertet werden Satelliten-Ionogramme nach den gleichen Methoden wie Bodenionogramme. Sie liefern die Form der Oberseite der F_2-Schicht.

Außer diesen beiden Strahlen beobachtet man die sogenannte z-Spur, die von der 2. Nullstelle in Gleichung (20.4) herrührt. Eine Besonderheit des Satelliten-Ionogramms sind die *Resonanzspitzen* (engl. spikes). Dabei handelt es sich einmal um Plasmaeigenschwingungen, die vom Satellitensender angeregt werden:

f_{0S} für Plasmabewegungen parallel zum Magnetfeld,

$\sqrt{f_{0S}^2+f_g^2}$ für Bewegungen senkrecht zum Magnetfeld
$= f_{UH}$ von engl. *u*pper *h*ybrid resonance

und zum anderen um die Oberschwingungen $n f_g$ ($n = 1, 2, \ldots$) der Gyrationsfrequenz.

Benutzt man Raketen und Satelliten, so ist man nicht auf Echoverfahren angewiesen, sondern kann die interessierenden Ionosphärenschichten mit kontinuierlichen Wellen zwischen 10 und 200 MHz durchstrahlen. Phasenmessungen geben dann Auskunft über den gesamten Elektroneninhalt der durchstrahlten Säule, und zwar vermittels des *Faraday-* und des *Dopplereffekts*. Der Faradayeffekt besteht in der Drehung der Polarisationsebene einer linear polarisierten Welle im ionisierten Medium infolge der unterschiedlichen Ausbreitungsgeschwindigkeit der beiden zirkular polarisierten Wellen (Gleichung 17.48a). Der Dopplereffekt entsteht durch die Bewegung des Satelliten oder der Rakete[1].

Von großer Bedeutung – vor allem für das Studium der D-Schicht – sind auch *Absorptionsmessungen* an Radiowellen. Leider sind die Ergebnisse solcher Messungen mit großen Unsicherheiten behaftet. Es geht darum, das Verhältnis der Amplituden vor und nach dem Durchlaufen der zu untersuchenden Schicht zu bestimmen. Für Messungen vom Boden aus ist man auf Wellen angewiesen, die an einer höheren Schicht (gewöhnlich der E-Schicht) reflektiert werden. Da sich die Amplitude der vertikal abgestrahlten Welle kaum messen läßt, benutzt man die zwischen E-Schicht und Erdboden zweimal hin- und hergelaufene Welle. In die Messung gehen dann aber die Reflexionskoeffizienten für Boden und E-Schicht ein. Ist der Erdboden eben und gut leitend, so liegt sein Reflexionskoeffizient nahe bei 1 und ist konstant. Die E-Schicht besitzt aber keine ebene Unterkante. Auch kleine Unebenheiten verursachen Fokussierung und Defokussierung der Wellen. Diese Effekte täuschen dann eine Änderung der D-Schichtabsorption vor. Durch Mittelung über Zeitintervalle von mindestens 15 Minuten versucht man diese Störungen zu eliminieren.

[1] Eine eingehende Darstellung beider Effekte findet man bei K. RAWER: Erforschung der Ionosphäre mit Radiowellen von Satelliten und Raketen. Phasen-Verfahren. Space Sci. Rev. 3 (1964) 380–432.

Besser ist es, wenn der Sender sich oberhalb der zu untersuchenden Schicht befindet. Man benutzt deshalb das von der Milchstraße kommende kosmische Rauschen im Frequenzbereich zwischen 10 und 50 MHz. In *Riometern* (Rio von engl. *r*elative *i*onospheric *o*pacity, opacity = Undurchsichtigkeit) wird das empfangene Rauschen mit dem Ausgang eines Rauschgenerators verglichen. So bekommt man eine kontinuierliche Registrierung der ionosphärischen Absorption. Riometer sind vor allem für das Studium der *PCA*-Effekte (siehe Kap. 20b) wichtig.

20b) *Die Ionosphärenschichten*

Die *Fig. 113* stellt – ungeheuer vereinfacht und stark überhöht – die Verteilung der Ionosphärenschichten auf der Erde dar. Eine E-Schicht beobachtet man nur auf der Tagseite der Erde. Dort spaltet sich die

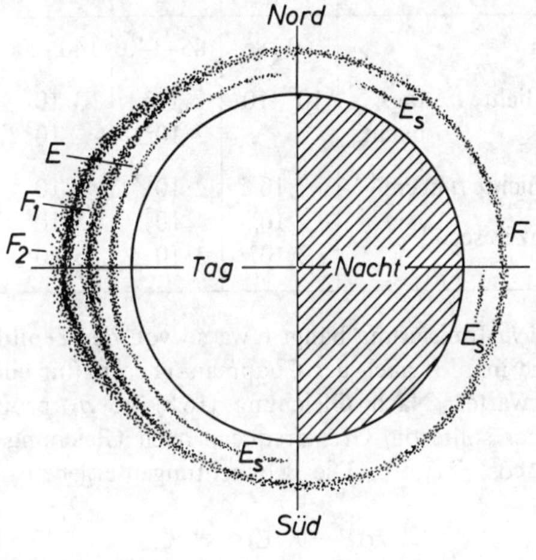

Fig. 113 Überblick über die Verteilung der Ionosphärenschichten auf der Erde (sehr stark vereinfacht). Die Höhen über der Erdoberfläche sind im Vergleich zum Erdradius rund 10fach überhöht.

F-Schicht in F_1 und F_2 auf. Sporadische E-Schicht-Ionisation (E_s) tritt gelegentlich (wie es der Name sagt) am magnetischen Äquator und in den Polgebieten, aber auch in gemäßigten Breiten auf. Die D-Schicht wurde in die Fig. 113 nicht aufgenommen. Ihre Ionisation liegt im allgemeinen weit unter der der anderen Schichten; nur während einer Sonneneruption und kurz danach erreicht sie größere Werte.

In der *Tabelle O* sind einige Daten für die Ionosphärenschichten zusammengestellt. Am Verhältnis von n_e zu n erkennt man, daß in allen Schichten die ionisierte Komponente nur einen Bruchteil des Gesamtgases ausmacht. Das ändert sich erst oberhalb der F_2-Schicht. In sehr großen Höhen ist dann praktisch das gesamte Gas ionisiert. Die Nachtwerte von n_e für die E- und F_1-Schicht sind so niedrig, daß man nachts nicht mehr von einer „Schicht" sprechen kann. Die angegebenen Werte von ν_e und ν_i sind „effektive Stoßfrequenzen" (vgl. Kap. 17b). Es handelt sich vor allem um Stöße zwischen geladenen Teilchen einerseits und neutralen andererseits.

Tabelle O: Ionosphärendaten

	D	E	F_1	F_2
Höhe in km	60–85	85–140	140–200	200–1000
Elektronendichte n_e in cm^{-3} tags	10^2–10^4	10^5	$3\cdot 10^5$	$5\cdot 10^5$
nachts	–	$2\cdot 10^3$	10^3	$3\cdot 10^5$
Neutralgasdichte n in cm^{-3}	10^{15}	$2\cdot 10^{12}$	10^{10}	10^{10}–10^6
Stoßfrequenz in sec^{-1} ν_e	10^7	10^5	$3\cdot 10^2$	$5\cdot 10$
ν_i	$2\cdot 10^5$	$3\cdot 10^2$	$6\cdot 10^0$	10^0

Die E-*Schicht*-Ionisierung hängt etwa so von der Zenitdistanz ζ der Sonne ab, wie man es nach der Chapman-Theorie (für eine α-Schicht, Kap. 16a) erwartet. Nach Gleichung (16.8) ist n_e proportional zu $\cos^{0,5}\zeta$. Daher sollte die Grenzfrequenz nach Gleichung (17.45) proportional zu $\cos^{0,25}\zeta$ sein. Die Beobachtungen ergeben

$$f\text{o}\,\text{E} = K(\text{E}) \cos^{0,3}\zeta. \tag{20.5}$$

Der Faktor K(E) hängt nicht mehr vom Sonnenabstand ab, wohl aber von der Zahl der Sonnenflecken. Zur Zeit des Fleckenmaximums ist sein Wert etwa 50% größer als im Minimum. Einen interessanten E-Schicht-Effekt beobachtet man bei Sonnenaufgang: Die Ionisierung beginnt nämlich noch nicht, wenn die Schicht aus dem Schatten des Erdkörpers auftaucht, sondern erst, wenn die Strahlen auch nicht mehr durch die Ozonschicht laufen. Daraus muß man schließen, daß für die

Ionisation Strahlung verantwortlich ist, die in der Ozonschicht absorbiert wird.

Die F_1-*Schicht* ist nur ein Anhängsel an der Unterseite der F_2-Schicht (vgl. Fig. 111)[1]. Deshalb ist es oft schwierig, foF_1 und fxF_1 zu bestimmen.

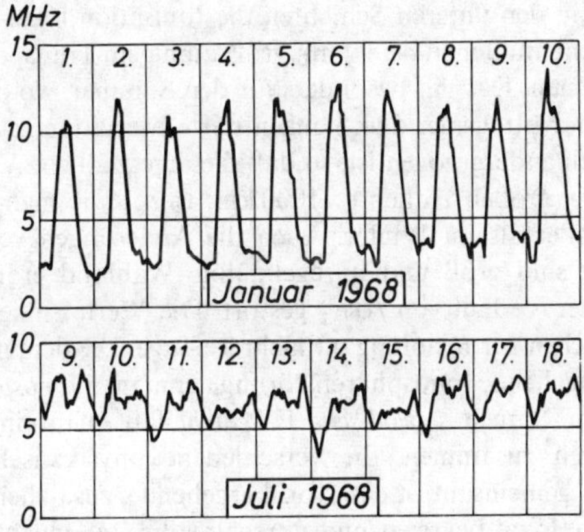

Fig. 114 Typische Tagesgänge von foF_2 im Winter und Sommer. Beobachtungen des Ionosphärenobservatoriums Lindau bei Northeim. Tagesbegrenzung nach Weltzeit. Entnommen aus Ionosphären-Bericht der Arbeitsgemeinschaft Ionosphäre, herausgegeben vom Deutschen Wetterdienst. Dieser seit 1953 erscheinende Bericht bringt laufend für jeweils 10 Tage die wichtigsten Daten über Sonnentätigkeit, Ionosphäre und erdmagnetische Aktivität. In den beiden dargestellten Dekaden traten nur leichte bis mäßige erdmagnetische Störungen auf. *Gestörteste* Tage: 1. Jan., 10. Juli; *ruhigste* Tage: 9. Jan., 9. Juli.

men. Doch folgen die Grenzfrequenzen recht gut dem nach der Theorie zu erwartenden Gesetz

$$foF_1 = K(F_1)\cos^{0,25}\zeta. \tag{20.6}$$

Das gilt sowohl für den täglichen als auch für den jahreszeitlichen Verlauf. Allerdings verschwindet die F_1-Schicht im Winter fast vollständig. Ähnlich wie $K(E)$ variiert auch $K(F_1)$ mit den Sonnenfleckenzahlen.

Der britische Ionosphärenphysiker J. A. Ratcliffe hat die E- und die F_1-Schicht einmal die "well-behaved layers" genannt. Dagegen zeigt die F_2-*Schicht* ein eigenwilliges und unerwartetes Verhalten. Aber wie

[1] Deshalb sprechen einige angelsächsische Forscher neuerdings auch nicht mehr – wie bei E und F_2 – von einer „F_1 layer", sondern von einer „F_1 ledge" = Gesims, Leiste, vorstehender Rand.

Studenten, die nicht immer die Formen wahren, gewöhnlich interessanter sind als die anderen, so ist auch das Verhalten der F_2-Schicht für den Geophysiker interessanter und aufschlußreicher. Der Tagesgang folgt auch nicht annähernd einem Gesetz, welches durch die Gleichungen (20.5) oder (20.6) beschrieben wird. Im Winter und im Sommer ist der Tagesgang sehr unterschiedlich *(Fig. 114)*.

Während in den unteren Schichten die Ionisation lokal entsteht und wieder vergeht, muß man bei F_2 mit großräumigem Transport ionisierter Materie rechnen. Das gilt besonders für den Sommer, wo die normalerweise um den Mittagsmeridian konzentrierte Ionisation zu einer flachen Schicht auseinandergezogen ist, so daß die tageszeitliche Variation sehr klein wird. In großen Höhen (>1000 km) ist n_e, wie man erwartet, im Sommer größer als im Winter. Auch die Änderungen von foF_2 von Tag zu Tag sind groß und unregelmäßig. Während erdmagnetischer Stürme ist der Verlauf von foF_2 gestört. Die Werte sinken im ganzen ab und brauchen zur Erholung oft mehrere Tage. Die dem magnetischen Sturm entsprechende Ionosphärenstörung nennt man *Ionosphären-Sturm*.

Unter dem Namen *sporadische* E-*Schicht* faßt man eine Reihe von Erscheinungen zusammen, die verschiedene physikalische Ursachen haben. Allen gemeinsam ist eine vorübergehende, zusätzliche Ionisation im E-Niveau, lokal begrenzt und unregelmäßig im Schichtaufbau. Das äquatoriale E_s bildet einen etwa 600 km breiten Gürtel um den magnetischen Äquator. In gemäßigten Breiten besteht E_s aus Wolken ionisierter Materie, die eine Dicke von etwa 10 km haben. Die Erscheinung dauert Minuten bis Stunden. Der Funkverkehr wird dadurch erheblich gestört. Polares E_s tritt im Zusammenhang mit Polarlichterscheinungen auf. Das tägliche Häufigkeitsmaximum liegt in der Polarlichtzone bei 22 h Ortszeit, innerhalb der Polkappe, aber zwischen 16 und 18 h Weltzeit. Zu dieser Zeit ist am geomagnetischen Pol Mittag. Die wichtigsten Ursachen für E_s sind Meteorstaub, der eine zusätzliche Ionisierung hervorruft, und Windscherung im E-Niveau. Letztere kann in folgender Weise eine Elektronenkonzentration bewirken: Die Beweglichkeit der Elektronen ist in Richtung des Magnetfeldes viel größer als senkrecht dazu. Wenn nun in verschiedenen Höhen entgegengesetzte, horizontale Winde wehen, so stellt sich bei geneigten Magnetfeldlinien je nach der Geometrie der Anordnung eine Ansammlung oder Verminderung der Elektronen (die bei der Bewegung den Feldlinien des Erdmagnetfeldes folgen) in dem Niveau ein, das zwischen den Winden gegensätzlicher Richtung liegt.

Erst Anfang der 60er Jahre ist es gelungen, Ionosphärenechos von der D-*Schicht* zu erhalten. Man benötigt dazu eine Sendefrequenz von etwa 50 kHz, also eine Wellenlänge von 6 km. Für solch große Wellenlänge ist es schwer ein geeignetes Antennensystem zu bauen. Die Versuche, D-Schichtechos zu bekommen, waren schließlich erfolgreich, nachdem man die Sendeleistung bis auf 200 kW gesteigert hatte. Reflexion ist eben nicht die starke Seite der D-Schicht, sie tritt vor allem als absorbierendes Medium in Erscheinung. Zwischen 60 und 85 km Höhe ist die Neutralgasdichte noch so groß, daß die auf die Elektronen von Radiowellen übertragene Energie größtenteils durch Stöße vernichtet wird. Deshalb ist die sich täglich bildende und nachts verschwindende D-Schicht der wichtigste Absorber in der Ionosphäre. Sie bewirkt auch die dem Laien bekannte Tatsache, daß man Radiowellen weit entfernter Sender nur abends oder nachts empfangen kann.

Will man quantitative Aussagen über die D-Schicht gewinnen, so muß man immer zugleich $n_e(h)$ und $\nu_e(h)$ bestimmen oder aber eine Annahme über die jeweils andere Größe machen. Für die höheren Schichten kann man dagegen den Einfluß der Stöße in erster Näherung vernachlässigen. Bei Sonneneruptionen beobachtet man eine mehr als 100fache Verstärkung der Elektronendichte in der D-Schicht. Sie wird aber durch solare Röntgenstrahlung (2 bis 8 Å) hervorgerufen. Man nennt diese Verstärkung, die gleichzeitig mit der sichtbaren Eruption einsetzt und 15 Min. bis 2 Std. andauert (wie der magnetische *sfe*, Kap. 19e), einen *Mögel-Dellinger-Effekt*[1]. Er hat zwei verschiedene Wirkungen auf die Radiowellenausbreitung: 1. Im Kurzwellenbereich tritt eine zusätzliche Absorption und damit eine Abnahme der Empfangsfeldstärke auf; bei starken Effekten wird der Funkverkehr ganz unterbrochen. 2. Im Lang- und Längstwellenbereich ergibt sich statt dessen eine Feldstärkezunahme. Für diese Wellen bildet die verstärkte D-Schicht einen Reflektor. Werden die Wellen an ihm statt an der E-Schicht reflektiert, so unterliegen sie nicht mehr der normalen D-Schicht-Absorption. Da sehr lange Radiowellen vor allem von Gewittern ausgesandt werden, beobachtet man beim Mögel-Dellinger-Effekt eine starke Zunahme der Gewitterstörungen (engl. atmospherics, auch kurz: sferics) im Bereich zwischen 2 und 500 kHz[2].

Gelegentlich stellt sich im Anschluß an eine Sonneneruption – aber mit einer Verspätung von einer halben bis zu vier Stunden – ein Absorptionseffekt in den Polargebieten ein, der *PCA-Effekt* genannt wird (von

[1] Im angelsächsischen Schrifttum wird diese Benennung nach den Entdeckern sehr selten benutzt. Man spricht statt dessen von sudden ionospheric disturbance *(SID)* oder auch solar flare effect *(SFE)*.

[2] Zusammenstellungen der verschiedenen Störungsformen der tiefen Ionosphäre an Hand konkreter Beispiele findet man in den Aufsätzen von E. A. Lauter, G. Entzian und R. Knuth, Z. Meteorol. **14** (1960) 275–286 und E. A. Lauter, Z. Meteorol. **18** (1966) 201–211.

engl. *p*olar *c*ap *a*bsorption). *PCA*-Effekte bewirken Totalausfall der Kurzwellenausbreitung über die Polgebiete hinweg. Innerhalb des betroffenen Gebietes mißt man den Effekt am besten mit Riometern (vgl. Kap. 20a). Der Effekt hält mehrere Tage an. Verursacht wird er durch solare Protonen, die mit der großen Geschwindigkeit von etwa 50000 km/sec von der Sonne kommen (nicht zu verwechseln mit den wesentlich langsameren Partikeln, die den *ssc* auslösen, vgl. Kap. 19a). Teilchen solch hoher Energie rechnet man schon zur Kosmischen Strahlung.

Ergänzende Literatur zu Kap. 20:

Gute Einführungen sind:

K. Rawer: Die Ionosphäre. Groningen, Holland 1953.

K. Davies (Herausg.): Ionospheric Radio Propagation. Washington, D.C. 1965.

Zur Fortbildung sind besonders zu empfehlen PU, GP (Literaturverzeichnis Kap. 29) und der Artikel "Radio-Observations of the Ionosphere" von K. Rawer und K. Suchy in PH **49, 2** (1967) 1–546. Eine tabellarische Zusammenstellung der wichtigsten Fakten bringt der Artikel „Ionosphäre" von W. Dieminger in LB **3** (1952) 718–728.

Lunare Variationen in der Ionosphäre wurden hier nicht behandelt. Es gibt einen neuen zusammenfassenden Artikel:

S. Matsushita: Lunar Tides in the Ionosphere. PH (Literaturverzeichnis Kap. 29) **49, 2** (1967) 547–602.

Ein weiteres wichtiges Gebiet, welches hier nicht behandelt wurde, obwohl es zur Zeit im Brennpunkt der Forschung steht, ist: „Ionosphärische Driften". Einzelheiten hierüber findet man in dem oben erwähnten Handbuchartikel von K. Rawer und K. Suchy, S. 400–442.

21. *Die Kosmische Strahlung*

Die Entdeckung der Kosmischen Strahlung läßt sich auf den Tag genau angeben: Am 7. August 1912 führte der österreichische Physiker Victor F. Hess (1883–1964) in der Gondel eines Freiballons Messungen mit einer Ionisationskammer aus. Ziel dieser Messungen war es herauszufinden, wodurch die stets beobachtete Ionisation der Luft in abgeschlossenen Gefäßen hervorgerufen würde. Man wußte, daß die Gammastrahlung der radioaktiven Isotope im Erdboden eine Ionisation der Bodenluft hervorruft. In den abgeschlossenen Gefäßen stellte sich die Ionisation aber auch ein, wenn man für eine Abschirmung mit dicken Bleiplatten sorgte, die frei von radioaktiven Verunreinigungen waren. Es mußte deshalb eine unbekannte, durchdringende, ionisierende Strahlung existieren. Entstammte diese Strahlung dem Erdboden, so würde ihre Wirkung beim Aufstieg des Ballons abnehmen. Heß beobachtete auch eine Abnahme der Ionisierungskräfte in den unteren 700 m. Beim weiteren Aufstieg nahm die Ionisierungsstärke aber wieder zu, und zwar so, daß beim Erreichen der Gipfelhöhe in 5300 m noch kein Ende der Zunahme abzusehen war. Heß schloß aus seinen Beobachtungen auf das Vorhandensein einer von außen in die Erdatmosphäre eindringenden Strahlung von höherem Durchdringungsvermögen als dem der Gammastrahlen.

Heß' Hypothese rief mancherlei Widerspruch hervor, regte aber zu weiteren Messungen in immer größeren Höhen an. Dabei wurde die Existenz der *Heßschen Strahlung* eindeutig bewiesen. Zunächst besonders mißtrauisch, hernach aber sehr erfolgreich in den Beobachtungen war der Amerikaner R. A. MILLIKAN (1868–1953). Von ihm stammt auch der Name *Kosmische Strahlung.*

Eine Beschreibung der Meßgeräte müssen wir uns auch in diesem Kapitel versagen. Erwähnt werden soll lediglich das von W. KOLHÖRSTER (1887–1946) erfundene Zählrohr-Teleskop. Es gestattet, die Richtung der ankommenden Strahlung mit zwei (oder mehr) übereinander angeordneten Zählrohren zu bestimmen, und zwar dadurch, daß nur solche Ionisierungen gezählt werden, die in beiden Zählrohren gleichzeitig auftreten. Die Energie der ankommenden Strahlung kann in solchen Anlagen durch Einfügung von Absorptionsschichten sowie durch ablenkende Magnetfelder ermittelt werden. Außer den Zählrohr-Teleskopen wurden bei der Erforschung der Kosmischen Strahlung viele Geräte entwickelt, die der Kernphysik später zugute kamen.

Überhaupt hat die Physik großen Nutzen aus dem Studium der Kosmischen Strahlung gezogen. Das gilt besonders für die Elementarteilchenphysik. Es stellte sich nämlich heraus, daß die Kosmische Strahlung nicht, wie Heß zunächst vermutet hatte, ins Spektrum der elektromagnetischen Wellen jenseits der Gammastrahlen einzureihen ist, sondern daß es sich primär um sehr energiereiche kosmische *Partikel* handelt. Beim Studium der Kosmischen Strahlung entdeckte man 1932 das *Positron*, 1937 die μ-*Mesonen*, 1946 die π-*Mesonen* und 1948 die *Hyperonen*.

Den Geophysiker interessieren vor allem die Vorgänge beim Eintritt in die Erdatmosphäre, die Ablenkung der geladenen Primärteilchen im Erdmagnetfeld und die zeitlichen Variationen. Die Frage der Herkunft der Kosmischen Strahlung ist noch nicht restlos geklärt. Vermutlich spielen bei der Entstehung die Supernovae eine wichtige Rolle. Auch die Wechselwirkungen mit galaktischer Materie und galaktischen Magnetfeldern bedürfen weiterer Erforschung. Vieles spricht dafür, daß die Kosmische Strahlung in Zukunft immer stärker zu einem unentbehrlichen Hilfsmittel der Astrophysik wird.

Man darf die Kosmische Strahlung nicht mit der Partikelstrahlung verwechseln, die wir als Ursache der erdmagnetischen Störungen (vgl. Kap. 19 g) kennengelernt haben. Bei der Kosmischen Strahlung ist die Energie der Einzelteilchen sehr viel größer, der Teilchenstrom jedoch erheblich kleiner.

21 a) *Primär- und Sekundärstrahlung*

In mittleren Breiten erzeugt die Kosmische Strahlung in der Luft am Erdboden durchschnittlich 2 Ionenpaare/cm³ sec[1]. Die Ionisierungsstärke (bezogen auf Luft unter Bodenbedingungen) nimmt mit der Höhe zunächst zu, erreicht bei etwa 20 km ein Maximum. Zu größeren Höhen hin nimmt sie wieder ab und erreicht schließlich einen konstanten Wert von etwa 150 Ionenpaare/cm³ sec *(Fig. 115)*.

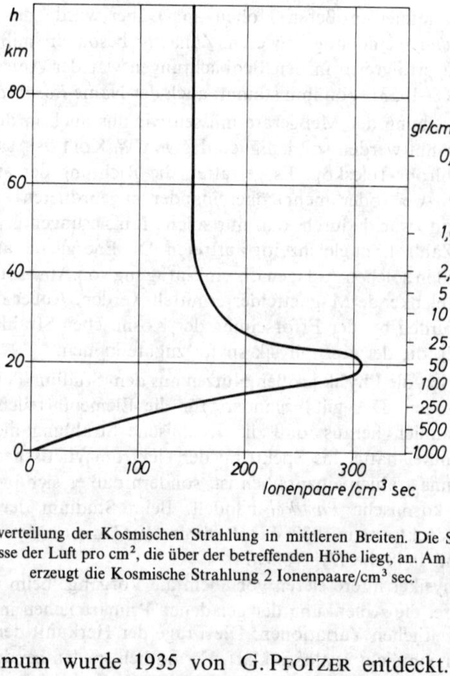

Fig. 115 Höhenverteilung der Kosmischen Strahlung in mittleren Breiten. Die Skala am *rechten* Rand gibt die Masse der Luft pro cm², die über der betreffenden Höhe liegt, an. Am Erdboden ($h=0$) erzeugt die Kosmische Strahlung 2 Ionenpaare/cm³ sec.

Das Maximum wurde 1935 von G. PFOTZER entdeckt. Seine Entstehung kann man durch die Bildung von Sekundärstrahlung in der Atmosphäre erklären: Der konstante Wert weit oberhalb des Maximums (Fig. 115) entspricht der Intensität der Primärstrahlung. Beim Auftreffen

[1] Über dem Festland entstehen in der bodennahen Luft durch die radioaktive Ausstrahlung des Erdbodens (vor allem durch Gammastrahlung) 3,5 und durch den Zerfall radioaktiver Luftisotope (vorwiegend Alphastrahlung) 2, insgesamt also 7,5 Ionenpaare/cm³ sec. Die Wirkung der Erd- und Luftstrahlung klingt nach oben ab und ist in etwa 1000 m Höhe verschwunden. Über dem Meer wirkt nur die Kosmische Strahlung.

auf die atmosphärischen Gasteilchen entsteht durch Kernprozesse die Sekundärstrahlung. Deshalb nimmt mit zunehmender Luftdichte die Gesamtstrahlung zunächst zu, bis das Pfotzermaximum erreicht ist. Darunter überwiegt der Einfluß der Absorption über die Zunahme durch Bildung weiterer Sekundärstrahlung. Die Erzeugung der Sekundärstrahlung gleicht qualitativ der Ionisation in der Atmosphäre (Fig. 79). Unterschiedlich ist aber bei der Kosmischen Strahlung die Existenz des konstanten Wertes in großen Höhen. Bis zum Erdboden ist die Primärstrahlung völlig absorbiert, man beobachtet nur noch Sekundärstrahlung.

Maßgebend für die *Absorption* der Strahlung in einer bestimmten Luftschicht ist das Produkt aus Dicke und Dichte der absorbierenden Schicht. Das entspricht der Masse pro Einheitsfläche (gr/cm^2). Am rechten Rand von Fig. 115 sind die von der jeweiligen Höhe bis zum oberen Rand der Atmosphäre aufsummierten Produkte $\rho(z) \cdot \delta z$ angegeben. (Die Zahlenwerte entsprechen recht genau dem Luftdruck in mbar.)

Außer vom absorbierenden Medium hängen die Absorptionsverluste von der Art und der Energie der einfallenden Teilchen ab. Die Energien der Primärteilchen liegen zwischen 10^9 und 10^{18} eV. In diesem Bereich fällt ihre Anzahl pro cm^2, sec und Raumwinkel von etwa 10^{-1} auf 10^{-15}. Mit diesen Werten berechnet man für das gesamte Spektrum der Kosmischen Strahlung einen Energiestrom von 10^{-8} cal/cm$^2 \cdot$ Min. Das ist etwa der gleiche Betrag, den das gesamte Sternlicht liefert. Die Strahlung fällt isotrop ein (siehe Kap. 21 c), was für die Frage nach ihrem Ursprung von Bedeutung ist.

Die Primärstrahlung besteht in der Hauptsache aus Protonen und wenigen schwereren Ionen. In der Atmosphäre werden eine Reihe verschiedener Kernprozesse ausgelöst. Deshalb beobachtet man am Boden Sekundärstrahlung unterschiedlicher Art und Energie. Die meisten Sekundärteilchen sind instabil und zerfallen auf dem Weg zum Erdboden. Man unterscheidet: 1. Die *Nukleonenkomponente.* Sie besteht aus Protonen und Neutronen. Sie löst beim Durchqueren der Atmosphäre weitere Kernprozesse aus und ist z. B. auch für die Bildung von C^{14} und H^3 (vgl. Kap. 3 e) verantwortlich. 2. Die *harte Komponente.* Sie besteht aus μ-Mesonen und geht beim Durchqueren einer 1 m dicken Bleiplatte erst auf die Hälfte zurück. Sie kann deshalb auch noch am Grund von tiefen Seen gemessen werden. 3. Die *weiche Komponente.* Sie besteht aus Elektronen und Photonen und wird von 15 cm Blei praktisch völlig absorbiert. 4. Der *Neutrinostrom.* Daß dieser existiert, schließt man aus den Zerfallsgesetzen. Da die Wechselwirkung zwischen

Neutrinos und Materie nur äußerst schwach ist, ist es sehr schwer, diesen Strom zu messen. Bisher sind nur erste Ansätze vorhanden[1].

Die Sekundärstrahlung hängt in komplizierter Weise vom *Luftdruck* und der *Lufttemperatur* ab, wobei nicht nur die Temperaturen am Boden, sondern die gesamte Temperaturhöhenverteilung bis zum Pfotzermaximum von Bedeutung ist. Im allgemeinen gilt: Je höher die Temperatur, desto höher liegt das Produktionsniveau und desto größer ist die Chance des Zerfalls vor Erreichen des Erdbodens. Einer Druckerhöhung am Boden entspricht eine Zunahme der Absorption und Verringerung der Strahlung. Am übersichtlichsten sind diese atmosphärischen Prozesse für die Neutronenkomponente. Für sie ist der Einfluß der Atmosphäre berechenbar. Man benötigt lediglich eine genaue Kenntnis der Luftdruckvariationen am Ort des Neutronenzählers, um die in der Atmosphäre erzeugten Variationen eliminieren zu können. Da die Neutronenkomponente außerdem vorwiegend aus dem niederenergetischen Teil des Spektrums der Primärstrahlung hervorgeht, sind ihre Variationen hervorragend geeignet, Veränderungen im interplanetaren Raum (unbeeinflußt von atmosphärischen Vorgängen) anzuzeigen (siehe Kap. 21 c).

21 b) *Einfluß des Erdmagnetfeldes*

An zwei Stellen dieses Buches (Kap. 17 a und Kap. 19 h) war schon die Rede von STÖRMERS Rechnungen über den Einfall geladener Einzelteilchen in ein Dipolfeld. Zwar erwiesen sich Störmers Rechnungen als ungeeignet für ihre ursprüngliche Bestimmung, die Erklärung der Polarlichter. Den Einfall der Kosmischen Strahlung beschreiben sie dagegen vollkommen. Die Störmertheorie kann hier nicht dargestellt werden. Sie wird in zahlreichen Lehrbüchern behandelt, am ausführlichsten und klarsten in dem am Schluß von Kap. 18 zitierten Buch von Störmer. In diesem Abschnitt sollen einige wichtige Begriffe erläutert werden, die helfen, den Einfluß des Erdmagnetfeldes auf die Teilchen der Kosmischen Strahlung zu verstehen.

Um die Beobachtungen der Kosmischen Strahlung zu deuten, ist es zweckmäßig, die Störmerbahnen in Gedanken umzukehren und von ihrem Auftreffpunkt auf der Erde aus zurückzuverfolgen (Beispiele solcher Bahnen findet man in *Fig. 116*). Die Frage lautet dann: Wohin führt eine Bahn, die von einem gegebenen Ort der Erdoberfläche unter einem bestimmten Winkel ausgeht? Es gibt Bahnen, die immer in der Nähe der Erde bleiben oder sogar wieder zu ihr zurückkehren. Das

[1] F. REINES, Science **141** (1963) 778–783; J. N. BAHCALL, Science **147** (1965) 115–120.

sind für die Kosmische Strahlung *verbotene* Bahnen. Alle anderen Bahnen, die sich endgültig von der Erde entfernen, sind *erlaubt*, da die Richtungsverteilung der primären Strahlung außerhalb des Einflußbereiches des Erdmagnetfeldes isotrop ist.

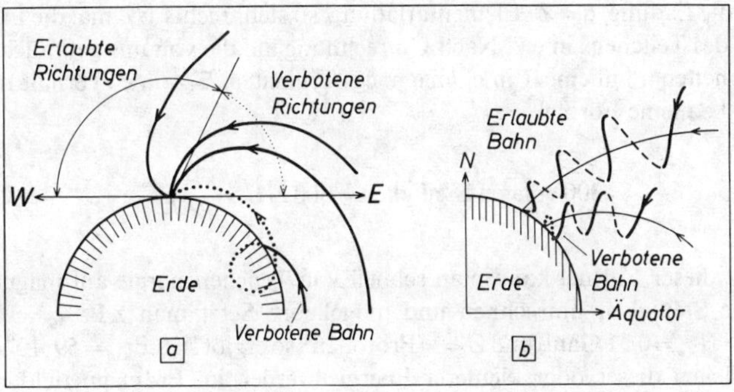

Fig. 116 Einfluß des Erdmagnetfeldes auf die Kosmische Strahlung. *a)* Bahnen positiver Teilchen in der Äquatorebene (Blick nach Norden). Die Grenze zwischen *verbotenen* und *erlaubten* Richtungen hängt von der Energie der Teilchen ab. *b)* Bahnen in einer Meridianebene.

Um eine Vorstellung von der Beeinflußbarkeit der Teilchen unterschiedlicher Energie durch das Magnetfeld zu bekommen, führt man den Begriff der *magnetischen Steifigkeit* (engl. magnetic rigidity) ein. Dieser Parameter ist dem Schubmodul (vgl. Kap. 4c) verwandt. Bei gegebener Magnetfeldstärke H ist die Steifigkeit um so größer, je kleiner die Krümmung $1/r_g$ (r_g = Gyrationsradius) der Teilchenbahn ist. Man definiert

$$\text{Magn. Steifigkeit} = r_g H = \frac{m v_\perp}{|q|} = \frac{p_\perp}{|q|} \qquad (21.1)$$

(nach Gleichung 17.3),

wobei $p_\perp$ den Impuls des Teilchens bezeichnet. Ohne Ableitung sei erwähnt, daß diese Formel unter Verwendung des Impulses auch noch für relativistische Teilchen gilt, d.h. Teilchen, deren Geschwindigkeit nahe an die Lichtgeschwindigkeit c herankommt. Dann muß man den Impuls berechnen nach

$$p = \frac{m_0}{\sqrt{1 - v^2/c^2}}\, v \quad \text{mit } m_0 = \text{Ruhemasse}\,. \qquad (21.2)$$

Für relativistische Teilchen ist die kinetische Energie $E_{kin} \approx pc$. Multipliziert man deshalb die Gleichung (21.1) mit c, so erhält man

$$c r_g H = \frac{E_{kin}}{|q|}. \tag{21.3}$$

Ist die Ladung $q = Z \cdot$ Elementarladung, so steht rechts $1/Z$ mal die Energie des Teilchens in eV. Nach Umrechnung auf die von uns gebrauchten Einheiten (r_g in cm, H in el. magn. cgs-Einheiten, E_{kin} in eV) erhält man die bequeme Formel

$$300 \cdot \text{magn. Steifigkeit} = 300\, r_g H = \frac{1}{Z} E_{kin}. \tag{21.4}$$

Mit dieser Formel kann man schnell von Teilchenenergie auf magnetische Steifigkeit umrechnen und umgekehrt. Setzt man z.B. $r_g = 1\,R_E$, $H = H_{Äq} = 0{,}31$ Gauß und $Z = 1$ (Protonen), so ergibt sich $E_{kin} = 59 \cdot 10^9$ eV. Teilchen dieser oder kleinerer Energie werden im Erdmagnetfeld verhältnismäßig stark abgelenkt. Teilchen größerer Energie besitzen eine größere „Steifigkeit" und werden wenig beeinflußt.

An jedem Ort gibt es für Teilchen einer bestimmten Energie verbotene und erlaubte Richtungsbereiche. Dadurch ergeben sich mehrere Besonderheiten der geographischen und der Richtungsverteilung der am Erdboden beobachteten Kosmischen Strahlung, die mit den Namen Breiten-, Längen-, Ost-West- und Nord-Süd-Effekt bezeichnet werden.

Die Behinderung der Teilchen durch das Magnetfeld hängt ab: 1. vom Weg, den sie quer zu den Magnetfeldlinien zurücklegen müssen, 2. von der magnetischen Feldstärke. Deshalb existiert zu jeder *geomagnetischen Breite* eine Teilchenenergie, bei der das Spektrum abgeschnitten zu sein scheint (die Abschneideenergie, engl. cut-off energy), weil nämlich Teilchen mit einer geringeren Energie die Erdoberfläche nicht erreichen können. Am magnetischen Äquator ist die Abschneideenergie $15 \cdot 10^9$ eV, an den Polen ist sie natürlich Null. Bei der Deutung des beobachteten Breiteneffektes muß man aber die atmosphärischen Prozesse mit berücksichtigen. Am einfachsten verhält sich die Neutronenkomponente. Bei ihr wirkt lediglich eine exponentielle Absorption. Alle Partikel, auch die an den Polen einfallenden, müssen eine gewisse Mindestenergie haben, damit die Sekundärstrahlung den Erdboden noch erreichen kann. Deshalb steigt die beobachtete Intensität von einer bestimmten Breite ab nicht weiter an; die Intensitäts-Breitenkurve bildet ein *Knie*, wie man es in *Fig. 117* sieht.

Die Intensität der Kosmischen Strahlung hängt auch von der *geomagnetischen Länge* ab, weil das magnetische Innenfeld der Erde vom Feld eines zentrischen Dipols abweicht. Am Schluß von Kap. 8c hatten wir gesehen, daß ein exzentrischer Dipol eine bessere Näherung für das Erdmagnetfeld darstellt. Berücksichtigt man diese Exzentrizität, so kann man den beobachteten Längeneffekt zwanglos erklären.

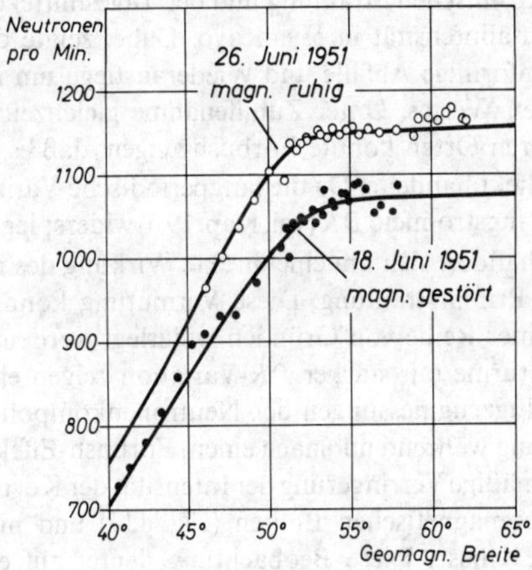

Fig. 117 Breitenabhängigkeit der Kosmischen Strahlung. Flugzeugmessungen an je einem Tage mit (18. Juni 1951, $Ap = 54$) und ohne (26. Juni 1951, $Ap = 14$) *Forbush-Effekt*.

Der *Ost-West-Effekt* beruht auf dem Vorzeichen der Ladung der Primärteilchen. Da diese fast ausnahmslos positiv geladen sind, ergibt sich ein beachtlicher Westüberschuß (Erklärung nach Fig. 116a). In höheren Breiten gibt es auch einen Effekt in Meridianrichtung: Man erhält einen leichten Überschuß an (energiearmen) Teilchen, die vom Äquator her einfallen (Erklärung nach Fig. 116b). Man nennt diese Wirkung des Magnetfeldes den *Nord-Süd-Effekt*.

In diesem Abschnitt haben wir die Erde mit ihrem Magnetfeld und der absorbierenden Atmosphäre als ein riesiges Geschwindigkeitsspektrometer für die Partikel der Kosmischen Strahlung kennengelernt. Das Magnetfeld erfaßt zwar nur einen verhältnismäßig schmalen Bereich des ganzen Energiespektrums, in ihm liegen aber 90% aller Teilchen. Der Fluß der energiereicheren Teilchen wurde mit Hilfe von unterirdischen Zählanlagen und durch Auswertung der Beobachtungen von Luftschauern bestimmt.

21 c) *Variationen*

Die auffallendsten zeitlichen Variationen der Kosmischen Strahlung treten im Zusammenhang mit solaren Ereignissen auf, nämlich: Forbush-Effekte und Eruptionen hochenergetischer Protonen.

1937 entdeckte S. E. FORBUSH bei einer Folge von magnetischen Stürmen zwischen dem 24. und 27. April 1937 einen parallelen Verlauf der Intensität der Kosmischen Strahlung und der Tagesmittel der erdmagnetischen Horizontalintensität in Huancayo. Dabei zeigte die Kosmische Strahlung stufenförmige Abfälle und Wiederanstiege um insgesamt 6 % ihres ungestörten Wertes. Unter Zuhilfenahme gleichzeitiger Beobachtungen an anderen Orten konnte Forbush zeigen, daß es sich nicht um einen lokalen Effekt handelte. Da die langperiodische Variation von H in Huancayo das Ringstromfeld *DR* (vgl. Kap. 19 h) widerspiegelt, lag der Gedanke nahe, es handele sich um eine direkte Wirkung des *DR*-Feldes auf die Kosmische Primärstrahlung. Diese Vermutung konnte aber in der Folgezeit aus einer Reihe von Gründen widerlegt werden: 1. Nicht alle magnetischen Stürme mit starker *DR*-Variation zeigen einen Forbush-Effekt. 2. Bei Flugzeugmessungen der Neutronenkomponente der Kosmischen Strahlung während und nach einem Forbush-Effekt beobachtete man eine gleichmäßige Verringerung der Intensität der Kosmischen Strahlung für alle geomagnetischen Breiten (Fig. 117) und nicht eine Verschiebung des „Knies". Diese Beobachtung deutet auf eine Verringerung des Gesamtflusses der Kosmischen Strahlung hin und nicht auf die Wirkung eines veränderten Magnetfeldes; denn eine solche Variation hätte notwendigerweise eine Verschiebung des Knies mit sich gebracht. 3. Mit der Raumsonde Pioneer V beobachtete man 1960 einen Forbush-Effekt im Abstand von 5 Millionen km von der Erde. Der Effekt war mit einer Zunahme des Magnetfeldes am Ort der Sonde verbunden. Der Ausgangswert betrug einige gamma und der Endwert 40 gamma. Wir wissen heute, daß Forbush-Effekte durch die von einer solaren Partikelwolke mitgeführten Magnetfelder verursacht werden. In diesem Buch werden weitere Einzelheiten im Zusammenhang mit der Beschreibung der Vorgänge im interplanetaren Raum (Kap. 23 a, dort Fig. 126) gebracht werden.

Viel seltener als Forbush-Effekte sind Sonneneruptionen, die von einem *Ausbruch solarer Kosmischer Strahlung* begleitet sind. In *Fig. 118* ist einer der stärksten Effekte dieser Art dargestellt. Wie man sieht, war die Neutronenkomponente damals auf den über 20fachen Normalwert angestiegen. Das Energiespektrum erstreckte sich bis zu $50 \cdot 10^9$ eV hinauf. Interessanterweise wurde der Strahlungsanstieg auch an Stationen beobachtet, die auf normalen Störmerbahnen von der Sonne zur Erde gar nicht hätten erreicht werden können. An solchen Stationen war der Effekt weniger stark, setzte 6 Min. später ein und erreichte sein Maximum erst eine halbe Stunde später als an den direkt zugänglichen Stationen. Auch diese Beobachtungen kann man durch die Einwirkung interplanetarer Magnetfelder erklären (siehe Kap. 23a).

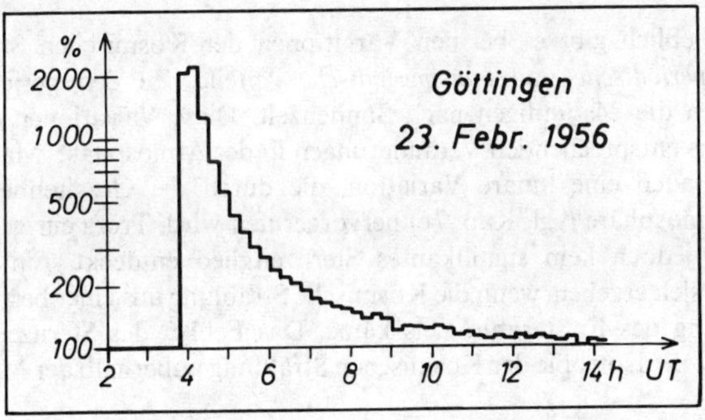

Fig. 118 Protoneneruption am 23. Febr. 1956. Variation der Neutronenkomponente. Der Zähler schrieb die Gesamtimpulszahl pro 15 Minuten auf. Der Anstieg erfolgte innerhalb eines solchen Viertelstundenintervalles. Der Normalwert (=100%) betrug 2140 Impulse/15 Min.

Neuerdings spricht man treffender von *Protoneneruptionen* statt von Ausbrüchen solarer Kosmischer Strahlung. Der erste Effekt dieser Art wurde 1942 beobachtet. Seitdem wurden bis jetzt (1969) rund 20 Protoneneruptionen registriert. Die wichtigsten von ihnen sind:

28. Febr. 1942,	4. Mai 1960,
19. Nov. 1949,	15. Nov. 1960,
23. Febr. 1956,	7. Juli 1966.
17. Juli 1959,	

In der Literatur findet man Zusammenstellungen der einschlägigen Beobachtungen. Besonders eingehend wurde die an letzter Stelle genannte untersucht. Ihr ist ein ganzes Buch gewidmet: The Proton Flare Project (The July 1966 Event). Annals of the IQSY **3** (1969). – Die Eruption vom 23. Febr. 1956 ist im Kap. 5a unter den Daten der „Größtversuche, die die Natur ausführte", schon erwähnt worden.

In der Ionosphäre wirken sich solche Protoneneruptionen als *PCA*-Effekte (vgl. Schluß von Kap. 20b) aus. Für die Weltraumfahrt sind sie wegen der erhöhten Strahlenbelastung gefährlich. Möglicherweise bilden sie auch schon für die immer höher fliegenden Flugzeuge eine ernst zu nehmende Gefahr, vor allem für die Besatzungen, die einer solchen Strahlenbelastung unter Umständen mehrmalig ausgesetzt sind. Deshalb sollen diese Effekte in den nächsten Jahren in einem internationalen Forschungsprogramm eingehend untersucht werden. Vor allem wünscht man sich eine Vorhersagemöglichkeit für Protoneneruptionen.

Schließlich gibt es bei den Variationen der Kosmischen Strahlung auch *periodische* und *quasiperiodische* Anteile. Zu den periodischen gehören die 24stündigen nach Sonnenzeit. Diese Variationen ergeben sich aus entsprechenden Veränderungen in der Atmosphäre. Man beobachtet auch eine lunare Variation, die durch die Gezeitenbewegung der Atmosphäre (vgl. Kap. 7c) hervorgerufen wird. Trotz eifriger Suche wurde jedoch kein signifikantes Sternzeitglied entdeckt. Ein solches müßte sich ergeben, wenn die Kosmische Strahlung aus einer bestimmten Richtung des Fixsternhimmels käme. Das Fehlen des Sternzeitgliedes beweist die Isotropie der Kosmischen Strahlung außerhalb der Magnetosphäre.

Quasiperiodisch ist die 27tägige Variation der Kosmischen Strahlung. Wie die entsprechenden Variationen der erdmagnetischen Aktivität hält sie einige Sonnenrotationen lang an und beginnt dann wieder mit anderer Phase. Offenbar ist sie mit der Verteilung der Flecken und Eruptionsgebiete auf der Sonne verknüpft. Entsprechend spiegelt sich auch der 11jährige Sonnenfleckenzyklus in den Variationen der Kosmischen Strahlung wider.

Die Kosmische Strahlung unterliegt nur im letzten Stück ihres Weges den Einflüssen des Erdmagnetfeldes und der Atmosphäre. Wie wir gesehen haben, gestatten diese geophysikalischen Effekte die Ermittlung des Energiespektrums der Strahlung und die Erklärung ihrer geographischen und Richtungsverteilung. Zur Interpretation der hauptsächlichsten Zeitvariationen muß man aber Vorgänge im interplanetaren Raum heranziehen (siehe Kap. 23a).

Zur weiteren Beschäftigung mit der Kosmischen Strahlung zu empfehlen

G. Pfotzer: Kosmische Strahlung. In: FL (Literaturverzeichnis Kap. 29) **20** (1960) 173–196.

B. Rossi: Cosmic Rays. New York-San Francisco-Toronto-London 1964.

A. EHMERT: Die Kosmische Strahlung in der Geophysik. In: KG (Literaturverzeichnis Kap. 29) 1962, 343–385.
S. E. FORBUSH: Time-Variations of Cosmic Rays. In: PH (Literaturverzeichnis Kap. 29) **49, 1** (1966) 159–247.

Das Buch von Rossi führt in anschaulicher Weise in das Gesamtgebiet der Kosmischen Strahlung ein. Im Gegensatz zum vorstehenden Kapitel werden außer den geophysikalischen auch die rein physikalischen und astrophysikalischen Aspekte der Kosmischen Strahlung ausgiebig berücksichtigt. Wegen dieser Aspekte sei ferner hingewiesen auf

W. HEISENBERG (Herausg.): Vorträge über Kosmische Strahlung. Berlin-Göttingen-Heidelberg 1953.
PH (Literaturverzeichnis Kap. 29) **46/2** K. SITTE (Herausg.): Kosmische Strahlung II, (1967).

SONNE, INTERPLANETARER RAUM UND MAGNETOSPHÄRE

In den vorangehenden Kapiteln wurde wiederholt auf den Einfluß der Sonnenaktivität hingewiesen, im Auftreten von Polarlicht, bei den erdmagnetischen Variationen, den Veränderungen der Ionosphärenschichten und den Zeitvariationen der Kosmischen Strahlung ist er vorhanden. Er macht sich um so stärker bemerkbar, je höher man in der Atmosphäre steigt. Das ist auch kein Wunder; denn, wie wir sehen werden, bewegt sich die Erde auf ihrer jährlichen Bahn um die Sonne immer in der äußeren Sonnenatmosphäre. Eine der für uns wichtigsten Erscheinungen in der äußeren Sonnenatmosphäre ist der solare Wind. Er bestimmt Form und zeitliche Änderungen der Magnetosphärenbegrenzung. In den folgenden Kapiteln beginnt die Beschreibung bei der Sonne (Kap. 22). Durch den interplanetaren Raum (Kap. 23) kehren wir dann zur Magnetosphäre zurück (Kap. 24 bis 26).

22. *Die ruhige und die aktive Sonne*

Der Stoff dieses Kapitels gehört im wesentlichen zur Astronomie und Astrophysik. Ausführliche Darstellungen findet man deshalb in den Lehrbüchern dieser Disziplinen. Hier wird nur so viel gebracht, wie zum Verständnis der solar-terrestrischen Beziehungen unerläßlich ist. Diese Beziehungen gestatten es, die Erde als ein Meßinstrument für die Sonnenaktivität anzusehen. Tatsächlich wurden eine Reihe solarer Vorgänge durch Beobachtung ihrer irdischen Auswirkungen entdeckt. Auch heute noch sind die „geophysikalischen Sonnenbeobachtungen" von Bedeutung für lang anhaltende Erscheinungen.

22a) *Aufbau der ruhigen Sonne*

Die *Tabelle P* enthält die wichtigsten Zahlenwerte über die Sonne. Die angegebene *siderische* Rotationsperiode bezieht sich auf den Fixsternhimmel. Da die Erde die Sonne mit gleichem Rotationssinn im Verlauf eines Jahres einmal umkreist, ist die von der Erde aus gesehene *synodische* Rotationsperiode etwas länger. Man berechnet sie aus der Differenz der Winkelgeschwindigkeiten

$$\frac{1}{T_{syn}} = \frac{1}{T_{sid}} - \frac{1}{1\,\text{sid. Jahr}} = \frac{1}{T_{sid}} - \frac{1}{365{,}26\ \text{Tage}}. \qquad (22.1)$$

Tabelle P: Konstanten der Sonne

Masse	$2 \cdot 10^{33}$ gr = 332000 Erdmassen
Durchmesser	$1{,}4 \cdot 10^{6}$ km = 109 Erddurchmesser
Mittlere Dichte	1,41 gr/cm^3
Dichte im Zentrum	ca. 100 gr/cm^3
Gravitationsbeschleunigung an der Oberfl.	$2{,}74 \cdot 10^{4}$ Gal = 28 g_{Erde}
Fluchtgeschwindigkeit an der Oberfläche	620 km/sec
Energieproduktion	$3{,}7 \cdot 10^{33}$ erg/sec = $3{,}7 \cdot 10^{23}$ kWatt
Effektive Strahlungstemperatur	5700 °K
Siderische Rotationsperiode	25,38 Tage
Mittlere Entfernung von der Erde = 1 Astron. Einheit (AE, AU von engl. *u*nit)	$149{,}5 \cdot 10^{6}$ km
Perihelentfernung (3. Januar)	$147{,}0 \cdot 10^{6}$ km
Aphelentfernung (4. Juli)	$152{,}0 \cdot 10^{6}$ km
Solarkonstante (mittlere)	1,952 cal/cm^2 Min = $1{,}361 \cdot 10^{-1}$ Watt/cm^2 [1]

Hieraus erhält man $T_{syn} = 27{,}27$ Tage. In der Geophysik benutzt man der Einfachheit halber oft den runden Wert von 27 Tagen (vgl. Kap. 19b). Die Rotation der Sonnenoberfläche (= Photosphäre, siehe unten) ist jedoch nicht gleichmäßig. Sie nimmt mit zunehmender heliographischer Breite etwas ab. Den Grund für diese *differentielle* Rotation kennt man noch nicht. Die Rotationsachse der Sonne ist um 7° gegen die Ekliptik geneigt. Am 5. Juni und 8. Dezember wandert die Erde durch die Ebene des Sonnenäquators, am 6. März ist der Südpol und am 8. September der Nordpol am stärksten zur Erde hin geneigt.

Die *Fig. 119* zeigt einen schematischen Schnitt durch die Sonne. In einem verhältnismäßig kleinen Kern des Sonneninneren wird die Sonnenenergie in einem „Kernprozeß" erzeugt. Dieser Name bezieht sich allerdings auf die zugrundeliegende Kernfusion, bei welcher Wasserstoff in Helium verwandelt wird. Im Zentrum der Sonne herrscht ein Druck von über 100 Millionen kbar und eine Temperatur von 15 Millionen Grad. Die freigesetzte Energie wird hauptsächlich durch Strahlung nach außen transportiert. Lediglich im äußeren Teil des Sonnenkörpers, in der Wasserstoffkonvektionszone, ist für den Wärmetransport auch die Konvektion von Bedeutung. Hier ist die Temperaturschichtung überadiabatisch (vgl. Kap. 10c) und deshalb instabil. Es bilden sich säulenförmige Konvektionszellen aus mit Durchmessern von 700 bis 1000 km.

[1] Nach Raketenmessungen in 82 km Höhe. Science **161** (1968) 888.

Diese reichen bis in die Photosphäre hinauf und sind auf der Sonnenscheibe als Granulation sichtbar. Die einzelnen Zellen haben eine Lebensdauer von einigen Minuten. Sie erzeugen horizontale Temperaturdifferenzen bis zu 1000 °C.

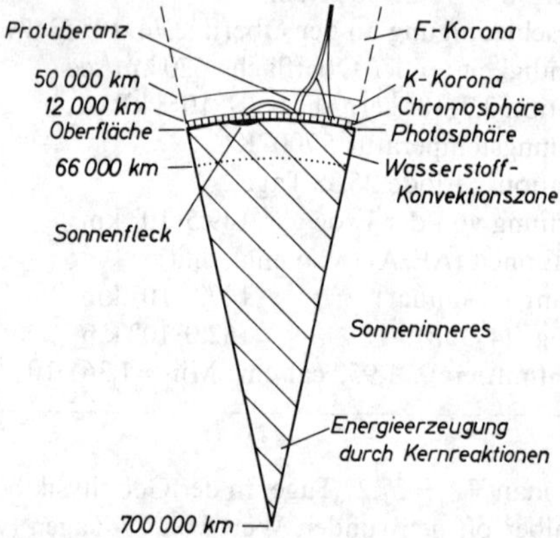

Fig. 119 Schnitt durch die Sonnenkugel und ihre Atmosphärenschichten (schematisch).

Die *Photosphäre* ist die äußerste, nur einige 100 km dicke Schicht des Sonnenkörpers. Ihr entstammt das meiste Sonnenlicht. Aus der Verteilung der Helligkeit über die Sonnenscheibe schließt man auf die Temperatur-Höhenverteilung: Die Strahlen in der Nähe des Sonnenrandes kommen wegen des streifenden Austritts vor allem aus den höheren Schichten. Da man an der Sonne eine Randverdunkelung beobachtet, folgert man, daß die höheren Schichten kälter sind als die tiefer liegenden. Repräsentative Werte sind (wenn man die unterschiedliche Höhe durch den Druck p kennzeichnet):

$$p = 0{,}003 \text{ bar}, \quad T = 4000\,^\circ\text{K},$$

$$p = 0{,}14 \text{ bar}, \quad T = 7000\,^\circ\text{K}.$$

Das Sonnenspektrum enthält rund 2000 Absorptionslinien. Sie werden nach ihrem Entdecker J. Fraunhofer (1787–1826) benannt. Mit den Methoden der Spektralanalyse gewinnt man aus den Fraunhofer-Linien eine Fülle von Aussagen über die Photosphäre, ihre chemische Zusammensetzung, Bewegungen, über den Druck, das Magnetfeld und natürlich auch die Temperatur. In der Photosphäre muß man aber verschiedene Temperaturen unterscheiden, je nach ihrer Definition durch die kinetische Energie der Atome, durch die Bewegung der Elektronen, durch die Verteilung der Atome auf die verschiedenen Anregungs- und Ionisationsstufen, durch die Lage und durch die Form des Emissionsspektrums[1]. Im strengen thermischen Gleichgewicht sind alle diese Temperaturen identisch. In der Photosphäre ist das jedoch nicht der Fall.

Die unterste Schicht der Sonnenatmosphäre ist die *Chromosphäre* (grch. farbige Kugel). Die Chromosphäre hat ihren Namen erhalten, weil sie bei Sonnenfinsternissen wenige Sekunden lang als heller farbiger Saum sichtbar wird. Ihre Ausstrahlung beträgt wegen der geringen Dichte aber nur wenige Promille der Sonnenstrahlung. Das Spektrum gibt das Fraunhoferspektrum in Emission wieder. Mit Spektrohelioskopen kann man die Chromosphäre auch unabhängig von Sonnenfinsternissen beobachten. Dazu wird die Sonne im Licht nur einer einzigen Spektrallinie photographiert. Eine solche Aufnahme nennt man *Spektroheliogramm.* Durch Auswahl geeigneter Spektrallinien und durch Verschiebung an den Rand der Linie kann man Bilder aus tieferen Niveaus der Chromosphäre aufnehmen, da die Flügel der Linie in Gebieten größerer Teilchenkonzentration durch Stoßverbreiterung entstehen. Diese Technik ist für die laufende Sonnenüberwachung von großer Bedeutung.

Die Chromosphäre ist keine homogene Schicht, sondern ein Wald von flammenähnlichen Lichtzungen, genannt *Spicules* (lat. Stacheln, Pfeilspitzen). Die turbulente Bewegung, in der sich die Chromosphäre befindet, erkennt man auch bei der Untersuchung einzelner Spektrallinien. Die Geschwindigkeiten betragen bis zu 20 km/sec. Aus der Chromosphäre empfangen wir auch thermische Radiostrahlung im cm-Wellengebiet. Wie später gezeigt wird, kann langwelligere Radiostrahlung nicht durch die Korona nach außen dringen. In der Chromosphäre ändert sich die Temperatur sehr stark mit der Höhe: Unten herrschen 4000 °K, oben die sehr hohen Temperaturen der Korona.

Die *Korona* erscheint bei totalen Sonnenfinsternissen als schwacher Strahlenkranz, der die Sonne umgibt. Ihre Helligkeit beträgt nur 10^{-6} der Helligkeit der Sonnenscheibe. Sie nimmt nach außen hin kontinuierlich ab, deshalb kann man keine äußere Grenze angeben. Abgesehen von gelegentlichen hellen Knoten (= Koronakondensationen) erkennt

[1] Vgl. A. Unsöld: Physik der Sternatmosphären. Mit besonderer Berücksichtigung der Sonne. 2. Aufl. Berlin-Göttingen-Heidelberg 1955.

man in der Korona keine Struktur im Kleinen, wohl aber eine große Zahl von Bögen und Strahlen.

Die Korona ist eine ausgedehnte, nahezu isotherme, heiße Gasatmosphäre. Die Temperaturen liegen zwischen 1,2 und 1,5 Millionen Grad. Das Koronalicht besteht zu 99 % aus Streulicht, welches aus der Photosphäre stammt (= weiße Korona), und zu nur 1 % aus der Eigenstrahlung in einigen Emissionslinien. Das Streulicht setzt sich aus zwei Anteilen zusammen. Diese werden mit den Namen *K*- und *F*-Korona bezeichnet. Bei der *K*-Korona (von *k*ontinuierlich) hat man es mit Streuung an freien Elektronen zu tun. Da die streuenden Elektronen Geschwindigkeiten von etwa 6000 km/sec besitzen, sind die Spektrallinien durch Dopplerverbreiterung völlig verwischt. Die *F*-Korona (von *F*raunhofer-Absorptionsspektrum) entsteht durch Streuung an Staubteilchen. In der Eigenstrahlung konnten Emissionslinien von 9- bis 15fach ionisierten Eisen-, Nickel-, Kalzium- und Aluminiumatomen identifiziert werden. Das Vorhandensein so hoher Ionisationsgrade ist eine unabhängige Bestätigung der hohen Koronatemperaturen. Aufgeheizt wird die Korona durch Stoßwellen, die von unten kommen: Die Energie entstammt Störungen in der Wasserstoffkonvektionszone. Von diesen gehen elastische Wellen aus, die in der oberen Chromosphäre Schallgeschwindigkeit erreichen und dann in Stoßwellen übergehen.

Die Korona ist ein Filter für die solare *Radiostrahlung*. Da sie viele freie Elektronen enthält, wirkt sie wie die Ionosphäre der Erde und läßt nur Frequenzen oberhalb der Grenzfrequenz durchdringen. Die Grenzfrequenzen f_0 und zugehörigen Wellenlängen λ_0 sind

Höhe über Photosphäre	f_0	λ_0
0 km	10 000 MHz	3 cm
2 000 km	910 MHz	33 cm
20 000 km	180 MHz	1,7 m
200 000 km	60 MHz	5 m
700 000 km	16 MHz	19 m

Solare Radiowellen im m-Bereich können also nur der Korona entstammen. Ihre Intensität ist gerade so groß, wie man sie nach dem Planckschen Strahlungsgesetz für die angegebene Koronatemperatur berechnet. Andererseits paßt die Intensität der Strahlung im mm- und cm-Gebiet zu der Temperatur der Photosphäre. Das gilt aber nur für die ruhige Sonne. Bei Störungen treten Intensitäten auf, die sich nicht mehr durch thermische Strahlung erklären lassen.

Die Korona ist schließlich auch noch die Quelle solarer *Röntgenstrahlung.* Die Existenz solcher Strahlung wurde schon Ende der dreißiger Jahre postuliert, um die ionosphärischen und erdmagnetischen Erscheinungen zu erklären. Direkt beobachtet werden konnte sie aber erst mit Hilfe von Raketen und künstlichen Satelliten, weil die Röntgenstrahlung die Atmosphäre nicht bis zum Erdboden zu durchdringen vermag. Einen Übersichtsartikel von J. H. UNDERWOOD über die solare Röntgenstrahlung findet man in Science **159** (1968), 383–390. In der Korona gibt es verschiedene Emissionslinien im Röntgengebiet (<100 Å). Dabei handelt es sich um Übergänge in Atomen, die durch Zusammenstöße angeregt worden sind, oder um Ausstrahlung bei der Rekombination. Radio- und Röntgenstrahlung der Sonne erreichen in Zeiten starker Sonnenaktivität ein Vielfaches der Intensität, die man bei ruhiger Sonne beobachtet.

22b) *Sonnenaktivität*

Die auffälligsten Erscheinungen der Sonnenaktivität sind die *Sonnenflecken.* Deshalb ist das älteste und meist benutzte Aktivitätsmaß die Zahl der Sonnenflecken. Der Züricher Astronom R. WOLF (1816–1893) führte 1847 die Sonnenfleckenrelativzahl R mit folgender Definition ein:

$$\begin{aligned} R &= 10\,g + f, \\ g &= \text{Zahl der Fleckengruppen}, \\ f &= \text{Zahl der einzelnen Flecken}. \end{aligned} \tag{22.2}$$

Z.B. ergeben drei Fleckengruppen, deren erste 15, die zweite 7 und die dritte 1 Flecken enthält, $R=30+23=53$ [1].

Der fortschreitenden Verbesserung der Beobachtungsinstrumente entsprechend konnte man in späteren Zeiten kleinere Flecken identifizieren, als es Wolf seinerzeit möglich war. Um ein über Jahrzehnte hinweg vergleichbares Maß zu erhalten, wird auf der Züricher Sternwarte heute noch, also seit mehr als 100 Jahren, die Fleckenrelativzahl mit dem Wolfschen Fernrohr bestimmt. Die von anderen Beobachtern mit anderen Instrumenten bestimmten Relativzahlen werden dann mit Hilfe eines Faktors k auf die Züricher Standardzahlen reduziert:

$$R = k(10\,g + f), \tag{22.2a}$$

wobei der Reduktionsfaktor k aus Parallelbeobachtungen ermittelt wird. Gewöhnlich ist $k<1$.

[1] Als WOLF R definierte, konnte man die von den Flecken bedeckte Fläche auf der Sonnenscheibe noch nicht hinreichend genau bestimmen. Es zeigte sich dann, daß diese Fläche in guter Näherung proportional zu R ist.

Mit Hilfe alter Chroniken konnte Wolf die Monats- und Jahresmittel der Sonnenfleckenrelativzahlen bis zum Jahre 1749 zurückverfolgen. Diese Zahlen zeigten eine etwa *11jährige Periode (Fig. 120)*. Die Periodizität ist aber nicht streng. Der Abstand zwischen zwei aufeinanderfolgenden Maxima variiert zwischen 7 und 17 Jahren. Auch die Höhe der einzelnen Maxima ist sehr unterschiedlich. Nicht nur die Zahl der Flecken ändert sich im Laufe eines 11jährigen Zyklus, sondern auch ihre Lage auf der Sonnenscheibe. Flecken gibt es nur innerhalb zweier schmaler Zonen, die ihrerseits in den Gürteln zwischen 35° und 5°

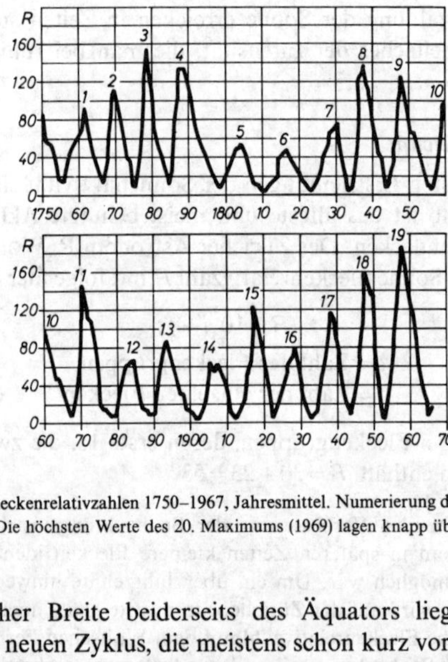

Fig. 120 Sonnenfleckenrelativzahlen 1750–1967, Jahresmittel. Numerierung der Zyklen nach Wolf. Die höchsten Werte des 20. Maximums (1969) lagen knapp über 100.

heliographischer Breite beiderseits des Äquators liegen. Die ersten Flecken eines neuen Zyklus, die meistens schon kurz vor dem Minimum auftreten, erscheinen in einem Abstand von etwa 35° vom Äquator. Im Verlauf des Zyklus verschiebt sich die Entstehungszone (nicht die einzelne Fleckengruppe) in niedrigere Breiten (siehe Fig. 121 unten). Zur Zeit des Maximums liegt sie bei etwa 15° und am Ende des Zyklus bei 5°, während bei 35° Breite schon die ersten Flecken des neuen Zyklus auftauchen.

Alle Sonnenflecken sind mit *Magnetfeldern* verbunden (Größenordnung: 10^3 Gauß). Meist treten die Flecken in Paaren auf, die entgegengesetzte magnetische Polarität haben. Die Anordnung (z.B. Nordpol voraufgehend, Südpol folgend – oder umgekehrt) ist für alle Fleckenpaare des Zyklus auf der Nordhalbkugel dieselbe und auf der Südhalbkugel entgegengesetzt. Im folgenden Zyklus kehrt sich die Anordnung um *(Fig. 121)*. Der volle Sonnenfleckenzyklus bis zur Wiederholung der gleichen Anordnung dauert daher eigentlich 22 Jahre.

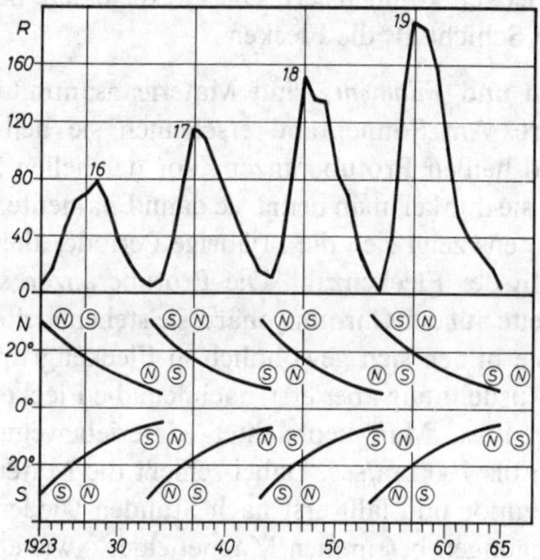

Fig. 121 *Unten:* Wanderung der Fleckenzone in heliographischer Breite und magnetisches Polaritätsgesetz (schematisch). S N bedeutet, daß der in Richtung der Sonnenrotation vorangehende Fleck ein magnetischer Nordpol ist. *Oben:* zugehörige Sonnenfleckenrelativzahlen, Zyklen 16 bis 19.

Wahrscheinlich sind die Magnetfelder die Hauptursache der Flecken: Sie behindern die für den Wärmeausgleich notwendige Bewegung der ionisierten Materie in der oberen Wasserstoffkonvektionszone. Dadurch kommt es stellenweise zu einer Abkühlung um etwa 1000 °C. Die kühleren Stellen erscheinen als dunkle Flecken auf der Photosphäre. An einem größeren Fleck kann man Schattengebiet *(Umbra)* und Halbschattengebiet *(Penumbra)* unterscheiden. In der Penumbra erkennt man Strukturen, die stark an Magnetfeldröhren erinnern. Bei vielen Flecken konnte man eine systematische Entwicklung vom Einzelfleck zur großen bipolaren Gruppe und wieder zurück zu einem (magnetisch) unipolaren Einzelfleck verfolgen. Diese Entwicklung dauert mehrere Sonnenrotationen lang. So lange leben aber nur große Fleckengruppen, die meisten existieren nicht länger als 10 Tage.

Weitere Auswirkungen der Sonnenaktivität sind: Fackeln, Protuberanzen, Filamente, Eruptionen und Aktivitätszentren in der Korona.

Die *Fackeln* bedecken größere Gebiete als die Flecken. Sie sind nicht mehr als 10 % heller als die Photosphäre, deshalb sind sie nur am Rand der Sonne deutlich zu erkennen. Alle Fleckengebiete sind von Fackeln umgeben, aber umgekehrt gibt es Fackeln ohne Flecken. Das raumzeitliche Verhalten der Fackeln gleicht dem der Flecken. Vieles spricht dafür, in den Fackeln den komplementären Strahlungsüberschuß zu sehen, der die Flecken kompensiert. Die Fackelgebiete liegen allerdings in einer höheren Schicht als die Flecken.

Protuberanzen und *Filamente* sind Materieansammlungen oberhalb der Photosphäre. Am Sonnenrand erscheinen sie hell vor dunklem Untergrund und heißen Protuberanzen. Vor der hellen Sonnenscheibe dagegen wirken sie dunkel, man nennt sie dann Filamente. In der Häufigkeit ihres Auftretens zeigt sich die 11jährige Periode, allerdings weniger ausgeprägt als in der Fleckenzahl. Die Protuberanzen stehen nicht in ihrer ganzen Breite auf der Chromosphäre, sie stehen vielmehr auf einzelnen „Füßen". Sie bilden sich gewöhnlich in Fleckengruppen, erreichen ihre maximale Ausdehnung aber erst, nachdem die Fleckengruppe schon wieder vergangen ist. Man beobachtet Materiebewegungen mit Geschwindigkeiten bis 700 km/sec. Dabei schießt die Materie gelegentlich in „Spritzern" empor und fällt erst nach Stunden wieder zurück. Auch bei diesen Bewegungen bestimmen Magnetfelder – wie ein unsichtbares Gerüst – die Materiebahnen. Das Spektrum der Protuberanzen zeigt vor allem Wasserstofflinien. Die aus dem Spektrum abgeleitete Temperatur beträgt 4000 °K. Es handelt sich also um verhältnismäßig kühle Materieansammlungen innerhalb der heißen Korona. Einzelne Protuberanzen reichen bis in 100000 km Höhe über die Sonnenoberfläche.

Als chromosphärische *Eruption* bezeichnet man eine plötzliche, innerhalb weniger Minuten sich entwickelnde Aufhellung von Fackelgebieten. Gelegentlich ist die Aufhellung mit einer Partikeleruption verbunden; das muß aber nicht unbedingt der Fall sein: kennzeichnend ist die Strahlungsverstärkung. Die engliche Bezeichnung *flare*(= flakkerndes Licht) bringt dies besser zum Ausdruck. Die Lebensdauer beträgt 20 bis 180 Min. In Zeiten starker Sonnenaktivität beobachtet man bis zu 10 Eruptionen pro Tag. Im Sichtbaren sind die Eruptionen nicht sehr auffällig. Im kurzwelligen Bereich (Wellenlänge < 2000 Å) aber ist die Verstärkung ganz enorm. Das von der Eruption ausgesandte Licht ist dort so stark wie die Gesamtstrahlung der Sonne. Nach ihrer Größe unterschied man ursprünglich drei Klassen; man hat dann aber noch eine zusätzliche, 3+ genannte, hinzugefügt, um damit die besonders starken Eruptionen zu kennzeichnen.

Klasse	*bedeckte Fläche* der Sonnenscheibe	Mittlere Lebensdauer Minuten
1	1,0 bis $2{,}3 \cdot 10^{-4}$	20
2	2,3 bis $6{,}3 \cdot 10^{-4}$	30
3	6,3 bis $12 \cdot 10^{-4}$	60
3+	$>12 \cdot 10^{-4}$	180

Eruptionen sind diejenigen Aktivitätserscheinungen auf der Sonne, deren Auswirkungen auf irdische Vorgänge man am besten erkennen kann (siehe Kap. 22c).

Auch im Verhalten der Korona findet man den 11jährigen Zyklus wieder. Ihre Helligkeit ist während des Sonnenfleckenmaximums etwa doppelt so groß wie während des Minimums. Bei der Koronaeigenstrahlung, etwa der grünen Linie bei 5303 Å, die vom 14fach ionisierten Eisen herrührt, ist die Variation noch viel größer. Auch die Form der Korona variiert mit dem Fleckenzyklus: Die Maximumkorona ist annähernd kugelsymmetrisch um die Sonne verteilt, die Minimumkorona dagegen dehnt sich nur am Äquator und nicht an den Polen aus.

Eingehenderen Aufschluß über die Korona-Aktivität verdankt man den Beobachtungen solarer Radiostrahlung. In dieser Strahlung unterscheidet man folgende Anteile:

a) *Langsam variabel.* Wellenlängen 10 bis 60 cm. Die Intensität dieses Anteils ist eng korreliert mit den Flächen der Sonnenflecken. Die Strahlung stammt aus Koronakondensationen über den Fleckengebieten.

b) *Isolierte Strahlungsstöße* (engl. bursts) im m-Bereich. Die Erscheinung dauert jeweils nur einige Sekunden. Die beobachteten Intensitätsänderungen betrugen manchmal nur wenige Prozent, manchmal aber auch ein mehrfaches der normalen Intensität.

c) *Rauschstürme* im m-Bereich. Sie dauern Stunden bis Tage und bestehen aus einem kontinuierlichen Rauschen, dem einzelne bursts überlagert sind, manchmal aber auch nur aus bursts. Die Quellen der Rauschstürme liegen über großen Flecken. Die ausgesandten Wellen sind zirkular polarisiert, wobei der Polarisationssinn von der Polarität des Magnetfeldes des Sonnenfleckes abhängt. Die Strahlung ist eng gebündelt. Die aus der Intensität berechnete Äquivalent-Temperatur[1]

[1] Äquivalent-Temperatur ist die Temperatur, die ein thermischer Strahler haben müßte, um bei der betreffenden Wellenlänge (dem Planckschen Strahlungsgesetz entsprechend) eine Emission zu liefern, welche gerade gleich der beobachteten ist.

liegt zwischen 10^{10} und 10^{11} °K (!). Es dürfte sich aber schwerlich um thermische Strahlung handeln.

d) *Strahlungsausbrüche* (engl. outbursts) im m-Bereich. Sie dauern 5 bis 10 Min. An Intensität übertreffen sie die Strahlungsstöße weit: steigt doch die Intensität bis auf das 10^5fache an. Die Äquivalenttemperatur beträgt dementsprechend 10^{11} °K, gelegentlich sogar 10^{15} °K. Die Strahlungsausbrüche treten bei Sonneneruptionen auf. Sie gehen aber nicht direkt von der Eruption in der Chromosphäre aus, sondern von der dabei ausgeschleuderten Materie. Diese in der Korona aufsteigende Materie sendet kontinuierlich Radiostrahlung aus. Weil die Korona für Radiowellen aber wie ein Hochpaß-Filter wirkt, dessen Grenzfrequenz mit wachsender Höhe abnimmt, gelangt nacheinander Radiostrahlung abnehmender Frequenz nach außen. Die *Fig. 122* zeigt das *Dynamische Spektrum* eines solchen Strahlungsausbruchs.

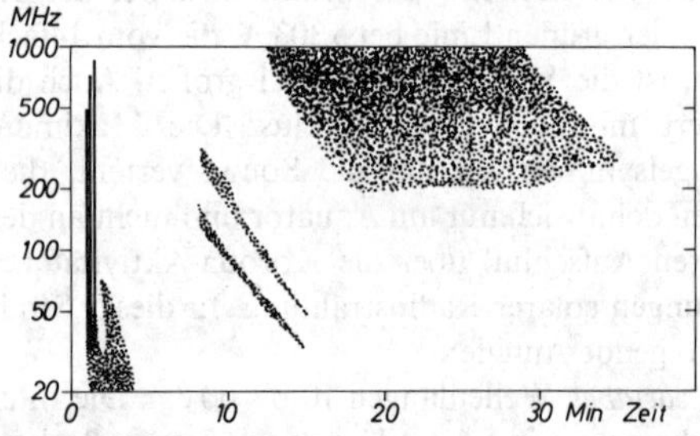

Fig. 122 Dynamisches Spektrum (Intensität als Funktion der Frequenz und der Zeit) nach einer Sonneneruption (zur Zeit $t=0$). Das Spektrum zeigt verschiedene Typen von Strahlungsstößen und -ausbrüchen. Nach 10 bis 15 Minuten erkennt man ein deutliches Absinken der Frequenz, welches einem Anstieg der Strahlungsquelle in der Korona entspricht. Die Aussendung erfolgt in zwei Frequenzbändern, deren Frequenzen sich wie 1:2 verhalten (Grund- und Oberwelle).

Eine laufende Überwachung der *solaren Röntgenstrahlung* wurde erst möglich, als künstliche Erdsatelliten zur Verfügung standen. Deshalb weiß man weniger über sie als über die solare Radiostrahlung. Beide entstehen in der Korona. Auch bei der Röntgenstrahlung gibt es eine langsam variable Komponente, die der Wanderung von Aktivitätsgebieten entsprechend eine 27tägige Modulation zeigt. Es gibt auch Strahlungsausbrüche, bei denen die Intensität auf das 10^5fache ansteigt. Im Spektrum zeigt sich bei solchen Ausbrüchen eine deutliche Verschiebung zu kürzeren Wellenlängen hin, eine „Verhärtung" der Strahlung.

Mehrere Sonnenobservatorien, die über die ganze Erde verteilt sind, bilden ein Netz für die laufende Sonnenüberwachung, unbehindert durch Nacht und Wolkenbedeckung. Vom Fraunhofer-Institut in Freiburg/Breisgau werden für jeden Tag Sonnenkarten gezeichnet und publiziert, in die alle wesentlichen Beobachtungsergebnisse in übersichtlicher Form eingetragen worden sind.

22c) *Solar-terrestrische Beziehungen*

Bei „solar-terrestrischen Beziehungen" denkt man weniger an den großen Energiestrom, der in Form von Strahlung ständig von der Sonne zur Erde fließt und der die wichtigste Energiequelle für die Vorgänge auf der Erde darstellt[1]; man bezieht diesen Ausdruck vielmehr auf den zeitlich variablen Anteil der Sonnenstrahlung, der eng mit der Sonnenaktivität verknüpft ist. Der veränderliche Anteil trägt aber nur einen winzigen Bruchteil von der Energie, die der konstante Anteil transportiert.

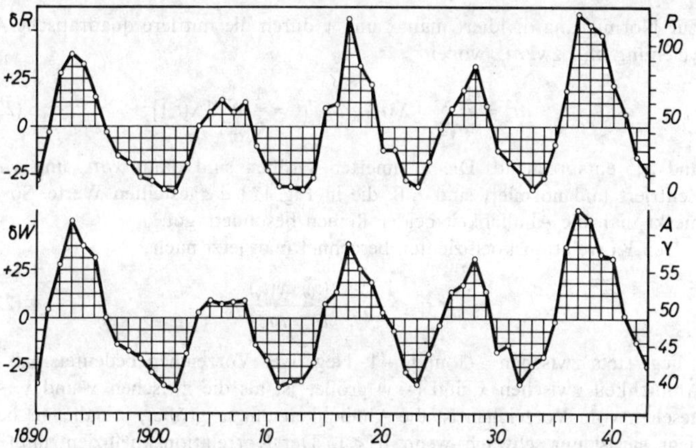

Fig. 123 Variation der Sonnenfleckenrelativzahlen (δR) und der solaren Wellenstrahlung (δW) in den Jahren 1890–1943 (Jahresmittelwerte). δW wurde aus der tagesperiodischen Amplitude A (Skala *am rechten Rand*) der erdmagnetischen Ostkomponente in Potsdam (Sommerhalbjahre) berechnet. Die Abweichungen δR und δW vom Gesamt-Durchschnitt sind normiert auf die mittlere Abweichung 25. (Nach J. Bartels 1948.)

Seit mehr als 100 Jahren kennt man den Einfluß des 11jährigen Sonnenfleckenzyklus auf die erdmagnetischen Variationen. Die genaue

[1] Im August 1939 sagte Albert Einstein bei der Abfassung seines berühmten Briefes, mit dem er den Präsidenten Roosevelt auf die Möglichkeit hinwies, Energie aus Atomkernen zu gewinnen: „Zum ersten Mal in der Weltgeschichte wird der Mensch Energie benutzen, die nicht von der Sonne kommt" (nach Laura Fermi. Mein Mann und das Atom. Düsseldorf-Köln 1956).

Analyse dieser Variationen (vgl. Kap. 19) zeigt den Einfluß zweier verschiedener Anteile, die beide mit der solaren Aktivität verknüpft sind: Der eine läßt sich durch zusätzliche solare Wellenstrahlung W, der andere durch solare Partikelstrahlung P erklären. W bestimmt man aus den Amplituden der S_q-Variationen, P aus der allgemeinen magnetischen Unruhe, die etwa mit *Kp* erfaßt wird. Es ergibt sich ein nahezu paralleler Verlauf von W und den Sonnenfleckenrelativzahlen *R* *(Fig. 123)*.

Zur quantitativen Erfassung der Ähnlichkeit zweier Zeitreihen

$$X(t_\nu) \quad \text{und} \quad Y(t_\nu), \quad \nu = 1, 2, \ldots \mathrm{n},$$

dient der *Korrelationskoeffizient* r. Zu seiner Berechnung transformiert man die Zeitreihen zunächst auf eine ähnliche Form durch Nullpunktsverschiebung (= *Zentrierung*) und Maßstabsangleichung (= *Normierung*). Beim Zentrieren zieht man den jeweiligen Mittelwert M_X bzw. M_Y ab

$$x(t_\nu) = X(t_\nu) - M_X, \qquad y(t_\nu) = Y(t_\nu) - M_Y. \tag{22.3}$$

Zur Normierung dividiert man x und y durch die mittlere quadratische Abweichung m_x bzw. m_y, wobei

$$m_x^2 = \frac{1}{\mathrm{n}} \sum_{\nu=1}^{\mathrm{n}} [X(t_\nu) - M_X]^2 = \frac{1}{\mathrm{n}} \sum_{\nu=1}^{\mathrm{n}} [x(t_\nu)]^2 \tag{22.4}$$

und m_y^2 entsprechend. Die normierten Größen sind dann x/m_x und y/m_y. Zentriert und normiert sind z. B. die in Fig. 123 dargestellten Werte. So bemerkt man die Ähnlichkeit beider Reihen besonders gut.

Den Korrelationskoeffizienten berechnet man jetzt nach

$$\mathrm{r} = \frac{1}{\mathrm{n}} \sum_{\nu=1}^{\mathrm{n}} \frac{x(t_\nu) \cdot y(t_\nu)}{m_x \cdot m_y}. \tag{22.5}$$

r liegt stets zwischen -1 und $+1$. Negatives Vorzeichen bedeutet, daß die Ähnlichkeit zwischen x und $(-y)$ größer ist als die zwischen x und y. Abgesehen vom Vorzeichen ist die Ähnlichkeit um so größer, je näher $|\mathrm{r}|$ bei 1 liegt, sie ist nur schwach, wenn $|\mathrm{r}| \ll 1$. Der Korrelationskoeffizient mißt die *lineare* Abhängigkeit der Größen x und y. Wenn für alle Werte $y = ax + b$ ist, so ist $|\mathrm{r}| = 1$. Das ist aber z. B. nicht der Fall, wenn $y = ax^2$ ist.

Benutzt man statt $y(t_\nu)$ die um die Retardierung τ verschobene Reihe $x(t_\nu + \tau)$, so erhält man den Autokorrelationskoeffizienten r_τ

$$\mathrm{r}_\tau = \frac{1}{\mathrm{n} - \tau} \sum_{\nu=1}^{\mathrm{n}-\tau} \frac{x(t_\nu) \cdot x(t_\nu + \tau)}{m_x \cdot m_x}. \tag{22.6}$$

Dieser Koeffizient ist mit der Kovarianzfunktion (vgl. Kap. 5c) eng verwandt. Man kann mit ihm besonders gut Effekte erfassen, bei denen die Periodizität immer nur eine gewisse Zeit gilt und dann wieder mit neuer Phase einsetzt. Ein Beispiel dafür bietet die 27tägige Wiederholungstendenz.

Der in Fig. 123 ablesbare Zusammenhang zwischen *R* und W ist wohl die stärkste Korrelation, die man in der Geophysik kennt. Der Korrelationskoeffizient ist r = 0,97. Wenn man über kürzere Intervalle mittelt, so wird r wegen der Unsicherheit der Einzelbeobachtungen kleiner. In *Tabelle Q* sind Korrelations- und Autokorrelationskoeffizienten für Dekadenmittelwerte aufgeführt. Die Tabelle enthält die Ergebnisse gesonderter Rechnungen für Sonnenfleckenmaxima und Minima.

Tabelle Q: Korrelations- und Autokorrelationskoeffizienten, berechnet aus Dekadenwerten für *R*, W und P der Jahre 1922–37 (nach BARTELS 1948)

	Alle Jahre	Durchschnitte für Sonnenflecken-	
		Maximum	Minimum
r(*R*, W)	**+0,34**	**+0,51**	+0,17
r(*R*, P)	+0,14	**+0,24**	+0,05
r(W, P)	−0,03	+0,11	−0,17
$r_{27}(R)$	**+0,41**	**+0,47**	**+0,35**
r_{27}(W)	+0,19	**+0,30**	+0,07
r_{27}(P)	**+0,44**	**+0,33**	**+0,55**

Zwischen *R* und W besteht in fast allen Jahren eine deutliche Korrelation. Daß der Korrelationskoeffizient in den Minimums-Jahren so klein wird, ist auf eine Unsicherheit der Bestimmung der Maßzahlen zurückzuführen: In diesen Jahren sind *R* und W beide sehr klein, ihre Änderungen von Dekade zu Dekade bedeuten dann offenbar keine reellen Schwankungen mehr. Eine Korrelation zwischen *R* und P ist praktisch nur in den Maximumsjahren vorhanden. Die Partikelstrahlung variiert im ganzen zwar wie die allgemeine Sonnenaktivität, ist aber von solaren Prozessen abhängig, die nicht mit der Anzahl der Flecken zusammenhängen. Aus statistischen und Einzelfall-Untersuchungen folgerte BARTELS 1934, daß zwischen und neben den Flecken auf der Sonne Gebiete existieren, die als Quellen der Partikelstrahlung für die magnetischen Störungen auf der Erde anzusehen sind. Er nannte diese Gebiete *M-Regionen* (von engl. *m*agnetically effective). Man vermutet, daß sie mit (scheinbar) unipolaren Magnetfeldern zusammenhängen, die nach dem Vergehen einer Fleckengruppe zurückbleiben. Offenbar sind die *M*-Regionen völlig unabhängig von den Quellen der erdmagnetisch erschlossenen, solaren Wellenstrahlung; denn zwischen W und P existiert nach Tabelle Q zu keiner Zeit eine echte Korrelation.

Ein nützliches Hilfsmittel, um physikalische Zusammenhänge zu erkennen, ist der Einfluß der 27tägigen Wiederholung auf die Statistik. Ihn findet man in den Autokorrelationskoeffizienten r_{27} (zur Retardierung von 27 Tagen) von Tabelle Q. Bei *R* sind die Werte zu allen Zeiten ziemlich groß, und zwar erwartungsgemäß im Maximum noch etwas größer als im Minimum. Bei W zeigt sich die Wiederholungsneigung nur im Maximum, bei P ist sie zu allen Zeiten groß, diesmal aber im Minimum größer als im Maximum. Diesen zunächst verwunderlichen Effekt

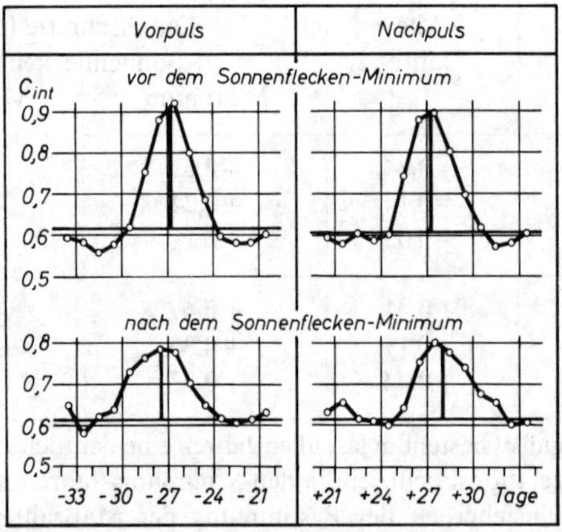

Fig. 124 Statistischer Synchronisierungsversuch mit erdmagnetischen internationalen Charakterzahlen C_{int}. Ausgewählt wurden Tage mit $C_{int} \geq 1{,}0$. Der Hauptpuls am Tage 0 ist nicht gezeichnet. Berechnet wurden: der Vorpuls (Tage −33 bis −21) und der Nachpuls (Tage +21 bis +33) für jeweils 3 Jahre vor und 3 Jahre nach dem Sonnenfleckenminimum. Die mittleren Eintrittszeiten der Vor- und Nachpulse sind durch Vertikallinien markiert, die die Flächen der Pulse halbieren. Das Zeitintervall zwischen dem Vor- und dem Nachpuls beträgt: vor dem Minimum 54,06 = 2mal 27,03 Tage; nach dem Minimum 55,50 = 2mal 27,75 Tage. (Nach J. Bartels, 1948.)

kann man in folgender Weise deuten: Wenn sich die *M*-Regionen im Verlauf des Fleckenzyklus wie die Entstehungsgebiete der Fleckengruppen von höheren nach niedrigeren heliographischen Breiten bewegen (vgl. Fig. 121), so liegen sie kurz vor dem Minimum nahe am Sonnenäquator und haben bei geradliniger Partikelausstrahlung eine größere Chance, die Erde bei jedem Umlauf zu treffen, als von der höheren heliographischen Breite im Maximum aus.

Bartels konnte zeigen *(Fig. 124)*, daß sich die *M*-Regionen tatsächlich zum Anfang des Zyklus in höheren und zum Schluß in niedrigeren

Breiten befinden: Infolge der differentiellen Rotation ist die Wiederkehrzeit kurz vor dem Minimum etwas kürzer als nach dem Minimum. Die Differenz beträgt 0,72 Tage.

Der Einfluß der Sonnenaktivität zeigt sich nicht nur in den erdmagnetischen Variationen, sondern auch in einer Reihe anderer Erscheinungen. Da erdmagnetische Störungen und Polarlichter gewöhnlich gleichzeitig auftreten, gibt es natürlich enge Beziehungen zwischen Sonnenaktivität und Polarlichtstatistik. Für den Funkverkehr wiederum ist

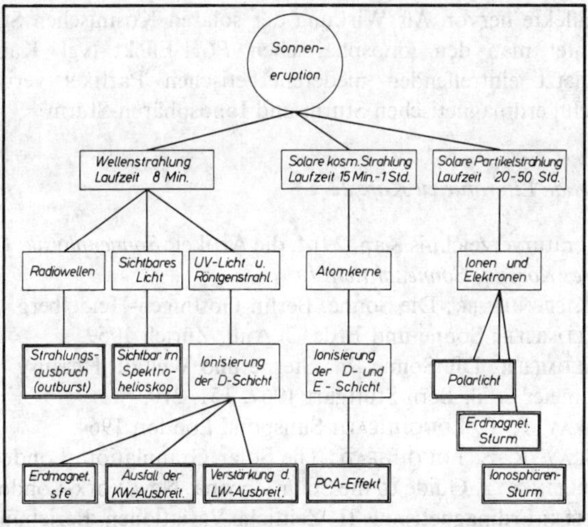

Fig. 125 Terrestrische Folgeerscheinungen einer Sonneneruption.

der solare Einfluß auf die Ionosphäre von großer Bedeutung. Im Bestreben, Grundlagen für eine Prognose von Ionosphärenstörungen zu schaffen (vgl. die Einleitung zu Kap. 20), hat man gelernt, die Sonnenaktivität mit Hilfe des 11-Jahres-Zyklus, der 27tägigen Wiederholungsneigung, der Koronabeobachtungen des Ostrandes, der Entwicklung einzelner Fleckengruppen und anderer Merkmale vorherzusagen. Dieser praktische Aspekt hat als kräftiger Ansporn zur Erforschung der Sonne und der solar-terrestrischen Beziehungen gedient. Sehr intensiv hat man auch nach Beziehungen zwischen Sonnenaktivität und Wettergeschehen gesucht. Zuverlässige Ergebnisse, die sich deutlich aus dem statistischen Hintergrund herausheben, hat man aber nicht erhalten.

Klarer als in der Statistik erkennt man die solar-terrestrischen Beziehungen bei der Betrachtung isolierter *Sonneneruptionen* und ihrer Auswirkungen. In *Fig. 125* sind diese Effekte zusammengestellt. Allerdings kann man nur bei ganz wenigen Eruptionen alle Erscheinungen beobachten, meist muß man sich mit einem Teil begnügen. Von einer Eruption (etwa der Klasse 3+) gehen Wellenstrahlung, solare Kosmische Strahlung und langsamere Partikelstrahlung aus. Diese gelangen nacheinander zur Erde. Bei der Wellenstrahlung muß man drei verschiedene Wellenlängenbereiche unterscheiden. Strahlung aus dem kurzwelligsten Bereich rufen die schon in früheren Kapiteln besprochenen ionosphärischen Effekte hervor. Als Wirkung der solaren Kosmischen Strahlung beobachtet man den ionosphärischen *PCA*-Effekt (vgl. Kap. 20b). Die zuletzt eintreffenden niederenergetischen Partikel verursachen Polarlicht, erdmagnetischen Sturm und Ionosphären-Sturm.

Ergänzende Literatur zu Kap. 22

FL (Literaturverzeichnis Kap. 29) **4,** die Artikel: *Sonnenphysik*, *Chromosphäre*, *Korona*, *Sonnenaktivität*.

K. O. Kiepenheuer: Die Sonne. Berlin-Göttingen-Heidelberg 1957.

M. Waldmeier: Sonne und Erde. 3. Aufl. Zürich 1959.

M. Waldmeier: Die Sonne. In: Sterne und Weltall. Herausg. von M. Waldmeier et al. Bern-Stuttgart 1967, 151–210.

R. J. Bray, R. E. Loughhead: Sunspots. London 1964.

R. J. Bray, R. E. Loughhead: The Solar Granulation. London 1967.

D. E. Billings: A Guide to the Solar Corona. New York-London 1966.

J. Bartels: Erdmagnetismus II: Zeitliche Variationen, Beziehungen zur Sonnenphysik, zum Polarlicht, zur Ionosphäre. In: Naturforsch. und Medizin in Deutschland 1939–1946, **17,** hg. von J. Bartels, Wiesbaden 1948, 39–91.

M. A. Ellison: The Sun and its Influence. 2. ed. London 1959.

R. G. Athay, C. S. Warwick: Indices of Solar Activity. Advances in Geophysics **8** (1961), 1–83.

23. *Solarer Wind, Strukturen im interplanetaren Raum*

23a) *Interplanetare Materie und solarer Wind*

Zur Deutung erdmagnetischer Variationen und anderer terrestrischer Erscheinungen, die von der Sonne beeinflußt werden, mußte man eine solare Partikelstrahlung annehmen (vgl. Kap. 19g und Kap. 22c). Diese gilt es nun einzuordnen in die übrigen Vorstellungen von der Verteilung der Materie und Felder im interplanetaren Raum. Solche Vorstellungen gründen sich vor allem auf die Beobachtung des Zodiakallichtes, der Veränderung von Kometenschweifen und der Variationen der Kosmischen Strahlung.

Über den Auf- und Untergangsstellen der Sonne sieht man – besonders gut in den Tropen – ein dreieckiges Gebiet des Himmels schwach erhellt. Eine Seite des Dreiecks wird vom Horizont gebildet. Die Hauptsymmetrieebene liegt ungefähr in der Ekliptik, die Spitze (ebenfalls in der Ekliptik) ist 90° bis 100° von der Sonne entfernt. Diese Erscheinung nennt man *Zodiakallicht* (Zodiakus griech.-lat. Kunstwort: der Tierkreis). Wie photographische Messungen beweisen, setzt sich die Aufhellung über den ganzen Nachthimmelsbogen der Ekliptik fort. Auf der der Sonne gegenüberliegenden Seite gibt es ein zweites Helligkeitsmaximum, den „Gegenschein".

Trägt man die Helligkeit des Zodiakallichtes als Funktion des Abstandes von der Sonne auf, so fügen sich die Werte stetig in den Helligkeitsabfall der Sonnenkorona ein. Weitere Aufschlüsse über die Natur des Zodiakallichtes erhält man aus Messungen der Polarisation des Lichtes. Licht, welches an Staubteilchen gestreut wird, ist nahezu unpolarisiert; dagegen ist Licht, das an freien Elektronen gestreut wird, in hohem Grade polarisiert. Das Zodiakallicht ist teilweise polarisiert, offenbar entsteht es durch Streuung an Staubteilchen und an freien Elektronen. Eine quantitative Auswertung ergab für die Zusammensetzung der streuenden interplanetaren Materie in der Nähe der Erdbahn: 10^{-13} bis 10^{-15} Staubteilchen/cm^3 (Durchmesser 0,01 mm) und als obere Grenze für die Elektronendichte: 400 Elektronen/cm^3. (Aus direkten Messungen mit Raumsonden schließt man auf wesentlich niedrigere Werte für n_e siehe Kap. 23c.) Die Zodiakallichtmaterie bildet eine flache, scheibenförmige Wolke um die Ekliptik. Der Gegenschein wird vermutlich durch Reflexion in der Nähe des Gegenpunktes der Sonne hervorgerufen. Unwahrscheinlicher ist die Erklärung des Gegenscheins als Wirkung einer besonderen Materieansammlung im Schweif der Magnetosphäre.

1951 entdeckte L. Biermann eine deutliche Korrelation zwischen den Veränderungen von *Kometenschweifen* und den aus erdmagnetischen Beobachtungen abgeleiteten Schwankungen der solaren Partikelstrahlung. Die Kometenschweife sind – der Schwerkraft entgegen – von der Sonne weggerichtet. Dafür hatte man früher allein den Strahlungsdruck verantwortlich gemacht. Das ist aber nur zum Teil richtig. Bei vielen Kometen beobachtet man nämlich zwei verschiedene Schweife; der eine besteht aus ionisierten Gasen und der andere aus Staubteilchen und neutralen Molekülen. Der neutrale ist breit gefächert, in vielen Fällen gekrümmt und zeigt keine inneren Strukturen. Er unterliegt im wesentlichen dem Strahlungsdruck. Der ionisierte dagegen ist gerade, lang und schmal und zeigt eine innere Struktur. Auf ihn wirkt offenbar eine viel stärkere, von der Sonne weggerichtete Kraft als auf den neutralen Schweif. Biermann zog zu ihrer Erklärung die solare Partikelstrahlung heran. Noch nicht restlos geklärt ist die Art der Impulsübertragung. Stöße reichen nicht aus. Es muß sich um elektromagnetische Wechselwirkung handeln[1]. Wegen der Bewegung des Kometen zeigt der Schweif nicht genau radial von der Sonne weg.

Aus den Beobachtungen der Kometenschweife zog Biermann den Schluß, daß auch bei geringer Sonnenaktivität ein Partikelstrom von der Sonne ausgeht. Aufschluß über die Teilchengeschwindigkeiten gaben Bewegungen innerhalb des Schweifs sowie die Auswirkungen eines gelegentlich (bei erhöhter Sonnenaktivität) auftretenden verstärkten Partikelstroms: Eine solche dichte und schnelle Wolke kann sowohl plötzliche Veränderungen eines Kometenschweifs verursachen als auch bei ihrer Ankunft in Erdnähe bestimmte erdmagnetische Variationen auslösen. Aus dem Zeitunterschied der Einsätze errechnet man Geschwindigkeiten der Partikel von einigen hundert bis tausend km/sec.

Die von der Sonne ausgehenden Partikel führen von dort auch Magnetfelder als „eingefrorene Felder“ (vgl. Kap. 17d) mit sich in den interplanetaren Raum. Dieser Vorgang kann gar nicht ausbleiben, da einmal die elektrische Leitfähigkeit des abströmenden Plasmas sehr groß ist und zum anderen auf der Sonnenoberfläche, in der Chromosphäre und der unteren Korona stets Magnetfelder vorhanden sind. Diese Felder werden durch die Partikelstrahlung über einen großen Raum ausgebreitet und beeinflussen dann die Teilchen der *Kosmischen Strahlung.* T. GOLD hat 1959 als erster gezeigt, wie die beobachteten Variationen der Kosmischen Strahlung durch den Einfluß des interplanetaren Magnetfeldes zustande kommen können, eines Feldes, das von einer Partikelwolke mitgeführt wird, in sich geschlossen ist und die Erde einschließt. Hiermit werden zwei verschiedene Variationstypen der Kosmischen Strahlung erklärt *(Fig. 126)*: a) Ein Teil der *galaktischen* Kosmischen Strahlung wird abgelenkt und gelangt nicht zur Erde.

[1] Die Beobachtungen der Variation der ionisierten Kometenschweife im solaren Wind gaben die Anregung zu den Experimenten mit künstlichen Ionenwolken in der Oberen Atmosphäre und der Magnetosphäre. Diese Wolken werden von der Erdoberfläche aus im Lichte der auf- oder untergehenden Sonne beobachtet. Daraus gewinnt man Kenntnisse über die physikalischen Verhältnisse am Ort der Wolke, insbesondere über etwa vorhandene elektrische Felder. Siehe G. HAERENDEL und R. LÜST: Artificial Plasma Clouds in Space. Scientific American **219** (Nov. 1968), 80–92.

Man beobachtet deshalb im Gefolge erdmagnetischer Stürme eine Verringerung der Strahlungsintensität (*Forbush-Effekt*, Kap. 21 c). b) *Solare* Kosmische Strahlung dagegen bleibt in der Partikelwolke gefangen („Magnetische Flasche"). Deshalb können auch solche Teilchen die Erde erreichen, die nicht geradlinig von der Sonne zur Erde gelaufen sind. Diesen Effekt beobachtet man bei *Protoneneruptionen* (vgl. Kap. 21 c).

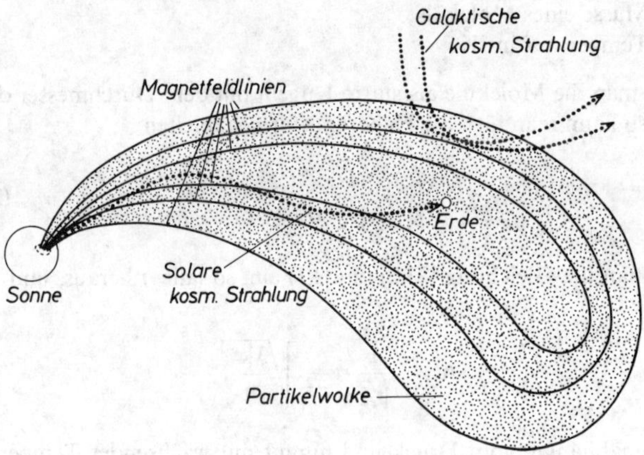

Fig. 126 Einfluß einer solaren Partikelwolke auf die Kosmische Strahlung (nach T. GOLD): Strahlung *galaktischen* Ursprungs wird abgelenkt (Forbush-Effekt), *solare* Strahlung gelangt dagegen verstärkt zur Erde.

Außer diesen Beobachtungsergebnissen und den daraus gezogenen Schlüssen brachte auch die theoretische Untersuchung der *Vorgänge in der Sonnenkorona* neue Erkenntnisse über die von der Sonne ausgehende Partikelstrahlung. Die Korona ist eine Schicht sehr heißer Gase, von der aus nach beiden Seiten zur Sonne und zum Weltraum hin ein Temperaturgefälle existiert. Man erwartet deshalb Wärmeströme nach innen und nach außen als Folge der Wärmeleitung. Bei der Berechnung kann man allerdings nicht, wie es für feste Körper üblich ist, mit einer temperaturunabhängigen Wärmeleitfähigkeit Λ rechnen. Schon bei einem Gas darf man die Temperaturabhängigkeit nicht mehr vernachlässigen. Das gilt, wie wir sehen werden, erst recht für ein Plasma.

Beginnen wir mit der Formel für neutrale Gase[1]:

$$\Lambda = \frac{1}{3} n l c_V v_{th} = \frac{1}{3} n l c_V \sqrt{\frac{3k}{m} T}, \tag{23.1}$$

n = Teilchenzahl pro cm^3,
l = mittlere freie Weglänge,
c_V = spez. Wärme bei konstantem Volumen,
v_{th} = thermische Geschwindigkeit,
k = Boltzmann-Konstante,
m = Masse eines Moleküls,
T = Temperatur in °K.

Wenn man die Moleküle als starre Kugeln mit dem Durchmesser d ansieht, so kann man für l die Näherungsformel ableiten

$$l = \frac{1}{\sqrt{2}} \frac{1}{n \pi d^2}. \tag{23.2}$$

Setzt man die Gleichung (23.2) in (23.1) ein, so fällt n heraus, und man erhält

$$\Lambda = \frac{1}{3\sqrt{2}\pi} \frac{c_V}{d^2} \sqrt{\frac{3k}{m} T}. \tag{23.3}$$

Λ ist unabhängig vom Druck und nimmt mit wachsender Temperatur zu wie $T^{1/2}$. Für ionisierte Gase steigt die Proportionalität auf $T^{5/2}$ an, denn geladene Teilchen brauchen nicht zusammenzustoßen, um aus ihrer Bahn gelenkt zu werden, da ja die elektrostatischen Kräfte über eine gewisse Entfernung wirksam sind. Der Wirkungsquerschnitt für diesen Effekt nimmt aber mit abnehmender thermischer Geschwindigkeit zu und ist proportional zu T^{-2}. Dieser Wirkungsquerschnitt ist in die Gleichung (23.3) an Stelle von d^2 einzusetzen, deshalb variiert Λ wie $T^{5/2}$

Unter Berücksichtigung dieser Temperaturabhängigkeit von Λ hat S. Chapman 1957[2] die Temperaturverteilung im interplanetaren Raum außerhalb der Korona als reines *Wärmeleitungsproblem* berechnet.

[1] Herleitung in den Lehrbüchern der Theoretischen Physik, z.B. F. Hund: Theoretische Physik. Bd. 3, Stuttgart 1956 oder A. Sommerfeld: Theoretische Physik. Bd. 5, Wiesbaden 1952. Eine mathematisch sehr sorgfältige Darstellung, in der auch der Plasmafall behandelt wird, findet man in S. Chapman und T. G. Cowling: Mathematical Theory of Non-Uniform Gases. 2. Aufl. Cambridge 1953. In gedrängter Form wird die Wärmeleitfähigkeit im Plasma beschrieben in L. Spitzer: Physics of Fully Ionized Gases. 2. Aufl. New York 1962.

[2] Eine (spätere) sehr anschauliche Darstellung von S. Chapman findet man in Sci. Amer. **201** (Oct. 1959), 64–71.

Danach sollte die Temperatur im Abstand von einer Astronomischen Einheit noch ein Fünftel der Koronatemperatur betragen. Zu dieser Temperaturverteilung berechnete Chapman mit Hilfe der Gleichung für ideale Gase und der *statischen Grundgleichung* (10.14) auch Druck und Dichte des interplanetaren Gases als Funktion des Abstandes von der Sonne.

Einen neuen Weg zur theoretischen Behandlung des Problems schlug 1958 E. N. Parker ein. Im Gedanken an die solare Partikelstrahlung – der er den Namen „solarer Wind" gab – ging er statt von der statischen Grundgleichung von der Radialkomponente der Bewegungsgleichung aus (Gleichung (7.11) mit $\mathbf{\Omega}=0$ und $\Psi=0$)

$$\frac{\partial v}{\partial t}+v\frac{\partial v}{\partial r}=-\frac{1}{\rho}\frac{\partial p}{\partial r}-g\,. \tag{23.4}$$

v ist jetzt eine gerichtete Massengeschwindigkeit und $g=g(r)$ die Schwerebeschleunigung der Sonne. Für stationäre Verhältnisse $(\partial v/\partial t=0)$ wird

$$\mathrm{d}p=-g\rho\,\mathrm{d}r-\rho v\,\mathrm{d}v\,. \tag{23.5}$$

Für adiabatische Druck- und Dichteänderungen gilt

$$\mathrm{d}p=\frac{c_p}{c_\mathrm{V}}\mathrm{R}\,T\,\mathrm{d}\rho=v_S^2\,\mathrm{d}\rho \tag{23.6}$$

$$v_S=\text{Schallgeschwindigkeit}.$$

Setzt man dies in die Gleichung (23.5) ein, so erhält man

$$v_S^2\,\mathrm{d}\rho=-g\rho\,\mathrm{d}r-\rho v\,\mathrm{d}v\,. \tag{23.7}$$

Da durch die Kugel mit einem Radius r in der Zeiteinheit die gleiche Materiemenge strömt, gilt

$$4\pi r^2\rho v=const$$

oder

$$\frac{\mathrm{d}\rho}{\rho}=-2\frac{\mathrm{d}r}{r}-\frac{\mathrm{d}v}{v}\,. \tag{23.8}$$

Aus den Gleichungen (23.7) und (23.8) ergibt sich

$$v_S^2\left(2\frac{\mathrm{d}r}{r}+\frac{\mathrm{d}v}{v}\right)=g\,\mathrm{d}r+v\,\mathrm{d}v$$

und daraus

$$\left[1-\frac{v^2}{v_S^2}\right]\frac{\mathrm{d}v}{v}=2\left[\frac{r\cdot g}{2v_S^2}-1\right]\cdot\frac{\mathrm{d}r}{r} \qquad (23.9)$$

Dies ist eine nichtlineare Differentialgleichung für $v(r)$. Auch ohne diese Gleichung explizit zu lösen, kann man durch „scharfes Hinsehen" – durch Betrachtung einzelner Terme – wichtige Aufschlüsse über das Verhalten der Lösung gewinnen. Wichtig ist das Verhalten des Ausdrucks $r\cdot g/2v_S^2$ auf der rechten Seite bei zunehmender Sonnenentfernung. $r\cdot g(r)$ ist das Quadrat der Kreisbahngeschwindigkeit eines Satelliten im Abstand r (vgl. Kap. 6a). Die Kreisbahngeschwindigkeit beträgt an der Sonnenoberfläche 438 km/sec und am Ort der Erde 30 km/sec. Die Schallgeschwindigkeit v_S beträgt bei einer Koronatemperatur von 10^6 °K 170 km/sec. $r\cdot g/2v_S^2$ ist deshalb in der Chromosphäre und unteren Korona größer als eins, nimmt aber mit wachsendem r ab und geht in einem kritischen Abstand r_k durch eins. r_k liegt je nach der angenommenen Koronatemperatur zwischen 1 und 4 Sonnenradien Abstand vom Mittelpunkt.

Für $r<r_k$ und $v<v_S$ steigt $v(r)$ gemäß der Differentialgleichung (23.9) mit wachsendem r an, jedoch höchstens bis v_S. Wird dieser Wert erreicht, so können bei $r=r_k$ beide Seiten der Differentialgleichung ihr Vorzeichen wechseln und $v(r)$ kann weiter mit r steigen. So entsteht in der Sonnenkorona eine Überschallströmung[1]. Dem Verlauf von $r\cdot g(r)$ entsprechend kann dieser Prozeß nur wirksam sein für Koronatemperaturen zwischen 0,5 und 4 Millionen Grad. Das entspricht den aus verschiedenen Beobachtungen erschlossenen Koronatemperaturen (vgl. Kap. 22a). Wäre die Temperatur der Korona wesentlich höher oder wesentlich niedriger, so ergäbe sich eine Unterschallströmung.

Zur Lösung des gesamten Problems des solaren Windes muß man die Wärmeleitung entsprechend dem Chapmanschen Ansatz mit berücksichtigen. Parker ist es gelungen, Lösungen der thermodynamischen und der Bewegungsgleichungen anzugeben. Die *Fig. 127* zeigt den Verlauf der Windgeschwindigkeit $v(r)$ in Abhängigkeit von der Koronatemperatur. v liegt in der Größenordnung von einigen hundert km/sec und ist in größerer Sonnenentfernung praktisch konstant. Die zugehörige Teilchendichte nimmt nach außen hin natürlich sehr stark ab. In einem Abstand,

[1] Das Schwerefeld der Sonne wirkt bei der gegebenen Temperatur genauso wie der sich zunächst verengende und dann wieder erweiternde Querschnitt einer *Lavaldüse*. Auf diese Analogie hat zuerst F. Clauser (1960) hingewiesen, vgl. A. J. Dessler in: Physics of the Magnetosphere, (herausgegeben von R. L. Carovillano et al.) Dordrecht 1968, 65–105.

der groß gegenüber der Astronomischen Einheit ist, wird die Dichte so niedrig, daß der Wind von der intergalaktischen Materie gebremst wird. Dort muß die Geschwindigkeit in einer Stoßwelle in eine Unterschallströmung übergehen. Für den vom solaren Wind beherrschten Teil des Kosmos hat man den Namen *Heliosphäre* vorgeschlagen.

Im Massen- und Energiehaushalt der Sonne tritt der solare Wind kaum in Erscheinung. Er trägt in jeder Sekunde etwa 10^{12} gr Wasserstoff weg, das entspricht einer relativen Abnahme der Gesamtmasse der Sonne um 10^{-4} seit der mutmaßlichen Entstehung der Sonne. Der Energietransport macht nur den millionsten Teil dessen aus, was durch die Wellenstrahlung abgeführt wird.

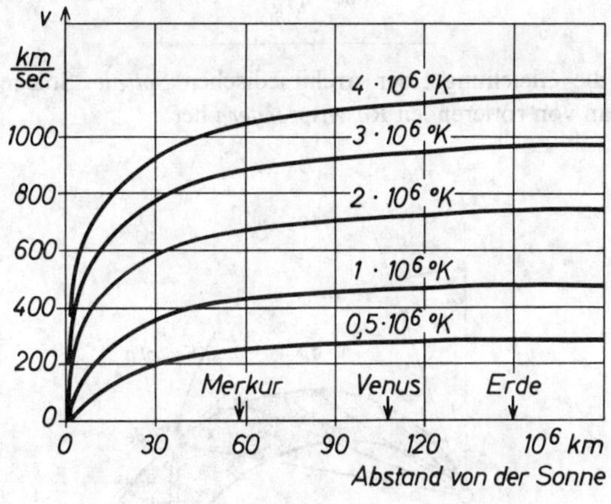

Fig. 127 Geschwindigkeit v des solaren Windes als Funktion des Abstandes von der Sonne für verschiedene Koronatemperaturen (nach E. N. PARKER).

23b) *Einfluß der Sonnenrotation*

Im vorigen Abschnitt hatten wir die Rotation der Sonne unberücksichtigt gelassen. Sie ist aber für die Verteilung der Teilchen und Felder im interplanetaren Raum von großer Bedeutung. Die grundlegenden Rechnungen hierzu wurden von S. CHAPMAN bereits 1929 ausgeführt.

In *Fig. 128* sei die Achse $\vartheta = 0°$ fest gegenüber dem Fixsternhimmel. Wir betrachten eine gleichmäßig strömende Partikelquelle auf der Sonnenoberfläche, die zur Zeit $t=0$ in ϑ_0 liege. Vor der Zeit t befand sie sich dann in

$$\vartheta = \vartheta_0 + \Omega_S t, \tag{23.10}$$

Ω_S = Rotationswinkelgeschw. der Sonne.

Wenn die Partikel vom Abstand $r = \mathsf{R}_S$ ab keine Beschleunigung oder Verzögerung mehr erfahren haben, so haben sie in der Zeit t den Abstand r erreicht:

$$r = \mathsf{R}_S + vt, \tag{23.11}$$

v = Geschwindigkeit der Teilchen.

Eliminiert man t aus den Gleichungen (23.10) und (23.11), so erhält man

$$\boxed{r = \mathsf{R}_S + \frac{v}{\Omega_S}(\vartheta - \vartheta_0)} \tag{23.12}$$

Das ist die Gleichung einer Archimedischen *Spirale*. Solche Spiralen kennt man von rotierenden *Rasensprengern* her.

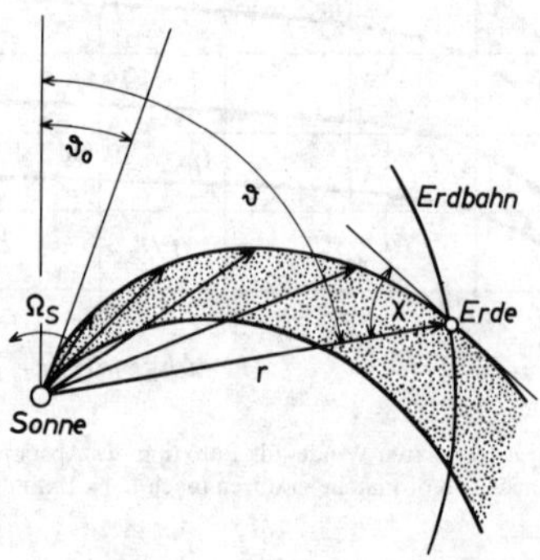

Fig. 128 Zur Herleitung der Gleichung der „Rasensprenger-Spirale".

Für spätere Anwendungen interessiert der Winkel χ zwischen der Tangente an die Spirale und dem Radiusvektor r. Es gilt

$$\operatorname{tg}\chi = \frac{r\,\mathrm{d}\vartheta}{\mathrm{d}r} = \frac{r\,\Omega_S}{v}. \tag{23.13}$$

Mit $\Omega_S = 2{,}865 \cdot 10^{-6}\,\text{sec}^{-1}$ und $v = 450$ km/sec findet man in der Nähe der Erdbahn ($r = 150 \cdot 10^6$ km) den Winkel $\chi = 43{,}8°$. Nach außen hin nimmt der Winkel χ zu und nähert sich schließlich 90°.

Die „Rasensprenger-Spiralen“ sind zunächst rein geometrische Gebilde, nämlich der geometrische Ort für die Lage der Teilchen in einem bestimmten Zeitmoment. Die Teilchen bewegen sich natürlich geradlinig in radialer Richtung. Physikalische Bedeutung bekommen die Spiralen jedoch durch die vom solaren Wind mitgeschleppten Magnetfelder. Diese werden als eingefrorene Felder von der Sonnenoberfläche oder aus der Korona in den interplanetaren Raum transportiert. Bei geradliniger, kontinuierlicher Teilchenausbreitung ordnen sich die Felder so an, daß die Spiralen Feldlinien bilden. Diese Richtung des Magnetfeldes wurde mit Raumsonden im interplanetaren Raum gemessen (siehe Kap. 23c). Indirekt erschließt man diese Feldverteilung auch aus der Ausbreitung der Kosmischen Strahlung (vgl. Fig. 126).

23c) *Beobachtungsergebnisse von Raumsonden*

Die ersten interplanetaren Messungen über ein längeres Beobachtungsintervall lieferte die Venus-Sonde MARINER 2, die im August 1962 gestartet wurde. Das US-Satellitenprogramm der folgenden Jahre mit IMP 1: Nov. 1963 (von *I*nterplanetary *M*onitoring *P*latform), IMP 2: Okt. 1964, OGO 1: Sept. 1964 (von *O*rbiting *G*eophysical *O*bservatory) MARINER 4: Nov. 1964 (Mars-Sonde), IMP 3: Mai 1965, PIONEER 6: Dez. 1965, OGO 3: Juni 1966, IMP 4: Juli 1966, PIONEER 7: Aug. 1966 und den verschiedenen VELA-Satelliten (deren Hauptaufgabe es ist, Kernwaffenexplosionen aufzuspüren) gab günstige Gelegenheiten, die Verhältnisse im interplanetaren Raum zu studieren, da sich jahrelang praktisch immer ein messender Satellit im interplanetaren Raum außerhalb der Erdatmosphäre befand.

Allerdings stammen die bisher veröffentlichten Messungen fast alle aus den Jahren minimaler Sonnenaktivität, und es mag sein, daß das Bild, welches wir uns heute von der weiteren Sonnenumgebung machen, nur den *Minimumsbedingungen* entspricht und daß das Sonnenfleckenmaximum noch mit Überraschungen aufwarten wird. Gemessen wurden vor allem Anzahl, Art und Energie der vorhandenen Teilchen sowie das interplanetare Magnetfeld.

Zunächst sollen einige Durchschnittswerte der gemessenen Größen angegeben werden. Diese Daten beziehen sich auf den interplanetaren Raum in der Nähe der Erdbahn. Die mittlere *Teilchendichte* beträgt 5 Ionen/cm³, die einzelnen Beobachtungen schwanken aber zwischen

0,4 und 80. Es handelt sich hauptsächlich um Protonen mit einer Beimengung von durchschnittlich 4 % Heliumkernen. Die thermische Energie der Ionen entspricht einer *Temperatur* von $2 \cdot 10^5$ °K. Die Teilchen strömen mit einer *Geschwindigkeit* von 300 bis 900 km/sec (Mittelwert 450) nahezu radial von der Sonne nach außen. Sie kommen scheinbar von einem Punkt 1,5° östlich der Sonne. Diese Aberration wird durch das Mitrotieren der Teilchen in der Sonnenkorona verursacht.

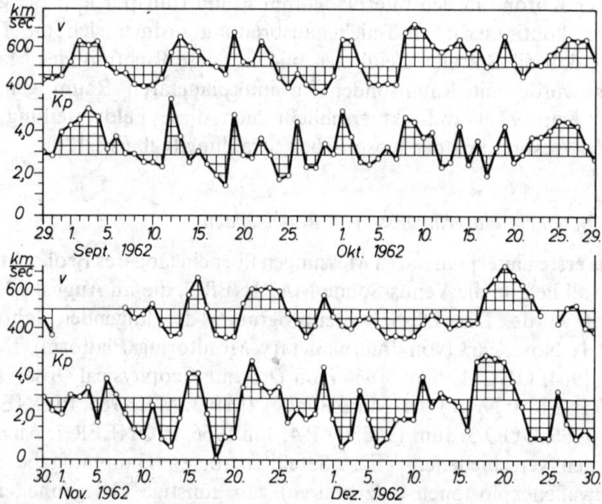

Fig. 129 Vergleich der von MARINER 2 gemessenen Geschwindigkeit solarer Partikel mit Tagesmittelwerten $\overline{Kp}$ (aus *Ap* berechnet). Beide Zeitreihen sind *zentriert* und *normiert*.

Eines der ersten Ergebnisse der interplanetaren Messungen war die Entdeckung einer engen Korrelation zwischen der Geschwindigkeit des solaren Windes und den aus irdischen Magnetfeldbeobachtungen abgeleiteten Kennziffern *Kp*. Die *Fig. 129* zeigt für ein bestimmtes Zeitintervall die Geschwindigkeiten v zusammen mit Tagesmittelwerten $\overline{Kp}$ in zentrierter und normierter Form (wie die Werte von Fig. 123). Man erkennt die große Ähnlichkeit der beiden Kurven; speziell, wenn man die Lage der einzelnen Spitzen in den beiden Kurven miteinander vergleicht.

In der Originalarbeit (C. W. SNYDER, M. NEUGEBAUER und U. R. RAO, J. Geophys. Res. **68** (1963), 6361–6370) wurde v mit den Tagessummen von Kp korreliert. Da aber Kp ein logarithmisches Maß ist (vgl. Kap. 19b), wurde für die Fig. 129 ein mittleres $\overline{Kp}$ aus dem Tageswert Ap berechnet. Als Erfolg dieser Prozedur erhält man eine leichte Vergrößerung des Korrelationskoeffizienten r: Für das in Fig. 129 dargestellte Zeitintervall ist $r(v, \Sigma Kp) = +0{,}70$ und $r(v, \overline{Kp}) = +0{,}74$.

Die Ausgleichsrechnung liefert für die Beziehung zwischen v und $\overline{Kp}$ die „beste Gerade"

$$v = (65\,\overline{Kp} + 315)\ \text{km/sec}\,. \tag{23.14}$$

Während die Teilchen fast immer in radialer Richtung strömen (abgesehen von der kleinen Aberration) bilden die Feldlinien den Winkel χ (Gleichung 23.13) mit dem Radiusvektor. Eine Häufigkeitsverteilung der gemessenen Feldrichtungen zeigte ein ausgesprochenes Maximum bei der Richtung der Rasensprenger-Spiralen, wobei die Felder etwa gleich häufig nach außen, d.h. von der Sonne weg, wie nach innen wiesen. Die Vorzeichenwechsel erfolgten dabei aber nicht regellos, sondern waren an Strukturen gebunden, die mehrere Sonnenrotationen hindurch

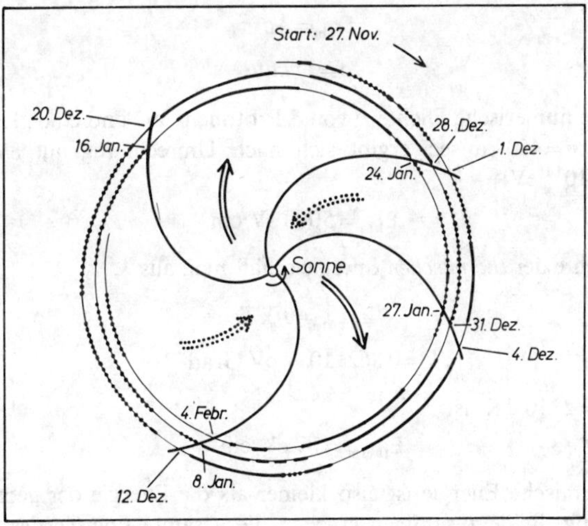

Fig. 130 Sektorstruktur des interplanetaren Magnetfeldes gemessen mit IMP 1 (1963/64, also in der Nähe des *Sonnenfleckenminimums*). Darstellung in einem mit der Sonne rotierenden Koordinatensystem. Meßperioden, in denen die Radialkomponente des Magnetfeldes von der Sonne weggerichtet war, sind durch *dick ausgezogene* Linien, Perioden, in denen die Radialkomponente zur Sonne hin gerichtet war, durch *punktierte* Linien gekennzeichnet.

bestehenblieben *(Fig. 130)*. Die Magnetfeldmessungen enthüllen so eine quasistationär mit der Sonne rotierende *Sektorstruktur* der Sonnenumgebung. Die Anordnung der Sektoren gleichen Vorzeichens ändert sich plötzlich bei starken Sonneneruptionen oder allmählich im Verlauf längerer Zeitintervalle. Beobachtungen während des beginnenden neuen Sonnenfleckenzyklus (1965) deuten darauf hin, daß eine ausgeprägte Sektorstruktur offenbar nur während des Minimums existiert. Die gemessenen *Magnetfeldstärken* liegen zwischen 2 und 40 gamma bei einer mittleren Feldstärke von 6 gamma.

Die Entstehung der Sektorstruktur erklärt man durch das Mitschleppen eingefrorener Magnetfelder im solaren Wind (Kap. 23 b). Die Felder entstammen der Chromosphäre und der unteren Korona. Der Geometrie des Rasensprengers entsprechend ordnen sie sich auf Spiralen an. Die quasistationäre Sektorstruktur macht dann auch die *27tägige Wiederkehrneigung* erdmagnetischer und ionosphärischer Störungen verständlich, die schon seit langem bekannt ist (vgl. Kap. 22c).

Ein übersichtliches Bild der möglichen Wechselwirkungen von Teilchen und Feldern im interplanetaren Raum erhält man durch Berechnung der mittleren *Energiedichten*. Für die Dichte der *kinetischen* Energie des solaren Windes gilt

$$\mathsf{E}_{\mathrm{kin}}=\tfrac{1}{2}\rho v^2, \tag{23.15}$$

$$\rho=\text{Dichte}.$$

Für eine numerische Dichte n von 5 Protonen/cm^3 und eine Geschwindigkeit $v=450$ km/sec ergibt sich nach Umrechnung auf eV (1 erg $=6{,}24\cdot 10^{11}$ eV)

$$\mathsf{E}_{\mathrm{kin}}=5000\ \mathrm{eV/cm^3}.$$

Die Dichte der *thermischen* Energie erhält man aus

$$\mathsf{E}_{\mathrm{therm}}=n\mathrm{k}T, \tag{23.16}$$

$$\mathrm{k}=0{,}862\cdot 10^{-4}\ \mathrm{eV\ Grad^{-1}}.$$

Für $T=2\cdot 10^5\,{}^\circ\mathrm{K}$ ist

$$\mathsf{E}_{\mathrm{therm}}=87\ \mathrm{eV/cm^3}.$$

Die thermische Energie ist also kleiner als die Energie der geordneten Bewegung. Beide zusammen ergeben die gesamte Energie des solaren Windes. Die Dichte der *magnetischen* Energie erhält man aus

$$\mathsf{E}_{\mathrm{magn}}=\frac{1}{8\pi}H^2. \tag{23.17}$$

Mit $H = 6$ gamma wird

$$E_{magn} = 90 \text{ eV/cm}^3 .$$

Die Dichte der magnetischen Energie liegt also erheblich unter der Bewegungsenergie des solaren Windes. Deshalb kann das Magnetfeld als eingefrorenes Feld mitgeführt werden. Andererseits ist E_{magn} groß gegenüber der Energiedichte der *Kosmischen Strahlung*. Obwohl die einzelnen Teilchen eine sehr große Energie haben, beträgt die Energiedichte doch nur etwa 1 eV/cm³. Aus diesem Grund verursacht die Kosmische Strahlung keine Änderung des interplanetaren Magnetfeldes, sondern wird im Gegenteil von ihm geführt (vgl. Fig. 126).

Praktisch ungehindert geht der Energiestrom der solaren Wellenstrahlung – der alle anderen Energieflüsse um mehrere Größenordnungen übertrifft – durch das interplanetare Medium hindurch. Gelegentlich wird das interplanetare Gas von *Stoßwellen* erschüttert. Stoßwellen, die die Korona aufheizen, existieren bestimmt in der Sonnenatmosphäre. Solche Wellen können auch in den interplanetaren Raum weiterlaufen. Außerdem muß jede Geschwindigkeitsänderung des solaren Windes von Stoßwellen begleitet sein. Stehende Stoßwellen bilden sich an Hindernissen wie den Planeten und deren Monden aus (siehe Kap. 24c). Schließlich sorgt auch an der äußeren Grenze der Heliosphäre eine Stoßwelle für den Übergang der Geschwindigkeit auf Unterschallwerte.

Literatur zu Kap. 23

Die Literatur zu diesem Kapitel findet man vorwiegend in Originalarbeiten, doch existieren bereits einige Zusammenstellungen:

R. J. Mackin und M. Neugebauer: The Solar Wind. Oxford-London 1966.

S. Chapman: Solar Plasma, Geomagnetism and Aurora. New York-London 1964.

24. *Die Magnetosphäre*

Mit diesem Kapitel kehren wir wieder zur Erde zurück. Die Erde bildet ein Hindernis für den solaren Wind. Da die anströmenden Teilchen ionisiert sind, werden sie schon in mehreren Erdradien Abstand vom Erdmittelpunkt durch das Erdmagnetfeld abgelenkt, deshalb ist das Hindernis viel größer als der bloße Erdkörper. Auf der der Sonne zugewandten (Luv-)Seite bildet sich ein Stau, an den Seiten können die von der Sonne kommenden Partikel vorbeistreichen.

So entsteht durch Wechselwirkung zwischen Erdmagnetfeld und solarem Wind eine Art Stromlinienkörper, den man Magnetosphäre nennt (vgl. Fig. 2). Die äußere Begrenzung der Magnetosphäre ist die Magnetopause (Kap. 24b). Sie umschließt das gesamte Magnetfeld der Erde. Auf der sonnenabgewandten (Lee-)Seite wird die Magnetosphäre vom solaren Wind zu einem langen Schweif (Kap. 24d) ausgezogen. Auf der Luvseite vollzieht sich im solaren Wind dicht vor der Magnetopause der Übergang von der Überschall- in die Unterschallströmung in Form einer stehenden Stoßwelle (Kap. 24c). Zwischen Stoßwelle und Magnetopause liegt ein turbulentes Übergangsgebiet (Kap. 24c). Die Gliederung in diese verschiedenen Bereiche in und vor der Magnetosphäre beruht auf den Messungen von Raketen und Satelliten (Kap. 24a).

24a) *Meßergebnisse von Satelliten und Raumsonden*

Die bislang am besten bekannten Meßgrößen sind das Magnetfeld und die Zahl und Geschwindigkeit energiereicher Protonen. Zur einheitlichen Darstellung der Messungen an verschiedenen Orten und zu verschiedenen Tages- und Jahreszeiten zerlegt man das Magnetfeld $\boldsymbol{H}$ in die Komponenten X, Y, Z eines *geozentrischen Ekliptikkoordinatensystems (Fig. 131)*. Sein Ursprung ist der Erdmittelpunkt, die z-Achse

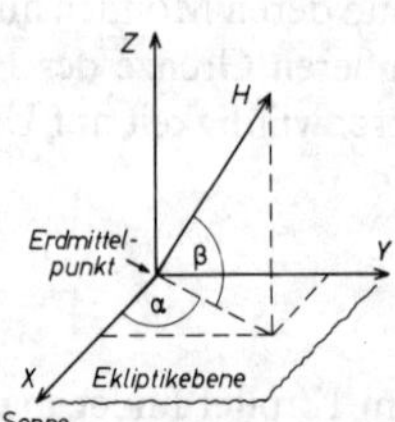

Fig. 131 Magnetfeldkomponenten im geozentrischen Ekliptik-Koordinatensystem.

steht senkrecht auf der Ekliptik und weist in nördliche Richtung. Die x-Achse ist immer auf die Sonne hin gerichtet. Zur Kennzeichnung des Feldes wählt man auch die Totalintensität H und die Winkel α und β.

Die Magnetfelddaten von IMP 1 (vgl. Kap. 23c) wurden mit Förstersonden gewonnen. Diese hatten einen Meßbereich von 40 gamma bei einer Genauigkeit von 0,4 gamma. Für Zeitintervalle von 5,5 Minuten wurden komponentenweise (X, Y, Z) Mittelwerte und mittlere quadratische Abweichungen (Gleichung 22.4) aus jeweils 12 Einzelmessungen berechnet. Die Mittelwerte wurden auf H, α und β umgerechnet. Solche Mittelwerte sind zusammen mit den mittleren quadratischen Abweichungen m_X, m_Y, m_Z der Komponenten in der *Fig. 132* für einen Bahnabschnitt, der von etwa 10 bis 25 Erdradien Abstand vom Erdmittelpunkt reicht, aufgetragen.

Gestrichelt sind in Fig. 132 für H, α und β die Werte angegeben, die man durch Feldfortsetzung für das aus dem Erdinneren stammende Magnetfeld berechnet hat. Der Abfall der Totalintensität ist dabei in guter Näherung proportional zu $1/r^3$. Satelliten, deren Magnetometer die Messung auch größerer Feldstärken erlauben, zeigen in Abständen

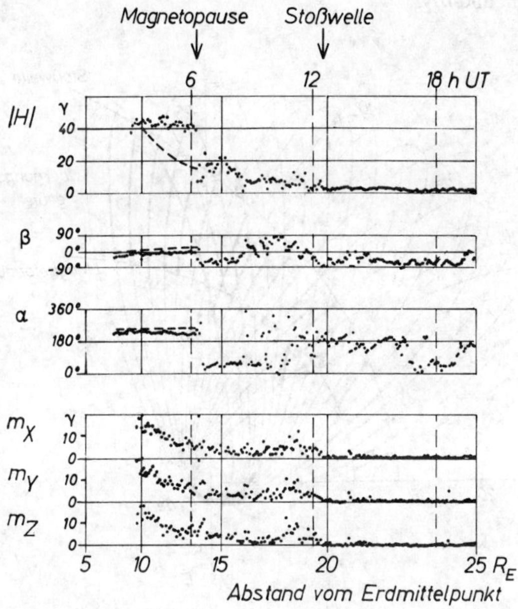

Fig. 132 Magnetfeldmessungen von IMP 1 am 5. Januar 1964 (während der ersten Hälfte des 11. Umlaufs). Als Abszissenbeschriftung ist *oben* die Zeit und *unten* der Abstand vom Erdmittelpunkt angegeben. Die aus den Messungen bestimmten Durchtrittspunkte durch Magnetopause und Stoßwelle sind markiert. (Nach N. F. NESS, C. S. SCEARCE und J. B. SEEK, 1964.)

von einigen R_E eine gute Übereinstimmung zwischen gemessenen und berechneten Werten. In größerer Entfernung (auf der Sonnenseite) gabeln sich aber die Kurven der gemessenen und berechneten Werte von H; in unserem Beispiel geschieht das bei etwa 10 R_E. Die Meßwerte bleiben ein ganzes Stück lang nahezu konstant. Danach fallen sie plötzlich auf ein ganz anderes Niveau. Gleichzeitig tritt eine Richtungsänderung auf. Diese Sprungstelle gehört zur *Magnetopause* (in Fig. 132 bei 13,6 R_E).

Außerhalb der Magnetopause zeigt das Feld zunächst starke und unregelmäßige örtliche Variationen im Betrag und in der Richtung. Das ändert sich an einer zweiten Grenze (in Fig. 132 bei 19,7 R_E), die als Ort der (stehenden) *Stoßwelle* gedeutet wird. Jenseits der Stoßwelle ist der Feldverlauf viel ruhiger als in dem *Übergangsgebiet* zwischen der Magnetopause und der Stoßwelle. Das sieht man besonders deutlich am Verhalten von m_X, m_Y und m_Z.

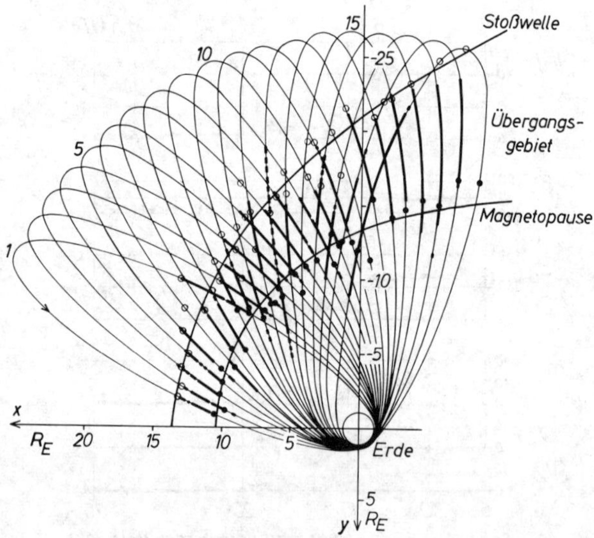

Fig. 133 Zusammenstellung der IMP 1 Messungen zur Identifizierung von Magnetopause und Stoßwelle bei den ersten 19 Umläufen im geozentrischen Ekliptik-Koordinatensystem. Magnetfeldmessungen: *Offene* Kreise = Stoßwelle, *ausgefüllte* Kreise = Magnetopause. Plasmamessungen: *dick ausgezogenes* Bahnstück = Übergangsgebiet. *Numerierung* der Umlaufellipsen 1, 5, 10, 15 beim Apogäum.

Man kann die Messungen eines langlebigen Satelliten, dessen Bahn stark exzentrisch ist und in der Nähe der Ekliptikebene liegt, dazu benutzen, den Verlauf der Magnetopause und der Stoßwelle in der Ekliptikebene zu studieren, da sich wegen der jährlichen Bahnbewegung der Erde die Richtung zur Sonne (x-Achse) langsam gegen die große Achse der Ellipse dreht (Fig. 133). Auch die Protonenmessungen gestatten eine Identifizierung sowohl der drei Bereiche: Magnetosphäre, Übergangsgebiet und interplanetarer Raum, als auch der beiden Grenzflächen: Magnetopause und Stoßwelle. Die Einzelheiten der Teilchenmessungen sollen wegen der besonderen Bedeutung für das Übergangsgebiet in Kap. 24c gebracht werden (siehe auch Fig. 134). Eine Zusammenfassung dieser Messungen und der aus den Magnetfelddaten abgeleiteten Beobachtungen während der ersten 19 Umläufe von IMP 1 bietet die *Fig. 133.*

Die aus den beiden Messungen unabhängig voneinander erschlossenen Durchstoßpunkte durch die Magnetopause und die Stoßwelle stimmen verhältnismäßig gut überein. Die räumliche Zusammenstellung der Beobachtungen in Fig. 133 enthüllt einen relativ glatten Verlauf dieser Flächen im x-y-System, obwohl der 1. und der 19. Umlauf mehr als 70 Tage auseinander lagen. Allerdings stammen die Messungen aus einer Zeit minimaler Sonnenaktivität; diesem Umstand ist es zu verdanken, daß die Grenzflächen während der gesamten Zeit keine größeren zeitlichen Variationen erlitten haben.

24b) *Die Magnetopause*

Die Magnetopause ist die äußere Begrenzung der Magnetosphäre. Sie bildet eine zusammenhängende Fläche, für die die Normalkomponente des Magnetfeldes verschwindet. Ihre Dicke ist von der Größenordnung des mittleren Gyrationsradius der Protonen, das sind weniger als 100 km. Auf der Sonnenseite ist die Magnetopause geschlossen, auf der Nachtseite läuft sie in den Schweif aus. Ihr Abstand vom Erdmittelpunkt beträgt auf der Sonnenseite 8 bis 12 Erdradien. Bei magnetischen Stürmen wird die Magnetopause näher an die Erde herangeschoben. In einzelnen Fällen wurde sie schon in 6,5 R_E Abstand beobachtet.

An der Magnetopause heben sich der *Druck* des von außen kommenden solaren Windes und des aus dem inneren stammenden erdmagnetischen Feldes gerade auf. In dem sonnennächsten (=subsolaren) Punkt gilt:

$$2 n m_p v^2 = \frac{H^2}{8\pi}, \qquad (24.1)^1$$

v = Geschwindigkeit des solaren Windes,
n = numerische Teilchendichte,
m_p = Teilchenmasse ($=1{,}67 \cdot 10^{-24}$ gr),
H = Feldstärke des (tangentialen) Magnetfeldes.

[1] Auf der linken Seite von Gleichung (24.1) steht beim Gasdruck der Faktor 2 statt des aus der kinetischen Gastheorie bekannten 1/3, weil die Bewegung der von der Sonne kommenden Teilchen nicht statistisch ist, sondern gerichtet.

Typische Werte[1] sind: $n=5$ Protonen/cm^3 und $v=360$ km/sec. Mit diesen Werten berechnet man aus der Gleichung (24.1) ein Magnetfeld von $H=74$ gamma. Der *subsolare Punkt* liegt also da, wo die Magnetfeldstärke 74 gamma beträgt. Wäre nur das Dipolfeld der Erde vorhanden, so wäre das im Abstand von 7,5 R_E vom Erdmittelpunkt der Fall. In Wirklichkeit gehört zu den angenommenen Werten von n und v aber ein Abstand von 10 R_E. (Das ist der Wert von Fig. 133.)

Die Fig. 132 zeigt nämlich, daß das gemessene Magnetfeld mehr als doppelt so groß ist wie das Dipolfeld am Ort der Magnetopause. (Ablesung und Rechnung führen für die Fig. 133 auf eine etwa 2,4fache Verstärkung.) Außer dem Dipolfeld wirkt das Magnetfeld elektrischer Ströme, die durch Einwirkung des solaren Windes in der Magnetopause elektromagnetisch induziert werden. Ein solches Stromsystem hatten S. Chapman und V. C. A. Ferraro für die Entstehung des *ssc* verantwortlich gemacht (vgl. Fig. 106); deshalb spricht man von *Chapman-Ferraro-Strömen.* Wäre die Grenzfläche eben, so erhielte man überall eine Feldverdoppelung. Auf einer kugelförmigen Begrenzung eines zentrisch liegenden Dipols ergäbe sich am subsolaren Punkt eine Verdreifachung. Der beobachtete Wert liegt dazwischen. Mit dem empirischen Verstärkungsfaktor 2,4 berechnet man eine Dipolfeldstärke von $74:2{,}4=31$ gamma, das ist der Wert des Erdfeldes im Abstand 10 R_E. Die Chapman-Ferraro-Ströme fließen auf der Luvseite zonal von Westen nach Osten um die Magnetosphäre herum. Sie machen das Erdmagnetfeld außen zu Null.

Interessante Gebiete auf der Magnetopause sind die *neutralen Punkte.* Wie aus der Fig. 2 zu ersehen ist, werden durch den solaren Wind einige Feldlinien, die die Erde in der Nähe der Pole auf der Tagseite verlassen, auf die Nachtseite verschleppt. In niedrigen Breiten dagegen bleiben die Feldlinien ganz auf der Tagseite. Sie werden durch den solaren Wind lediglich verformt. An der Grenze der nichtverschleppten Feldlinien gibt es auf jeder Halbkugel eine, die auf der Magnetopause endet. Das ist nur möglich, weil an dieser Stelle zugleich die Magnetfeldstärke Null wird. Diese Orte auf der Magnetopause nennt man die neutralen Punkte. Sie sind nicht nur eine geometrische Kuriosität, sondern haben möglicherweise für physikalische Vorgänge in der Magnetosphäre eine Bedeutung: Nur an diesen Stellen könnten geladene Teilchen in die Magnetosphäre eindringen, ohne daß sie vom Magnetfeld daran gehindert werden. Bisher wurde allerdings kein magnetosphärischer Effekt gefunden, den

[1] Die hier gewählte Geschwindigkeit ist kleiner als der im Kap. 23c angegebene Mittelwert (450 km/sec), weil die Teilchen beim Durchgang durch die Stoßwelle (Kap. 24c) gebremst werden. Die zugehörigen Teilchenenergien sind: $v=450$ km/sec $\triangleq 1$ keV; $v=360$ km/sec $\triangleq 0{,}6$ keV.

man eindeutig auf die neutralen Punkte zurückführen kann. Die von ihnen gebildeten Einlaßtore dürften ja auch sehr eng sein.

Es gibt eine Reihe theoretisch berechneter *Magnetopausenmodelle*, die aus der Lösung von Gleichung (24.1) und ihrer Erweiterungen (z.B. Berücksichtigung des Gasdrucks innerhalb und des magnetischen Druckes außerhalb der Magnetosphäre) hervorgehen. In der angegebenen Form gilt die Gleichung (24.1) nur für den subsolaren Punkt der Magnetopause. Für andere Punkte muß man für v die Normalkomponente der Geschwindigkeit verwenden. Weiter haben wir zur Vereinfachung der geometrischen Verhältnisse bisher immer angenommen, daß der subsolare Punkt auf dem geomagnetischen Äquator liegt. Bei genaueren Rechnungen muß man aber die tägliche und jährliche Variation seiner geomagnetischen Breite berücksichtigen. Die Fig. 135 gibt ein Beispiel für eine weniger spezielle Lage.

Auch zur Erklärung der in Fig. 132 gezeigten Beobachtungen muß man berücksichtigen, daß der Durchstoßpunkt durch die Magnetopause verhältnismäßig weit vom subsolaren Punkt entfernt war. Beim Durchfliegen der Magnetopause auf der 1. Hälfte des 11. Umlaufs war die Flächennormale um etwa 60° gegen die Richtung des solaren Windes geneigt. (vgl. Fig. 133). Deshalb folgt aus der Gleichgewichtsbedingung $H = \cos 60° \cdot 74 = 37$ gamma. Daraus ergibt sich die Dipolfeldstärke näherungsweise zu $37 : 2{,}4 = 15{,}5$ gamma. Der Durchstoßpunkt lag auch nicht in der Ebene des geomagnetischen Äquators. Deshalb beträgt die Dipolfeldstärke für 10 R_E Abstand 40 statt 31 gamma (Fig. 132 gestrichelt). Damit berechnet man den Abstand vom Erdmittelpunkt zu $\sqrt[3]{40:15{,}5} \cdot 10\ R_E = 13{,}7\ R_E$. So erhält man eine leidliche Übereinstimmung zwischen den beobachteten und den berechneten Werten.

Bisher gibt es Messungen der Magnetopause nur an einzelnen Punkten und fast nur in der Ekliptik. Um daraus ein einheitliches geometrisches Modell zu berechnen, nimmt man gewisse Symmetrieeigenschaften an. Häufig setzt man voraus, daß die Krümmungsradien auf jedem geomagnetischen Meridian gleich sind. Eine andere Annahme wäre: Zylindersymmetrie um die x-Achse. Die noch weitergehende Kugelsymmetrie (für die Luvseite) wird von den Beobachtungen widerlegt.

Alle diese Rechnungen gelten nur für die Luvseite der Magnetosphäre. Auf der Leeseite müssen tangentiale Reibungskräfte über die Magnetopause auf die Magnetosphäre einwirken, anders kann man die große Ausdehnung des Schweifs (siehe Kap. 24d) nicht erklären.

24c) *Stoßwelle und Übergangsgebiet*

Bei sehr schnell strömenden Flüssen beobachtet man manchmal dicht oberhalb eines Hindernisses, z.B. eines Wehres, eine feststehende Stufe im Wasserspiegel. Ein solcher *Wassersprung* bildet sich aus, wenn die

Strömungsgeschwindigkeit größer ist als die Geschwindigkeit der Wasserwellen. In diesem Falle stellt sich die sonst an Wasserströmungen beobachtete Einebnung der Oberfläche nicht ein, weil sich das Hindernis stromaufwärts nicht bemerkbar machen kann.

Einem Wassersprung ähnlich ist die *Stoßwelle*, die im solaren Wind vor der Magnetosphäre steht: Die beiden wichtigsten Signalgeschwindigkeiten im solaren Wind sind die Schallgeschwindigkeit v_S (Gleichung 23.6) und die Geschwindigkeit der Alfvén-Wellen v_A (Gleichung 17.70). Bei einer Temperatur des solaren Plasmas von $2 \cdot 10^5$ °K ist $v_S = 70$ km/sec. Für $n = 5$ Protonen/cm³ und $H = 6$ gamma ist $v_A = 60$ km/sec. Der solare Wind dagegen fließt im Mittel mit $v = 450$ km/sec. Diese Geschwindigkeit entspricht den Machzahlen $M_S = 6{,}4$ bzw. $M_A = 7{,}5$ (bezogen auf v_S bzw. v_A). Deshalb bildet sich die Stoßwelle aus. In ihr werden die Teilchen unstetig auf Unterschallgeschwindigkeiten abgebremst. Ebenso unstetig ändern sich in der Stoßfront alle anderen Parameter des solaren Windes. Der Schnitt der Stoßfront mit der Ekliptik ist nahezu hyperbolisch.

Die Analogie zur Hydro- und Aerodynamik führt aber zu begrifflichen Schwierigkeiten. In der Aerodynamik treten vor Hindernissen nur dann Stoßwellen auf, wenn das Hindernis groß gegenüber der mittleren freien Weglänge ist. Den Durchmesser des Magnetosphärenquerschnittes kann man zu etwa $2 \cdot 10^5$ km annehmen (vgl. Fig. 2). Die mittlere freie Weglänge eines Teilchens im solaren Wind ist aber von der Größenordnung einer Astronomischen Einheit, also $1{,}5 \cdot 10^8$ km. Deshalb ist eine direkte Wechselwirkung zwischen zwei Teilchen (über mechanische oder Coulomb-Stöße) praktisch bedeutungslos. Die Teilchen können aber mittelbar – über elektromagnetische Wellen – in eine *kollektive Wechselwirkung* miteinander treten. In diesem Fall übernimmt der Gyrationsradius r_g (Gleichung 17.3) die Rolle der mittleren freien Weglänge. Für Protonen im solaren Wind erhält man (mit $v = 450$ km/sec und $H = 6$ gamma) $r_g = 783$ km. Von dieser Größenordnung ist auch die Dicke der Stoßwelle.

Eine solche Stoßwelle wird in der engl. Literatur "collision-free shock wave" genannt. Die wörtliche Übersetzung „stoßfreie Stoßwelle" klingt paradox. Eine gute, aber umständliche Übersetzung ist „Stoßwelle in einem dünnen Plasma, bei dem keine Teilchenzusammenstöße auftreten". Kurz könnte man sagen „kollisionsfreie Stoßwelle". Gelegentlich findet man in der deutschen Literatur auch den Ausdruck „Schockwelle". Ihn sollte man jedoch vermeiden, denn der Begriff „Stoßwelle" ist schon mindestens seit den Arbeiten Bernhard Riemanns (1826–1866) über diese Erscheinungen bekannt und im Gebrauch.

Stoßwellen in kollisionsfreien Plasmen sind noch wenig erforscht. Die Stoßwelle vor der Magnetosphäre ist das erste Beispiel, welches intensiver studiert werden konnte.

Zwischen der Stoßwelle und der Magnetopause befindet sich ein *Übergangsgebiet* (engl. magnetosheath). Dort sind die örtlichen Variationen des Magnetfeldes größer und unregelmäßiger als vor der Stoßfront (vgl. Kap. 24 a, speziell Fig. 132). Dies deutet auf heftige Turbulenz hin. Bestätigt wird diese Annahme durch die Messungen des Protonenflusses *(Fig. 134)*. Innerhalb der Magnetopause, in der äußeren Magnetosphäre, gibt es praktisch keinen Fluß von Protonen mit Energien

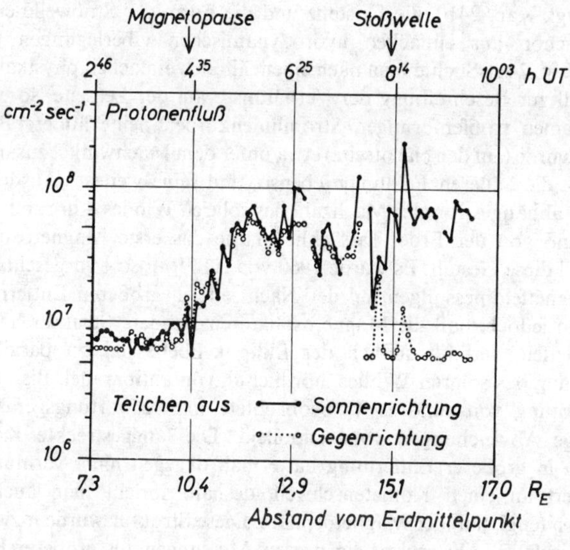

Fig. 134 Protonenflußmessungen von IMP 1 am 1. Dezember 1963 beim 2. Umlauf (auswärts gerichtet). *Abszissenbeschriftung* wie in Fig. 132. Energiebereich: 220 bis 640 eV. Der Rauschpegel liegt bei $7 \cdot 10^6$ Teilchen/cm² sec. Zwischen Magnetopause und Stoßwelle ist der Fluß nahezu isotrop (nach E. F. LYON).

zwischen 200 und 600 eV (d. h. mit einer Geschwindigkeit zwischen 200 und 350 km/sec). Im interplanetaren Raum dagegen beobachtet man einen starken Fluß von Teilchen aus der Richtung der Sonne, aber keinen Fluß aus der Gegenrichtung. Im Übergangsgebiet kommen aus der Sonnen- und der Gegenrichtung gleich viele Teilchen. Die Bewegung ist ungeordnet und turbulent. (Diese Beobachtung wurde zur Markierung des Übergangsgebietes in Fig. 133 verwandt.) Neben den energiereichen Protonen beobachtet man im Übergangsgebiet auch Elektronen mit Energien von einigen keV, während im interplanetaren Raum die Elektronen selten Energien von mehr als einigen eV haben. Daraus schließt man, daß in der Stoßwelle ein Teil der Energie der Protonen auf die Elektronen übergeht.

24d) *Der Magnetosphärenschweif*

Lage und Gestalt der Magnetopause auf der Luvseite der Erde konnten durch die einfache Annahme eines Druckgleichgewichts bestimmt werden (vgl. Kap. 24b), die Existenz und die Form der Stoßwelle ergaben sich schon aus einfachen hydrodynamischen Überlegungen heraus (vgl. Kap. 24c). Suchte man nach einem ähnlich einfachen physikalischen Modell zur Beschreibung der Verhältnisse auf der Leeseite, so erhielte man einen tropfenförmigen Stromlinienkörper. Seine äußere Begrenzung würde (auf der Nachtseite) etwa unter dem Machwinkel zusammenlaufen, die äußeren Feldlinien ebenso, und seine weiteste Ausdehnung läge – abhängig von der Machzahl des solaren Windes – in rund 100 R_E Abstand von der Erde. Tatsächlich hatte das erste Magnetosphärenmodell diese Gestalt. Es wurde 1960 von F. S. JOHNSON vorgeschlagen.

Magnetfeldmessungen auf der Nachtseite in größeren Entfernungen zeigten jedoch, daß die Magnetosphäre eine andere Struktur hat: Das Magnetfeld verläuft südlich der Ekliptik-Ebene nahezu parallel zur Richtung des solaren Windes, nördlich davon antiparallel. Bis zu einer Entfernung von rund 8 R_E beobachtete man erwartungsgemäß nur geringe Abweichungen vom Dipolfeld. Die langgestreckte Konfiguration in größerer Entfernung hatte man dagegen nicht vermutet. Sie erinnert an einen Kometenschweif, deshalb spricht man auch vom *Schweif* (engl. tail) der Magnetosphäre. Diese Struktur wurde inzwischen noch in 80 R_E Abstand nachgewiesen. Messungen aus größerer Erdentfernung (1000 R_E) geben keine deutlichen Hinweise mehr auf das Vorhandensein des Schweifes.

Die Existenz des Schweifs setzt voraus, daß eine Kraft in antisolarer Richtung wirkt, die der elastischen Spannung $H^2/4\pi$ entlang der Feldlinien die Waage hält. Die Natur dieser Kraft ist noch ungeklärt. Es ist nicht ausgeschlossen, daß durch turbulente Reibung an der Magnetopause eine Impulsübertragung vom solaren Wind auf den Schweif stattfindet. Man hat abgeschätzt, daß 10 Prozent des Gesamtimpulses ausreichen, dem Schweif seine lange Form zu geben. Detaillierte Rechnungen fehlen allerdings noch.

In der Mitte des Schweifs existiert eine *neutrale Schicht*, ein flaches Gebiet, welches durch die unvermittelte Richtungsänderung des Magnetfeldes gekennzeichnet ist. Die Feldstärke sinkt in der neutralen Schicht auf einen sehr kleinen Wert ab, verschwindet aber nicht völlig. Deshalb ist die Schicht auch nicht ideal neutral. In der Umgebung der neutralen Schicht beobachtet man eine größere Plasmaansammlung. Man spricht deshalb von einer *Plasmaschicht (Fig. 135)*. Sie hat eine Dicke

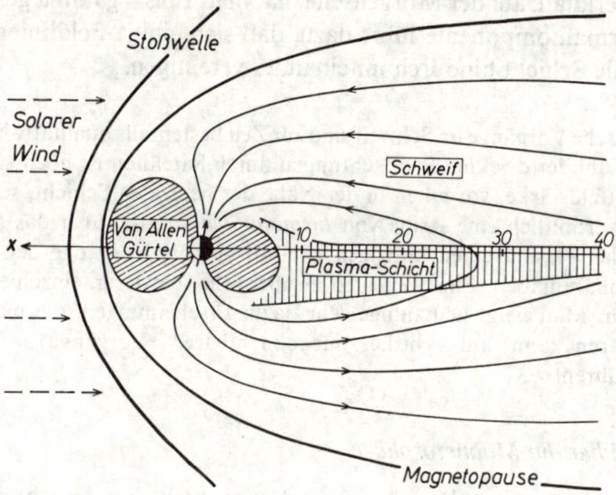

Fig. 135 Schnitt durch die Magnetosphäre im Mittags-Mitternachtsmeridian. Anders als in Fig. 2 ist hier der geomagnetische Äquator gegen die Ekliptik geneigt.

von 5 bis 10 R_E. Die neutrale Schicht ist viel dünner (500 bis 5000 km) und ist in die Plasmaschicht eingebettet. Die neutrale Schicht ist nicht in Ruhe, sondern bewegt sich mit Geschwindigkeiten bis zu mehreren km/sec auf und ab („flattert"). Infolge dieser Eigenbewegung beobachtet man relativ häufig auf einer einzigen Satellitenbahn mehrere Durchquerungen der neutralen Schicht nacheinander.

Zur Beschreibung der Schweifkonfiguration benutzt man das *solar-magnetosphärische Koordinatensystem*. Dessen x-Achse ist wie beim geozentrischen Ekliptik-Koordinatensystem (Fig. 131) vom Erdmittelpunkt zur Sonne hin gerichtet. z-Achse ist aber die Projektion der geomagnetischen Dipolachse auf die Ebene $x=0$ (durch den Erdmittelpunkt und senkrecht auf der x-Achse). Die y-Achse ergänzt die beiden anderen Achsen zu einem rechtshändigen, orthogonalen System.

Die *Magnetfeldstärke* im Schweif liegt in Entfernungen von weniger als 50 R_E zwischen 10 und 18 gamma. In größerer Entfernung nimmt die Feldstärke langsam ab. Die äußeren Feldlinien sind nicht genau parallel, sondern divergieren leicht nach außen. Die Feldstärke im Schweif variiert etwas mit der Zeit, wobei eine positive Korrelation zu der am Erdboden gemessenen erdmagnetischen Aktivität besteht. In der neutralen Schicht verbleibt eine Normalkomponente von weniger als 1 gamma in der Nähe des Mitternachtsmeridians. In größerer Entfernung von diesem Meridian, auf der Morgenseite, hat man 1 bis 4 gamma gemessen. Diese Normalkomponente führt dazu, daß sich einige Feldlinien durch die neutrale Schicht hindurch miteinander vereinigen.

Dynamische Vorgänge im Schweif sind zur Zeit bestenfalls qualitativ bekannt. Auch die Zahl der direkten Beobachtungen durch Satelliten ist noch klein. Da die Magnetfeldstärke, vor allem in der Nähe der neutralen Schicht, sehr klein ist, treten vermutlich eine Reihe von *Instabilitäten* auf, die über das Magnetfeld und das Plasma einen kräftigen Einfluß auf die Vorgänge der inneren Magnetosphäre haben. Einstweilen ist es aber sehr schwierig, einzelne Effekte zu isolieren. Man neigt heutzutage sehr dazu, Erscheinungen, die man sonst nicht erklären kann, auf – bisher unbeobachtbare – Vorgänge im Schweif zurückzuführen!

Literatur über die Magnetosphäre

Da es sich um ein sehr neues Forschungsobjekt handelt, findet man Literatur über die Magnetosphäre fast nur in Originalarbeiten. Bei der Abfassung dieses Kapitels wurde insbesondere benutzt:

N.F. Ness et al. in: J. Geophys. Res. **69** (1964), 3531–3569 und **72** (1967), 131–141, 927–933.

Eine Zusammenstellung neuer Beobachtungen und Theorien findet man in dem Sonderband mit den Vorträgen des International Symposium on the Physics of the Magnetosphere. Washington, D.C., Sept. 1968. In: Reviews of Geophysics **7** (1969), 1–459.

25. *Whistler*

Sommer 1954: Abschlußsitzung der 11. Generalversammlung der Internationalen Union für Radiowissenschaften (abgekürzter Name URSI nach der frz. Bezeichnung) im Ridderzaal von Den Haag. Die Vorsitzenden der Kommissionen berichten einer nach dem anderen über die Sitzungen der letzten Tage. Das Interesse der Zuhörer ist nicht besonders groß, die Fachleute wissen schon zu viel, die Ehrengäste zu wenig. Es ist warm und der Sherry, den man zuvor beim Empfang der Regierung getrunken hat, tut ein Übriges. Plötzlich schrecken alle auf. Der Vortragende, Prof. Ratcliffe aus Cambridge, hat *gepfiffen*, mitten in seinem Bericht. Er wollte damit ein Phänomen veranschaulichen, welches die Delegierten aus allen Ländern bei dieser Generalversammlung besonders beschäftigt hatte: An Stationen mittlerer und hoher geomagnetischer Breite empfängt man mit Hilfe einer Antenne und eines leistungsfähigen Verstärkers gelegentlich natürliche Pfeiftöne (engl. whistler). Das sind elektromagnetische Schwingungen im Hörfrequenzbereich (20 bis 20000 Hz). Die Erklärung dieser Erscheinungen führt auf Aussagen über die Verteilung des niederenergetischen, thermischen Plasmas der Magnetosphäre.

25a) *Beobachtungsergebnisse*

Eine der ersten Beschreibungen von Whistlerbeobachtungen stammt von H. Barkhausen (1881–1956)[1]. Während des ersten Weltkrieges hatte man versucht, die Telephongespräche des Gegners abzuhören, und zwar über vagabundierende Erdströme, die hoch verstärkt wurden. Zu gewissen Zeiten hörte man dabei im Kopfhörer pfeifende Töne abnehmender Frequenz, wobei alle Hörfrequenzen von der höchsten bis zur tiefsten in etwa einer Sekunde durchlaufen wurden. Barkhausen schrieb: „So weit eine Bezeichnung durch Buchstaben möglich ist, klang der Ton wie piou". Die Soldaten meinten, sie hörten die Granaten fliegen. Die

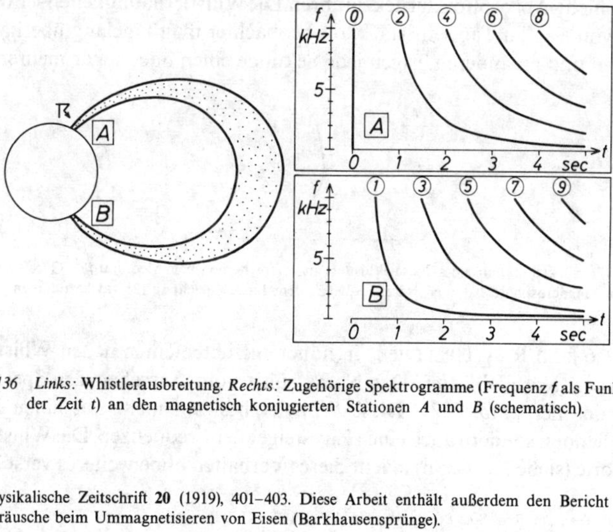

Fig. 136 *Links:* Whistlerausbreitung. *Rechts:* Zugehörige Spektrogramme (Frequenz *f* als Funktion der Zeit *t*) an den magnetisch konjugierten Stationen *A* und *B* (schematisch).

[1] Physikalische Zeitschrift **20** (1919), 401–403. Diese Arbeit enthält außerdem den Bericht über Geräusche beim Ummagnetisieren von Eisen (Barkhausensprünge).

wirkliche Ursache blieb noch lange verborgen. Einen großen Fortschritt brachte 1953 eine Arbeit von L. R. O. STOREY[1]. Er erklärte den Whistler als ein Paket elektromagnetischer Wellen unterschiedlicher Wellenlänge, das von einem Blitz in der Atmosphäre erzeugt wird und im erdgebundenen Plasma längs der Feldlinien des erdmagnetischen Feldes von einer Hemisphäre zur andern läuft *(Fig. 136 links)*. Dabei erleiden die Wellen *Dispersion:* die höherfrequenten Wellen laufen schneller, und so entsteht aus dem primär vom Blitz erzeugten knackartigen Geräusch das eigentümliche Pfeifen. Eine Stütze fand diese Annahme durch die Beobachtung aufeinanderfolgender Whistlertöne, die offenbar den Weg mehrmals durchlaufen hatten, nachdem sie jeweils an den Enden der Feldlinien reflektiert worden waren. Die Laufzeiten und die aus den Spektrogrammen abgeleiteten Dispersionseigenschaften paßten in dieses Schema. 1956 wurden Storeys Vorstellungen durch gleichzeitige Beobachtungen an magnetisch konjugierten Stationen auf beiden Hemisphären (*A* und *B* in Fig. 136) vollkommen bestätigt. Der *rechte* Teil der Fig. 136 zeigt Spektrogramme, die man an den konjugierten Stationen erhält. Whistler beobachtet man vor allem in geomagnetischen Breiten um 50°. In Äquatornähe treten keine Whistler auf, weil dort die Feldlinien nicht weit genug in die Magnetosphäre hinein reichen. Auch in höheren Breiten werden Whistler seltener beobachtet. Die meisten Whistler empfängt man nachts, das ist auf die fehlende D-Schicht-Absorption zurückzuführen. Die Whistlerhäufigkeiten schwanken von Tag zu Tag sehr stark, oft beobachtet man tagelang überhaupt keinen und an anderen Tagen jede Sekunde einen oder sogar mehrere.

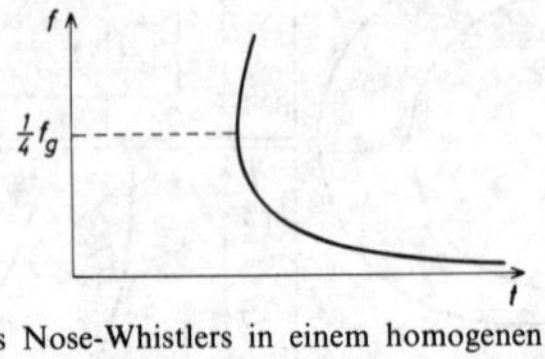

Fig. 137 Spektrogramm eines Nose-Whistlers in einem homogenen Medium. f_g = Gyrofrequenz. In der Magnetosphäre hat die „Nasenfrequenz" den durch Gleichung (25.4a) bestimmten Wert.

1956 fand R. A. HELLIWELL in höheren Breiten einen neuen Whistlertyp, den *Nose-Whistler*. Der Name rührt vom Aussehen des Spektrogramms her *(Fig. 137)*. Diese Whistler besitzen nicht nur einen Zug abfallender, sondern auch einen Zug steigender Frequenzen. Die Whistler-Theorie (siehe Kap. 25b) macht dieses Verhalten ohne weiteres verständ-

[1] Phil. Transact. Roy. Soc. London A, **246** (1953), 113–141.

lich; genaugenommen sind sogar alle Whistler Nose-Whistler, bei vielen beobachtet man jedoch nur den fallenden Ast. Aus der „Nasenfrequenz" kann man die Gyrofrequenz im Scheitelpunkt der Whistler-Bahn berechnen und daraus die Lage des Scheitelpunktes bestimmen.

Außer den Whistlern empfängt man noch eine ganze Reihe anderer niederfrequenter Wellen (engl. *VLF emissions*, von *v*ery *l*ow *f*requency). Die Häufigkeit ihres Auftretens ist deutlich mit der magnetischen Aktivität korreliert. Hieraus und aus einer Anzahl anderer Merkmale schließt man, daß ihre Energiequelle nicht – wie die der Whistler – in der Troposphäre liegt, sondern in der Magnetosphäre, und zwar in der Nähe der Äquatorebene. Allem Anschein nach werden sie durch nicht lineare Resonanzwechselwirkungen zwischen elektromagnetischen Wellen und energiereichen Teilchen ausgelöst. Einige Störungen breiten sich ähnlich wie Whistler entlang der Feldlinien aus, diese gelangen dann auch zur Erdoberfläche; andere lassen sich nur in der Magnetosphäre selbst (durch Satelliten) beobachten. Oft erkennt man aus den Spektrogrammen, daß Whistler beim Durchlaufen der Magnetosphäre solche Emissionen auslösen (triggern), manchmal treten Emissionen aber auch spontan auf.

Es gibt eine verwirrende Vielfalt von Erscheinungen. Man beobachtet ein breitbandiges Rauschen im kHz-Bereich (engl. *hiss*) neben verschiedenen diskreten Emissionen. Diese werden entweder nach der Form des Spektrogramms benannt (engl. *risers*, *hooks* usw.) oder entsprechend dem Geräusch, dem sie ähneln. Hierzu gehört der *dawn chorus* (engl. dawn = Morgendämmerung), der sich anhört wie der Gesang einer Vogelschar beim morgendlichen Erwachen. Während des Internationalen Geophysikalischen Jahres gelangen erstmalig Sendung und Empfang künstlicher Radiowellen, die sich wie Whistler ausbreiten, und zwar zwischen Annapolis (Maryland) und Kap Hoorn (Chile). Die Frequenz war 15,5 kHz.

25b) *Theorie und Auswertung*

Whistler sind lange, zirkular polarisierte elektromagnetische Wellen, die sich in Magnetfeldrichtung ausbreiten. Wir gehen deshalb von der quasilongitudinalen Näherung für den Brechungsindex n aus (Gleichung 17.48a):

$$\mathrm{n}^2 = 1 - \frac{f_0^2}{f(f \pm f_g)}, \tag{25.1}$$

f = Frequenz des Whistlers,
f_0 = Plasmafrequenz $\sim \sqrt{n_e}$,
f_g = Gyrofrequenz $\sim H$.

Das Pluszeichen gehört zur ordentlichen und das Minuszeichen zur außerordentlichen Komponente. Für die niedrigen Whistlerfrequenzen gilt

$$f < f_g \quad \text{und} \quad f \cdot f_g \ll f_0^2 .$$

Deshalb darf man in Gleichung (25.1) die 1 streichen. Einen reellen Brechungsindex liefert nur die außerordentliche Komponente

$$\mathrm{n}^2 = \frac{f_0^2}{f(f_g - f)} . \tag{25.2}$$

Diese Dispersionsformel gilt näherungsweise für die Whistler-Ausbreitung. c/n ergibt die *Phasengeschwindigkeit*[1]. Die Signale wandern aber mit der Gruppengeschwindigkeit v_G. Diese berechnet man ähnlich, wie wir es in Gleichung (17.44) getan haben, und erhält

$$v_G = 2\,\mathrm{c}\,\frac{\sqrt{f(f_g - f)^3}}{f_0 f_g} . \tag{25.3}$$

Reelle Werte ergeben sich nur für $0 < f \leq f_g$. Setzt man typische Zahlenwerte ein, so erhält man $v_G \approx \frac{1}{10}\mathrm{c}$. Die Wellenpakete breiten sich also nur langsam aus. Sind sowohl f_g als auch f_0 konstant, so hat v_G ein Maximum bei

$$f_N = \tfrac{1}{4} f_g . \tag{25.4}$$

In einem homogenen Medium ist das der Wert der Nasenfrequenz; denn da die Laufzeit des Whistlers umgekehrt proportional zu v_G ist, kommen die Wellen mit $f = f_N$ zuerst an der Beobachtungsstation an. Die Magnetosphäre ist aber ein inhomogenes Medium, denn sowohl $f_g \sim H$ als auch $f_0 \sim \sqrt{n_e}$ nehmen mit wachsendem Abstand von der Erde stark ab. Es zeigt sich aber, daß für die Nasenfrequenz näherungsweise gilt

$$f_N \approx 0{,}4\, f_{gS} , \tag{25.4a}$$

wenn f_{gS} die Gyrofrequenz im Scheitel der Bahn ist.

[1] Wie die Elektronen des Plasmas, so werden auch die Leitungselektronen eines (Elektronen-)Halbleiters von äußeren Magnetfeldern beeinflußt. Analog den Whistlern beobachtet man die zirkular polarisierten *Helicon-Wellen* (engl. helix = Schraubenlinie) mit der Phasengeschwindigkeit $v = \mathrm{c/n}$ und $\mathrm{n}^2 = 1 + f_0^2/f \cdot f_g$. Diese Formel erhält man aus der Gleichung (25.1) für die außerordentliche Komponente und $f \ll f_g$ (siehe E. U. Condon und H. Odishaw (Herausg.): Handbook of Physics. 2. Aufl. New York 1967, S. 4–211).

Für die Laufzeit t gilt

$$t = t(f) = \int \frac{\mathrm{d}s}{v_G} = \frac{1}{2c} \int \frac{f_0 f_g}{\sqrt{f(f_g - f)^3}} \mathrm{d}s \qquad (25.5)$$

Zu integrieren ist über den gesamten Whistlerweg, d.h. entlang der zugehörigen Feldlinie. Zu einer gemessenen $t(f)$-Kurve und zu bekannter f_g-Verteilung im Raum ist die Gleichung (25.5) eine Integralgleichung für die f_0-Verteilung und damit für die n_e-Verteilung im Raum. Bisher hat man allerdings noch kein brauchbares direktes Lösungsverfahren gefunden. Statt dessen rechnet man $t(f)$ nach Gleichung (25.5) für verschiedene *Modell-Dichteverteilungen* aus und vergleicht die so errechneten mit den gemessenen $t(f)$-Kurven.

Für $f \ll f_g$ kann man die Gleichung (25.5) stark vereinfachen:

$$t(f) = \frac{1}{2c} \int \frac{f_0}{\sqrt{f_g}} \mathrm{d}s \cdot \frac{1}{\sqrt{f}} = D \frac{1}{\sqrt{f}}. \qquad (25.6)$$

D nennt man das *Dispersionsintegral.* Es ergeben sich Werte von etwa 50 $\sec^{1/2}$.[1] Die Ionosphäre leistet zu diesem Integral nur einen kleinen Beitrag (etwa 2 $\sec^{1/2}$), weil der Whistlerweg durch die Ionosphäre viel kürzer ist als der Weg durch die Magnetosphäre.

Bei der Whistler-Ausbreitung in der Magnetosphäre muß die Energie stark gebündelt längs des Whistlerweges geführt werden, sonst wären die Signale an der Erdoberfläche nicht so stark, vor allem würde man keine Mehrfachechos beobachten. Die Frage nach dem Zustandekommen dieser *Bündelung* ist immer noch nicht vollständig beantwortet. Zwar ergibt die Theorie etwas günstigere Ausbreitungsbedingungen längs der Feldlinien als quer dazu, dies allein reicht aber zur Erklärung der Beobachtungen nicht aus. Man muß daher annehmen, daß sich gelegentlich um einzelne Feldlinien herum ein Wellenleiter (engl. duct) ausbildet. Man denkt an eine sporadische Konzentration des Plasmas in der Nachbarschaft bestimmter Feldlinien. Die Ausbildung solcher Ionisationsschläuche oder -schalen wird durch die vom Magnetfeld hervorgerufene Anisotropie der Teilchenbeweglichkeit begünstigt. Direkt beobachtet wurden solche Strukturen bisher allerdings noch nicht. Neben den geführten Whistlern gibt es andere, deren Energie nicht so stark gebündelt ist, sie können aber in der Regel die Ionosphäre nicht durchdringen. Deshalb beobachtet man an Bord von Satelliten viel mehr Whistler und niederfrequente Wellen als an der Erdoberfläche.

[1] Dieser Wert wurde bei der Konstruktion der Spektrogramme von Fig. 136 benutzt.

25c) *Die Verteilung des thermischen Plasmas*

Bei der Auswertung der Whistlerbeobachtungen stößt man auf eine Schwierigkeit: Es zeigt sich, daß die Laufzeit längs eines gegebenen Weges zwar stark vom absoluten Betrag der Elektronendichte n_e (vor allem in der Äquatorebene), aber nur schwach von Einzelheiten der n_e-Verteilung abhängig ist. Es ist daher schwierig, zwischen einzelnen n_e-Verteilungen zu entscheiden. Zweifellos fällt n_e mit wachsendem Abstand r von der Erde ab, für manche Zwecke genügt es, ein einfaches Potenzgesetz ($n_e \sim r^{-3}$ oder r^{-4}) anzunehmen.

Die Beobachtung spezieller Whistler zeigt aber, daß ein solch einfaches Abnahmegesetz nur in der näheren Erdumgebung gültig ist: Whistler treten oft in Gruppen auf. Alle Whistler einer Gruppe werden von demselben Blitz erzeugt, sie laufen dann aber auf verschiedenen, benachbarten Wegen durch die Magnetosphäre. An Stationen zwischen etwa 60° und 70° geomagnetischer Breite beobachtet man häufig Gruppen von Nose-Whistlern, deren Spektrogramme in zwei deutlich unterscheidbare Klassen fallen. Diese Gruppen wurden 1963 von D. L. CARPENTER entdeckt. Seine Auswertung ergab, daß die Elektronendichte in der Äquatorebene zwischen 3,5 und 4 Erdradien Abstand plötzlich (innerhalb von 0,15 R_E) um zwei Zehnerpotenzen abnimmt, siehe *Fig. 138*. Die Abbildung zeigt schematisch den Verlauf der Elektronendichte in der Äquatorebene. Den Knick im n_e-Profil nannte Carpenter

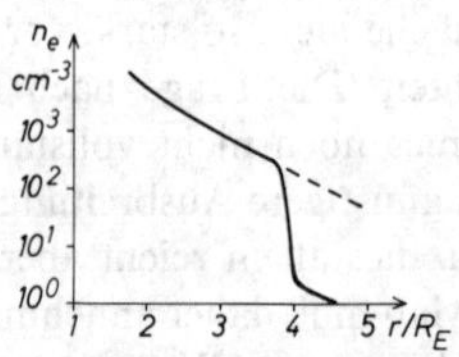

Fig. 138 Typische Verteilung der Elektronendichte in der Äquatorebene (mit „Knie").

„Knie". Offensichtlich waren einige Whistler der von ihm ausgewerteten Gruppen innerhalb, die anderen außerhalb des Knies durch die Magnetosphäre gelaufen.

Der Abstand des Knies vom Erdmittelpunkt hängt von seiner Lage relativ zur Sonnenrichtung, also von der Ortszeit ab *(Fig. 139)*. Carpenter nannte den inneren Bereich hoher Elektronenkonzentration *Plasmasphäre* und seine äußere Begrenzung *Plasmapause*. Der äußere Teil der Magnetosphäre wird oft *Plasmatrog* genannt. Die Fig. 139 zeigt den Schnitt der Plasmasphäre mit der Äquatorebene. Die räumliche Gestalt der Plasmapause erhält man, indem man die zugehörigen Feldlinien in höhere Breiten verfolgt. Auffallend ist noch die Ausbuchtung der Plasmasphäre im Abendsektor. Ihre Existenz und die beschriebene Form der Plasmasphäre sind die Folge einer großräumigen Konvektion des Plasmas in der äußeren Magnetosphäre[1].

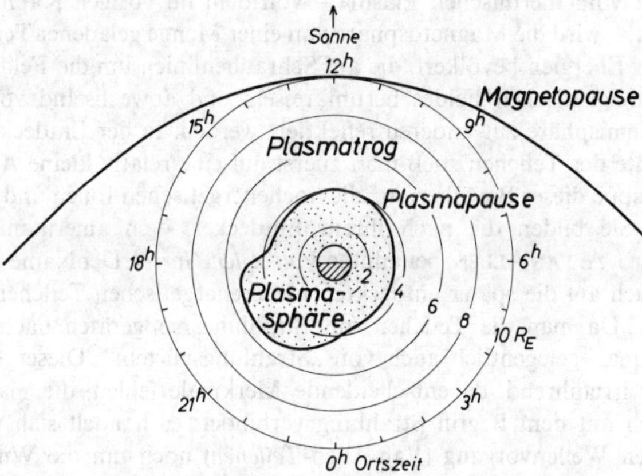

Fig. 139 Äquatorschnitt der Magnetosphäre mit Plasmasphäre, Plasmapause und Plasmatrog. Die Lage zur Sonnenrichtung ist durch Angabe der Ortszeit gekennzeichnet. (Nach D. L. Carpenter.)

Die in Fig. 139 dargestellte Anordnung gilt nur für Zeiten mäßiger erdmagnetischer Aktivität ($Kp = 2$ bis 4). Während gestörter Zeiten bewegt sich das Knie nach innen. Diese Bewegung ist jedoch um etwa 6 Stunden gegen den Beginn der magnetischen Störung verspätet.

Literatur zum Weiterstudium

Über Whistler kann man sich bequem genauer informieren an Hand der Monographie:

R. A. Helliwell: Whistlers and Related Ionospheric Phenomena. Stanford, Calif. 1965.

[1] Siehe den ausführlichen Übersichtsartikel über magnetosphärische Konvektion von W. I. Axford in Rev. Geophys. 7 (1969), 421–459.

Eine Reihe Details, die erst nach Drucklegung des Buches entdeckt wurden, findet man in dem Übersichtsartikel:

R. A. Helliwell: Low-Frequency Waves in the Magnetosphere. Rev. Geophysics **7** (1969), 281–303.

26. *Van-Allen-Gürtel*

Außer vom thermischen Plasma – von dem im vorigen Kapitel die Rede war – wird die Magnetosphäre von einer Menge geladener Teilchen größerer Energien bevölkert, die auf Schraubenlinien um die Feldlinien des erdmagnetischen Feldes herumkreiseln und abwechselnd von der einen Hemisphäre zur anderen reflektiert werden. In der Entdeckungsgeschichte der Teilchen stieß man zuerst auf eine relativ kleine Außenseitergruppe dieser Bevölkerung, die hochenergetischen Ionen und Elektronen. Sie bilden die nach ihrem Entdecker, dem amerikanischen Physiker J. A. van Allen, benannten *Van-Allen-Gürtel*. Der Name wurde dann auch auf die später entdeckten niederenergetischen Teilchen ausgedehnt. Da man die Teilchen mit Strahlungsmeßgeräten nachweist, spricht man gelegentlich auch von „Strahlungsgürteln". Dieser Name ist aber irreführend, da entscheidende Merkmale fehlen, die man gewöhnlich mit dem Begriff Strahlung verbindet: es handelt sich weder um einen Wellenvorgang (Van-Allen-*Teilchen*) noch um die Wirkung einer entfernten Strahlungsquelle.

Die Entdeckung der Van-Allen-Gürtel war eines der wichtigsten Ergebnisse des Internationalen Geophysikalischen Jahres (IGJ) 1957/58. Die ersten Teilchenzähler waren von (im 2. Weltkrieg erbeuteten) *V2-Raketen* in die Höhe getragen worden; dann konstruierte man besondere Höhenforschungsraketen, die *Aerobees*, und während des IGJ benutzte man vor allem die billigeren *Rockoons*, Raketen, die von Ballons aus in 25 km Höhe abgeschossen wurden. Spätere Messungen wurden mit künstlichen Erdsatelliten vorgenommen. Bis Anfang der sechziger Jahre erhielt man ein detailliertes Bild der Verteilung der hochenergetischen Teilchen im Raum (siehe Kap. 26b). Wegen meßtechnischer Schwierigkeiten dauerte es länger, bis es gelang, in gleicher Weise auch niederenergetische Protonen und Elektronen zu beobachten, obwohl diese Teilchen sowohl der Zahl als auch der Energiedichte nach den überwiegenden Anteil der Teilchenbevölkerung ausmachen (siehe Kap. 26c). Um Teilchenmessungen an verschiedenen Orten miteinander vergleichen und die Einzelbeobachtungen richtig einordnen zu können, führte C. E. McIlwain 1961 geeignete Koordinaten ein, die die Unregelmäßigkeiten des erdmagnetischen Feldes eliminieren (siehe Kap. 26a).

Der Hauptunterschied zwischen den Teilchen des thermischen Plasmas (Kap. 25) und den Van-Allen-Teilchen (Kap. 26) liegt in ihrem Driftverhalten: Die thermischen Teilchen (Energien einige eV) unterliegen im wesentlichen der $[\boldsymbol{E} \times \boldsymbol{H}]$-Drift (Gleichung 17.7). Für die Van-Allen-Teilchen (Energien $>0{,}2$ keV) sind die Driften infolge inhomogener Magnetfelder (Gleichung 17.16 und 17.17) größer.

26a) *Natürliche Teilchenkoordinaten*

In Kap. 19h wurde (unter Rückgriff auf Kap. 17a) berichtet, daß im Dipolfeld der Erde geladene Teilchen gespeichert sind. Diese Teilchen beschreiben komplizierte Bahnen. Durch Zerlegung in drei Bestandteile können diese aber übersichtlich dargestellt werden:

1. *Gyrations*bewegung um die Feldlinien,
2. *Breitenoszillation* zwischen den Spiegelpunkten,
3. *Azimutale Drift*bewegung um die Erde.

Die Perioden dieser Teilbewegungen sind unterschiedlich: Die Gyration der Elektronen dauert je nach ihrer Energie 1 bis 1000 Mikrosekunden, die der Protonen 2 bis 2000 Millisekunden. Die Periode der Breitenoszillation hängt nur wenig von der Energie der Teilchen und dem Abstand der Spiegelpunkte ab, sie liegt in der Größenordnung von einigen Zehntelsekunden. Für eine vollständige Drift um die Erde brauchen die Teilchen Zeiten zwischen einigen Vielfachen von 10 Minuten und 24 Stunden. Bei jeder Teilbewegung bleibt eine der *adiabatischen Invarianten* erhalten, wenn sich das Führungsfeld nicht innerhalb der zu der Teilbewegung gehörenden Periode ändert. Da starke zeitliche Variationen des Erdmagnetfeldes vor allem im langperiodischen Bereich vorkommen, z.B. bei magnetischen Stürmen, wird die dritte adiabatische Invariante in der Magnetosphäre am häufigsten verletzt.

Das Magnetfeld der Erde ist nur näherungsweise ein Dipolfeld. Mit Hilfe der adiabatischen Invarianten gelang es C. E. McIlwain, geeignete Größen zur Beschreibung der Teilchenbewegung auch in diesem komplizierteren Feld zu definieren. Das sind die *McIlwain-Koordinaten* H und L [1]. Man benutzt sie zum Vergleich der Teilchenmessungen an verschiedenen Orten. H ist die Totalintensität des Erdmagnetfeldes am Meßort und L der sogenannte *Schalenparameter*. Für ein reines Dipolfeld entstehen die Flächen $L = \text{const}$ durch Rotation der Feldlinien um die Dipolachse. Der Zahlenwert von L ist der Äquatorabstand der Dipol-

[1] In der Literatur sind die McIlwain-Koordinaten als (B, L)-System bekannt. Zur Vereinheitlichung der Darstellung in diesem Buch wird auch hier H statt B geschrieben (vgl. Kap. 8a).

feldlinie in Einheiten des Erdradius (r_0/R_E mit r_0 aus Gleichung 8.7)[1]. Für das Erdfeld muß man L in jedem Punkt der Erdumgebung berechnen. L wird so bestimmt, daß die Spiegelpunkte eines Teilchens, welches um die Erde herumdriftet, stets den gleichen L-Wert haben. Es zeigt sich, daß für Teilchen, die zu einer gegebenen Zeit längs einer bestimmten Feldlinie oszillieren, deren Spiegelpunkte aber in verschiedenen Breiten liegen, die L-Werte nicht exakt gleich sind. Deshalb gilt für eine Feldlinie des Erdmagnetfeldes $L = \text{const}$ nur näherungsweise. In der inneren Magnetosphäre sind die Abweichungen aber kleiner als 1 %. Die *Fig. 140* zeigt $H(\equiv|H|)$- und L-Werte für den Greenwich-Meridian.

Die Totalintensität H ist maßgebend für die Lage der Reflexionspunkte; denn nach Gleichung (17.26) gilt für ein Teilchen mit dem Steigungswinkel ξ, den die Richtungen der Teilchengeschwindigkeit und das Erdmagnetfeld miteinander bilden,

$$\frac{\sin^2 \xi}{H} = \frac{1}{H_m}, \tag{26.1}$$

H_m = Totalintensität im Spiegelpunkt (von engl. mirror).

Der geometrische Ort aller Spiegelpunkte ist also durch $L = \text{const}$ und $H_m = \text{const}$ gegeben. Trägt man die Meßwerte als Funktionen von L und H (statt als Funktionen der geographischen oder geomagnetischen Koordinaten und der Höhe) auf, so erhält man normierte Kurven. Dadurch werden Ergebnisse, die in verschiedenen geomagnetischen Längen gewonnen wurden, auf eine Meridianebene reduziert. Das ist eine angemessene Darstellung der zweidimensionalen Strukturen. Die *Fig. 141* ist ein Beispiel für eine solche Darstellung.

Zur Erhöhung der Anschaulichkeit kann man die ausgeglichenen Meßwerte statt im L-H-Diagramm im Feldlinienbild eines Dipols darstellen. Das heißt, man tut so, als hätte man einen Meßwert, den man an einem bestimmten Punkt der Magnetosphäre mit errechnetem L und H gemessen hat, an einem äquivalenten Punkt des Dipolfeldes beobachtet, der die gleichen Werte L und H hat. Durch diese geometrische Transformation erhält man zwei neue Koordinaten, den *invarianten geozentrischen Abstand* und die *invariante Breite*[2]. Diese Art der Darstellung wurde bei der Zeichnung der Fig. 142 bis 144 benutzt.

Die Berechnung von L und H für jeden Ort der Erdumgebung beruht auf der Feldfortsetzung des erdmagnetischen Innenfeldes. Wegen des

[1] Man findet in der Literatur L sowohl mit Dimension (z. B. $L = 4\ R_E$) als auch ohne ($L = 4$).
[2] Die Größen heißen so, weil sie unmittelbar aus den adiabatischen Invarianten gewonnen wurden.

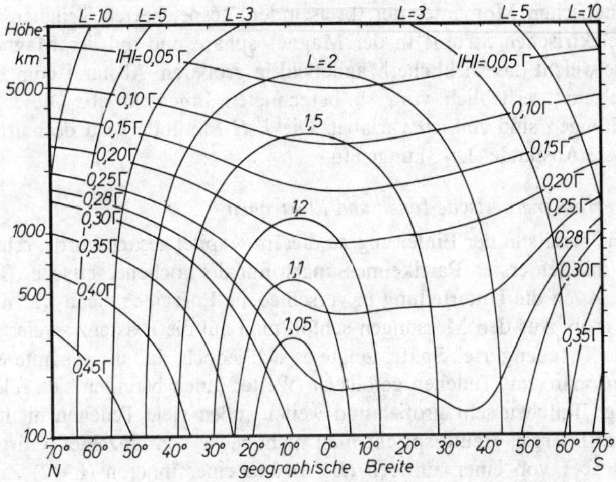

Fig. 140 McIlwain-Koordinaten L und $|H|$ für den Greenwich-Meridian als Funktion der geographischen Breite und der Höhe über der Erdoberfläche. Auf der Südhalbkugel kreuzt der Meridian ein Gebiet anomal niedriger Totalintensität.

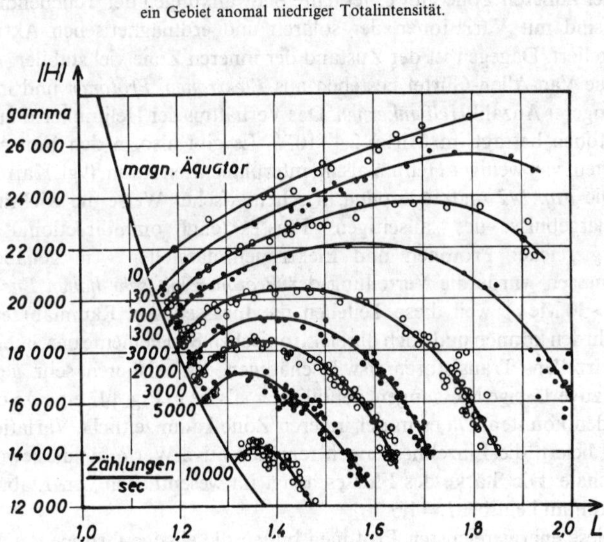

Fig. 141 Teilchenmessungen von Explorer 4 (1958) im System der McIlwain-Koordinaten mit einem nicht abgeschirmten Geiger-Zähler. Der Deutlichkeit halber sind die Meßpunkte, die zu den eingezeichneten Flächen konstanten allseitigen (engl. omni-directional) Flußes gehören, abwechselnd durch Kreise und Punkte markiert.

magnetischen Momentes der (kreiselnden) gespeicherten Teilchen und der elektrischen Ströme in der Magnetosphäre und auf der Magnetopause weicht das wirkliche Magnetfeld in größerem Abstand vom Erdmittelpunkt erheblich vom so berechneten Innenfeld ab. Diese Abweichungen sind zeitlich variabel. Die L-H-Methode wird deshalb für größere Abstände ($L>3$) ungenau.

26b) *Hochenergetische Ionen und Elektronen*

Wie bereits in der Einleitung zu diesem Kapitel gesagt wurde, erfaßte man mit den ersten Partikelmessungen nur die hochenergetischen Teilchen. Auch die Unterteilung in verschiedene Energiebereiche war noch sehr grob. Aus den Messungen schloß man auf die Existenz zweier isolierter Teilchengürtel. Später zeigte es sich jedoch, daß die gesamte Magnetosphäre mit Teilchen gefüllt ist. Weiter innen befinden sich relativ wenige Teilchen sehr großer und weiter außen viele Teilchen nicht so großer Energie. Heute spricht man nicht mehr von einzelnen Gürteln, wohl aber von einer äußeren ($L>2$) und einer inneren ($L<2$) Zone, weil sich die Teilchenverteilungen zeitlich unterschiedlich verhalten: In der äußeren Zone gibt es lebhafte Schwankungen der Teilchendichte. Sie sind mit Variationen der solaren und erdmagnetischen Aktivität korreliert. Dagegen ist der Zustand der inneren Zone viel stabiler.

Die Van-Allen-Gürtel bestehen aus *Elektronen*, *Protonen* und in viel geringerer Anzahl *Heliumkernen.* Das Verhältnis der Heliumkerne zu den Protonen beträgt im Mittel $2{,}4 \cdot 10^{-4}$. Es gibt also in den Van-Allen-Gürteln viel weniger Helium als im interplanetaren Raum (vgl. Kap. 23c).

Die *Fig. 142* und 143 sollen in schematischer Weise die wichtigsten Meßergebnisse des „allseitigen" Flusses (engl. omnidirectional flux) energiereicher Protonen und Elektronen darstellen. Am genauesten vermessen wurde die Verteilung der *Protonen mit sehr hohen Energien* ($E_p>30$ MeV), weil diese Teilchen die Insassen von Raumfahrzeugen gefährden können und auch die elektronischen Bauelemente der Satelliten (Solarzellen, Transistoren usw.) schädigen. Es existieren sehr genaue und zuverlässige Messungen, detaillierter, als sie in Fig. 142 eingezeichnet werden konnten. Da es in der inneren Zone kaum zeitliche Variationen gibt, liefern die Einzelmessungen repräsentative Werte für die jeweilige L-Schale. Die Stärke des Flusses hängt im wesentlichen von L ab. Das Maximum liegt bei $L=1{,}5$.

Diese energiereichsten Protonen bilden die einzige Gruppe der Van-Allen-Teilchen, für die die Prozesse der Entstehung und Vernichtung hinreichend bekannt sind: Sie *entstehen* nämlich aus zerfallenden Neutronen, die beim Aufprall der Kosmischen Strahlung auf die Atmo-

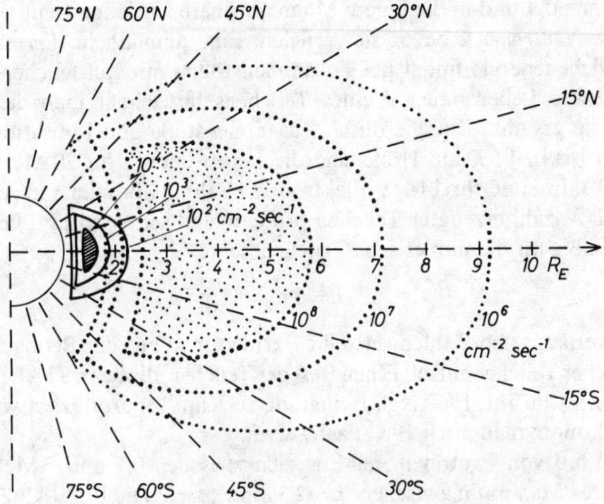

Fig. 142 Van-Allen-Gürtel: (Allseitiger) Fluß energiereicher Protonen. *Ausgezogen:* Energie (E_p) > 30 MeV. *Punktiert:* $0{,}1 < E_p < 5$ MeV (idealisiert). *Koordinaten:* Invarianter geozentrischer Abstand und invariante Breite.

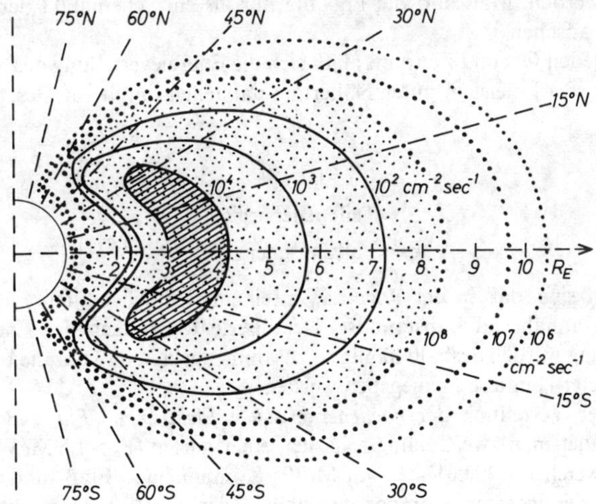

Fig. 143 Van-Allen-Gürtel: (Allseitiger) Elektronenfluß. *Ausgezogen:* Energie (E_e) > 1,6 MeV. *Punktiert:* $0{,}04 < E_e < 1$ MeV (idealisiert). *Koordinaten* wie in Fig. 142.

sphäre erzeugt und in die innere Magnetosphäre zurückgestreut wurden *(Albedo-Neutronen)*, bevor sie zerfielen. Eine allmähliche *Vernichtung* der Teilchenenergie findet bei Zusammenstößen mit Luftteilchen statt. Als mittlere Lebensdauer τ eines Teilchens bezeichnet man die Zeit, in der die gesamte Energie durch Zusammenstöße und Ionisation verbraucht ist. In 1500 km Höhe sind die Lebensdauern für 20 MeV Protonen 3 Jahre und für 1 MeV Elektronen 1 Jahr. Mißt man τ in sec und ist S die Anzahl erzeugter Teilchen pro cm^3 und sec, so gilt größenordnungsmäßig für die numerische Teilchendichte n

$$n = S\tau. \tag{26.2}$$

Die zuverlässigsten Zahlenwerte für τ erhielt man aus der Beobachtung künstlicher Teilchengürtel: Einen Rest der Teilchen, die beim STARFISH-Experiment im Juli 1962 (vgl. Einleitung zu Kap. 13) produziert worden waren, konnte man noch 1967 nachweisen.

Der Fluß von Protonen mit Energien zwischen 0,1 und 5 MeV hat ein breites Maximum zwischen $L=2{,}5$ und $L=6$. Die Fig. 142 täuscht allerdings eine zu genaue Kenntnis vor. Da die Teilchenverteilung in der äußeren Van-Allen-Zone starken zeitlichen Schwankungen unterworfen ist, mußten Meßergebnisse, die zu verschiedenen Zeiten gewonnen worden waren, gemittelt und durch Inter- und Extrapolation ergänzt werden. Man darf die Fig. 142 nur als ein Schemabild der Verteilung ansehen.

Für jeden Ort und Zeitpunkt läßt sich die Energieverteilung des Strahlungsflusses j meist in guter Näherung darstellen durch ein Gesetz der Form

$$j = j_0 e^{-\frac{E}{E_0}}, \tag{26.3}$$

E = Teilchenenergie,

E_0 = Faltungsenergie.

Es zeigt sich, daß in der Regel E_0 in einem ziemlich breiten Energiebereich annähernd konstant ist. Detaillierte Messungen der Energieverteilung werden deshalb häufig so zusammengefaßt, daß nur die beiden Parameter j_0 und E_0 angegeben werden.

In der Verteilung der *hochenergetischen Elektronen (Fig. 143)* unterscheidet man zweckmäßig zwischen einer harten ($E_e > 1{,}6$ MeV) und einer weichen (40 keV $< E_e <$ 1 MeV) Komponente. Fluß und Verteilung der weichen Komponente ähneln der Verteilung der entsprechenden Protonen (0,1 bis 5 MeV). Das Maximum ist noch etwas breiter und die zeitlichen Variationen sind stärker. So wurden Zunahmen des Flusses bis zum hundertfachen Betrag beobachtet. Auswirkungen dieser Variationen sind möglicherweise die Elektroneneinfälle in den Polarlichtzonen (vgl. Kap. 18b). Der Fluß der harten Elektronen hat sein Maximum zwischen $L=3$ und $L=4$. Auch bei ihnen wurden zeitliche Variationen beträchtlichen Ausmaßes beobachtet.

Unbeantwortet ist noch die Frage nach der *Energiequelle* der Protonen und Elektronen in der äußeren Van-Allen-Zone. Thermische Energie scheidet aus, da sie nur einige eV liefern würde. Das gleiche gilt auch für die Protonen des solaren Windes, die einige keV besitzen. Man sucht deshalb nach Beschleunigungsprozessen und vermutet solche in der vor der Magnetosphäre stehenden Stoßwelle, im Übergangsgebiet oder in der Nähe der Magnetopause. Suchen muß man aber auch nach *Verlustprozessen;* denn schätzt man die Lebensdauer nur unter Berücksichtigung von Stößen mit den Luftatomen ab, so erhält man Werte, die viel zu groß sind, um mit den beobachteten Zeitvariationen verträglich zu sein. Zusätzliche Verluste können auftreten, wenn sich die Teilchen aus ihrem durch die adiabatischen Invarianten vorgegebenen „Speichergebiet“ entfernen und in tiefere Schichten der Atmosphäre gelangen. Deshalb können durch eine Verletzung der adiabatischen Invarianten zusätzliche Verluste entstehen.

26c) *Niederenergetische Protonen und Elektronen*

Die ersten Messungen der Verteilung niederenergetischer Protonen und Elektronen im Energiebereich zwischen 0,2 und 50 keV wurden mit dem im Juni 1966 gestarteten Satelliten OGO 3 (vgl. Kap. 23c) vorgenommen. Man erwartete vom Ergebnis dieser Messungen eine Erklärung der „Ringstromvariation“ des erdmagnetischen Außenfeldes (Kap. 19h). In Übereinstimmung mit diesen Erwartungen beobachtete man auch während eines magnetischen Sturmes auf der Schale $L=3{,}5$ eine 30fache Zunahme der Dichte von Protonen, deren Energie zwischen 31 und 49 keV liegt.

Die *Fig. 144* zeigt die Energiedichteverteilung der niederenergetischen Protonen während der Hauptphase eines schwachen magnetischen Sturmes (größter *Kp*-Wert 6o, $DR(\mathrm{H})=50$ gamma). Das Maximum der Verteilung lag zwischen den Schalen $L=3{,}2$ und $L=4{,}5$. Die maximale Dichte war größer als $3 \cdot 10^{-7}$ erg cm^{-3}. L. A. Frank berechnete unter Benutzung der Gleichung (19.26) die zu dieser Verteilung gehörende Ringstromvariation. Die Differenz zwischen $DR(\mathrm{H})$ und dem errechneten Wert lag innerhalb der Fehlergrenzen. Im einzelnen ergab die Rechnung, daß 80 % des Ringstromfeldes von niederenergetischen Protonen und 20 % von Elektronen herrührten.

Je stärker ein magnetischer Sturm ist, desto weiter innen liegt das Maximum der Teilchenverteilung. Diese Beobachtung stützt die Vermutung, daß die Teilchen durch eine magnetosphärische Konvektion in die innere Magnetosphäre gedrückt werden. Infolgedessen müßte sich zuerst ein partieller Ringstrom auf der Nachtseite ausbilden, der dann erst im Laufe der Zeit (wegen der unterschiedlich schnellen Drift von Teilchen mit verschiedenen Energien) zu einem symmetrischen Ringstrom verschmiert wird. Ein solcher partieller Ringstrom ist noch nicht

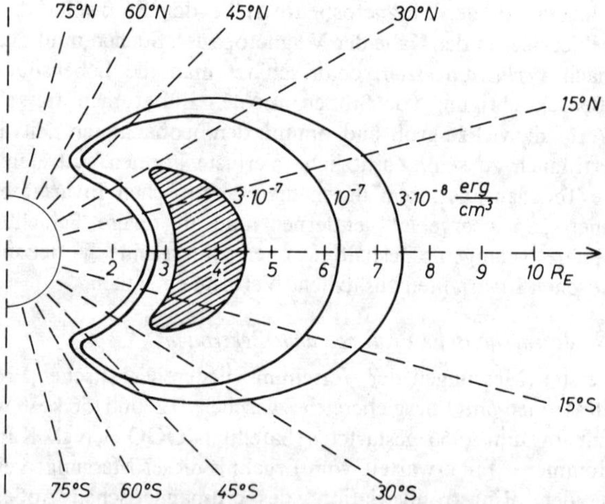

Fig. 144 Van-Allen-Gürtel: Energiedichte niederenergetischer Protonen $0{,}2 < E_p < 50$ keV in der Hauptphase eines schwachen erdmagnetischen Sturmes (9. Juli 1966). *Koordinaten* wie in Fig. 142 (nach L. A. FRANK).

direkt beobachtet worden: dazu müßte ja ein Satellit mit geeigneten Instrumenten zur richtigen Zeit am richtigen Ort sein, und das war bisher noch nicht der Fall. Indirekt hat man aber schon Anzeichen gefunden: L. J. CAHILL, JR. hat mit Magnetometern an Bord des Satelliten Explorer 26 beobachtet, daß zu Beginn der Hauptphase eines Sturms die Feldverminderung in der inneren Magnetosphäre stark asymmetrisch war. Die Störung war am stärksten auf der Abendseite, dort mußten die Teilchen besonders stark konzentriert gewesen sein. Erst im späteren Verlauf der Hauptphase wurde die Störung längenunabhängig.

Auch zu magnetisch *ruhigen* Zeiten bevölkern niederenergetische Teilchen die Magnetosphäre, überwiegend allerdings in ziemlich großem Äquatorabstand. Auch die Energiedichte ist dann viel niedriger als während gestörter Zeiten; trotzdem erzeugen die Teilchen noch ein Ringstromfeld von 5 bis 10 gamma. Dieses Feld trägt also zu dem Gesamtfeld bei, das man während ruhiger Zeiten an der Erdoberfläche mißt. Es ist aber zu schwach, als daß es mit Sicherheit nachgewiesen werden könnte.

Ergänzende Literatur

R. L. CAROVILLANO et al. (Herausg.): Physics of the Magnetosphere. Dordrecht, Holland 1968.
Darin:
J. A. VAN ALLEN: Particle Description of the Magnetosphere. 147–217.
L. A. FRANK: Recent Observations of Low-Energy Charged Particles in the Earth's Magnetosphere. 271–289.

AUSKLANG

Unser Streifzug durch die Geophysik ist zu Ende. Es folgen aber noch drei Kapitel, ohne die diese „Einführung in die Geophysik" nicht vollständig wäre: Das letzte (29.) Kapitel gehört unabdingbar dazu; denn das vorliegende Taschenbuch soll den Leser nicht nur an den Stoff der Geophysik heranführen, sondern auch an die reichhaltige geophysikalische Literatur. Kap. 28 enthält die wichtigsten Zahlenwerte, die man bei Überschlagsrechnungen braucht. Es ist ein Kapitel zum Nachschlagen.

Das 27. Kapitel geht auf eine Bemerkung des Verlegers, Herrn Dr. O. Mittelstaedt zurück, die er bei unserem ersten Gespräch über den Inhalt des Buches und seine möglichen Leser machte: „Eine Einführung wird auch von Leuten in die Hand genommen, die nicht vorhaben, sich ihr Leben lang mit Geophysik zu beschäftigen, sondern die nur wissen wollen: Was ist das Besondere an der Geophysik? Was bietet die Geophysik dem Nichtgeophysiker?" – Leser, die das Buch mit dieser Frage begonnen und bis hierher gelesen haben und die vielleicht von den vielen Details verwirrt worden sind, sollen nicht enttäuscht werden, für sie ist das 27. Kap. geschrieben. Vielleicht gibt dieses Kapitel aber auch den Studenten der Geophysik Anregungen. Ich selbst habe jedenfalls beim Nachdenken über diese Fragen viel gelernt.

27. *Die Bedeutung der Geophysik für Nichtgeophysiker*

27 a) *Die Geophysik im Dienst der menschlichen Gesellschaft.*

Der Begriff „Dienst" wird in der Geophysik häufig gebraucht. Viele Geophysiker sind bei einem der großen „Dienste" beschäftigt: Wetter*dienst*, Erdbeben*dienst*, Sturmflutwarn*dienst*, Zeit*dienst* und wie sie alle heißen. Die Namen dieser Institutionen drücken die Verpflichtung aus, bestimmte Aufgaben im Interesse der menschlichen Gesellschaft wahrzunehmen. Ähnlich ist es in anderen Ländern; in den USA z. B. faßt man die meteorologischen, ozeanographischen, geodätischen und nachrichtentechnischen Organisationen unter dem Oberbegriff „Earth Environmental Science *Services*" zusammen. An Hand einiger Beispiele soll im folgenden erläutert werden, welche Aufgaben diese „Dienste" für die Gesellschaft leisten.

Vom *Erdbebendienst* erwartet die Öffentlichkeit in erster Linie Berichte über aktuelle Erdbeben, Karten der Erdbebenhäufigkeit in allen Teilen der Erde, Hinweise darauf, wie man sich bei einer Erdbebenkatastrophe am zweckmäßigsten verhält, Ratschläge für eine erdbebensichere Bauweise usw. Gelegentlich werden auch ganz andere Leistungen erwartet, wie z.B. die in Kap. 4a erwähnte politisch bedeutungsvolle Aufgabe der Überwachung unterirdischer Kernwaffenversuche. – Die physikalische Größe, die in den Erdbebenwarten registriert wird, ist die Beschleunigung der Erdoberfläche. Auch zu Zeiten, in denen kein Erdbeben stattfindet, ist die Oberfläche nicht völlig ruhig: es herrscht dauernd eine durch natürliche und künstliche Quellen verursachte Bodenunruhe. Sie bildet den „Störpegel" bei allen seismischen Beobachtungen. Sie stört aber auch bei anderen Untersuchungen, z. B. bei der Messung der Schwerebeschleunigung, deren Absolutbetrag g besonders genau bekannt sein muß, da er in die Bestimmung der Elementarladung und mittelbar in die Festlegung der Strom- und Spannungseinheiten eingeht. Mit Hilfe von seismischen Methoden kann man geeignete Meßorte mit geringer Bodenunruhe auswählen und außerdem die noch verbleibende Störung während der g-Messung quantitativ bestimmen. Mit zunehmender Verfeinerung physikalischer und technischer Verfahren wird sich die Erfassung der Bodenunruhe auch bei anderen Messungen und Fertigungen als notwendig erweisen. Gröbere Messungen der Bodenbeschleunigungen reichen aus, wenn Verkehrs- und Industrieerschütterungen (= künstliche Bodenunruhe) und deren möglicherweise schädlichen Auswirkungen auf Menschen und Bauwerke ermittelt werden sollen.

Vor allem wünscht man sich von den Seismologen, daß sie eine Möglichkeit zur *Vorhersage von Erdbeben* schaffen. Daran wird zur Zeit vor allem in Japan und in den USA intensiv gearbeitet. Die gesamte Aufgabe ist sehr schwer, einige Teilaufgaben scheinen dagegen leichter lösbar zu sein. Das sind: 1. Vorhersage von Sturmfluten, die durch Erdbeben verursacht werden (Tsunamis). Hier wurden schon sehr beachtliche Erfolge erzielt; durch rechtzeitige Warnung konnten viele Menschenleben gerettet und größere Schäden verhindert werden. 2. Vorhersage von Beben vulkanischen Ursprungs. – Gerade die schwersten und häufigsten Erdbeben, die tektonischen, sind aber am schwierigsten vorhersagbar.

Auch die *erdmagnetischen Observatorien* erfüllen zweierlei Aufgaben, wissenschaftliche und praktische. Die offizielle Aufgabe vieler Observatorien, um derentwillen sie eingerichtet und unterhalten wurden, war es zunächst – und für viele Jahrzehnte – allein die Deklination zu beobachten, also nur eine Komponente des erdmagnetischen Feldes. Die Deklination gibt den Unterschied zwischen der magnetischen und der geographischen Nordrichtung an. Sie ändert sich langsam im Laufe der Zeit. Bei der Benutzung von Kompassen an Land und vor allem auf See ist es deshalb notwendig, die zeitlichen Änderungen der Deklination zu kennen. Die Ergebnisse der Observatoriumsmessungen werden den Benutzern in Form von Karten oder Tabellen zugänglich gemacht. Die Karten enthalten natürlich nicht nur die Deklinationswerte an den Observatorien, sondern eine möglichst genaue Darstellung der Verteilung auf der ganzen Erdoberfläche. Um diese zu gewinnen, werden von Zeit zu Zeit umfangreiche Land- und Seevermessungen vorgenommen *(World Magnetic Survey)*. Neuerdings werden auch Flugzeug- und Satellitenmessungen mit herangezogen.

Die in den erdmagnetischen Observatorien tätigen Wissenschaftler haben sich aber nicht auf die Beobachtung der Deklination beschränkt, sondern haben natürlich auch die anderen Komponenten des Erdfeldes registriert, Spezialregistrierungen für Pulsationen und Erdströme eingerichtet und das Gesamtgebiet des Erdmagnetismus gefördert. Dabei wurden die Beziehungen zur *Sonnenaktivität*, zu den Vorgängen im interplanetaren Raum, in der Magnetosphäre und der Oberen Atmosphäre entdeckt. Heute ist es die Hauptaufgabe der erdmagnetischen Observatorien, das Datenmaterial bereitzustellen, aus dem man Schlüsse auf die laufenden Veränderungen in der Umgebung der Erde ziehen kann. Die Beobachtungsergebnisse werden entweder, mit allen Korrekturen versehen, in den „Jahrbüchern“ veröffentlicht – das bedeutet aber mit manchmal beträchtlicher Verspätung – oder aber als „vorläufige Werte“

für kürzere Intervalle herausgegeben (vgl. die Unterschrift zu Fig. 114); und zwar in analoger Form *(Magnetogramme)* oder als digitale Zeitreihe *(Stundenwerte)* oder auch in Form geeigneter Maßzahlen, z.B. der *Kp* (vgl. Kap. 19b). Diese Werte können zur Vorhersage von Funkstörungen und Sonneneruptionen oder zum Vergleich mit anderen Erscheinungen benutzt werden.

Vieles deutet daraufhin, daß die erdmagnetischen Beobachtungen in Zukunft wieder stärker dem Verkehr dienen werden, allerdings nicht dem Schiffsverkehr, sondern dem mit Raumfahrzeugen. Die erdmagnetischen Observatorien könnten gemeinsam mit den Sonnenobservatorien für die Raumfahrt die gleichen Aufgaben übernehmen, die die Wetterwarten für die Luftfahrt leisten, nämlich die Raumfahrer über das „Wetter" in der Magnetosphäre und im interplanetaren Raum zu informieren. Besonderen Augenmerk wird man dabei auf die solaren Protoneneruptionen (vgl. Kap. 21c) zu richten haben, weil sie für die Raumfahrer besonders gefährlich sind.

Die *angewandte Geophysik* (Kap. 13) wird häufiger von privaten Prospektionsunternehmen als von staatlichen Organisationen ausgeübt. Ihre Arbeit kommt jedoch, wie die der staatlichen Dienste, ebenfalls der menschlichen Gesellschaft zugute, der Sicherung ihrer Versorgung mit Mineralien, Erdöl und Wasser. Erwähnen sollte man noch die Verwendung geophysikalischer Methoden im Bergbau. Man braucht sie dort zur Lagerstättensuche, aber auch zum Schutz und erforderlichenfalls zur Rettung von Bergleuten. Mit Hilfe von geophysikalischen Messungen auf kleinstem Raum untersucht man die Tragfähigkeit eines Baugrundes.

Schon mehrfach war von den *Zukunftsaufgaben* der Geophysik die Rede. Zukunftsforschung *(Futurologie)* und Zukunftsplanung werden heute systematischer betrieben als in früheren Zeiten. Einige neue Aufgaben der Geophysik sind schon deutlich zu erkennen: Den Mond und die Nachbarplaneten der Erde wird man zweifellos mit den von der Erforschung der Erde her bekannten Methoden untersuchen. Auf der Erde selbst wird man die geophysikalischen Verfahren in immer stärkerem Maße auf die weiten Gebiete des Meeresbodens anwenden. Im Meer hofft man zusätzliche Quellen für Rohstoffe und eventuell auch Nahrungsmittel zu finden. Die Erschließung solcher Quellen wird notwendig sein, wenn die Bevölkerung der Erde weiterhin (exponentiell) anwächst. Auch der Versorgung mit Trink- und Brauchwasser wird man erhöhte Aufmerksamkeit schenken müssen, zumal der Pro-Kopf-Verbrauch – mindestens in den industrialisierten Ländern – immer noch ansteigen wird. Zweifellos wird man in Zukunft auch nicht mehr mit den zur Zeit genutzten Energiequellen auskommen. Unter anderem denkt man daran, die große Sonnenenergie, die tagaus, tagein zur Erde gelangt, direkt auszuwerten, ferner auch die in der Gezeitenbewegung des Meerwassers enthaltene mechanische Energie (die letztlich der Rotationsenergie der Erde entstammt). Ein Problem für die wachsende Erdbevölkerung – welches sich jetzt schon abzuzeichnen beginnt – wird die Beseitigung von Abfällen sein. Eine spezielle, aber besonders dringliche Aufgabe ist die Unterbringung radioaktiver Rückstände von Atomreaktoren („Atommüll"). Bei der Lösung dieser Aufgabe haben Geophysiker erfolgreich mitgewirkt.

Es gibt bereits eine Reihe wissenschaftlich fundierter *Zukunftsprognosen*[1]. Ihnen zufolge ist die Lösung großer geophysikalischer Aufgaben schon in naher Zukunft zu erwarten:

1975 Zuverlässige langfristige Wettervorhersage mit Hilfe eines dichten Netzes von Wettersatelliten.

1981 Wiederholung grundlegender physikalischer Experimente im tiefen Weltraum (Michelson-Versuch zur Bestimmung der Lichtgeschwindigkeit, Vergleich der schweren mit der trägen Masse).

1982 Künstlicher Niederschlag aus bestimmten Wolkentypen.

1989 Wirtschaftlich rentable Ausbeutung des Meeresgrundes durch Gruben- oder Bergbau.

1990 Regionale Wetterbeeinflussung, Anfänge einer Beeinflussung des Klimas.

Vom heutigen Stand unseres Wissens aus gesehen, erscheinen diese Prognosen als sehr kühn, doch werden heute so neuartige wissenschaftliche Methoden entwickelt, daß die Vorhersagen durchaus eintreffen könnten (siehe Kap. 27b).

Der Gedanke liegt nahe, bei Erdbeben wie beim Wetter eine Entwicklung von der Vorhersage zur *Beeinflussung* hin ins Auge zu fassen. Physikalisch erscheint die Aufgabe bei Erdbeben sogar leichter zu sein: Die Ursachen sind lokalisierbar und die erforderliche Energie ist vermutlich geringer. Man könnte etwa an den bekannten Verwerfungen von Zeit zu Zeit durch künstliche Explosionen für einen kontrollierten Ausgleich der Spannungen sorgen. Vom sozialen und rechtlichen Standpunkt aus wird man aber starke Hemmungen haben, solche Versuche auszuführen, weil sie ein unüberschaubares Risiko in sich bergen. Ähnliche Gesichtspunkte gelten natürlich auch für die künstliche Wetterbeeinflussung. Deshalb wurden in den letzten Jahren in einigen Staaten

[1] Siehe z. B. Naturwissenschaftliche Rundschau **20** (1967), 278–283.

der USA dergleichen Versuche gesetzlich verboten[1]. Dadurch ist nun wieder ein höchst unerfreulicher Zustand für die wissenschaftliche Forschung entstanden. Für die Ausführung physikalischer Großversuche inmitten einer menschlichen Gesellschaft, die von den Auswirkungen der Versuche möglicherweise betroffen wird, sollten möglichst bald die rechtlichen Voraussetzungen geschaffen werden. Dabei müßten übrigens schon in einem frühen Stadium internationale Abmachungen getroffen werden, da der Einflußbereich solcher Experimente größer ist als der einer nationalen Gerichtsbarkeit.

Gute Dienste haben die Geophysiker der menschlichen Gesellschaft auch auf einem Feld erwiesen, das nur mittelbar mit ihrem Fach zusammenhängt: Da so viele der zu untersuchenden Erscheinungen weltweiten Charakter haben, sind sie stärker als die Forscher aus anderen Disziplinen auf eine gute *Zusammenarbeit* angewiesen. Eine der ersten Organisationen, die eine solche Zusammenarbeit ermöglichte, war der Göttinger Magnetische Verein (1836–1841, vgl. Kap. 8c). Er umfaßte 44 Sternwarten und physikalische Institute in vielen Orten der Erde. Dort wurden an vier bis sechs vorher festgelegten Kalendertagen jeden Jahres alle 5 Minuten – einheitlich nach Göttinger Ortszeit – die erdmagnetischen Instrumente abgelesen. Während des 19. Jahrhunderts wurden von verschiedenen Forschergruppen Polarexpeditionen veranstaltet. Einer der Polarforscher, der Österreicher KARL WEYPRECHT, regte 1875 an, diese Expeditionen zu koordinieren, nämlich auf ein bestimmtes Zeitintervall zu konzentrieren; denn offensichtlich bringe die gleichzeitige Beobachtung polarer Erscheinungen von verschiedenen Punkten der Arktis aus der Wissenschaft viel mehr Gewinn als verstreute Einzelbeobachtungen. So kam das erste Polarjahr (August 1882 bis August 1883) zustande. Es wurden 40 Beobachtungsstationen in der Arktis eingerichtet. 50 Jahre später, 1932/33, fand das 2. Polarjahr statt. An die Idee und die Organisationsformen der beiden Polarjahre anknüpfend, aber in einem ungeheuer erweiterten Rahmen, wurde vom Juli 1957 bis Dezember 1958 das Internationale Geophysikalische Jahr (IGJ) veranstaltet. 60000 Wissenschaftler aus 66 Nationen nahmen daran teil. An etwa 1000 Forschungsstellen wurden Beobachtungen nach einheitlichen Methoden vorgenommen und später in übersichtlicher Form veröffentlicht. Viele Einrichtungen des IGJ blieben bestehen und kamen den nachfolgenden internationalen geophysikalischen Gemeinschafts-

[1] Siehe Weather Modifications, Law, Controls, Operations. Bull. American Meteorol. Soc. 47 184–193 (1966).

unternehmungen zugute, der Internationalen Geophysikalischen Kooperation (IGC, 1959) wie auch den Forschungen während der Jahre der ruhigen Sonne (IQSY, 1964/65). Mit dem IGJ wurde eine breite Bahn für die internationale Zusammenarbeit geschaffen. Die Geschichte wird erweisen, ob die Menschheit die damals gewonnenen Erfahrungen auch auf anderen Gebieten zu nutzen versteht. Während des IGJ wurde demonstriert, daß Nationen ungeachtet großer politischer Spannungen in begrenzten Bereichen friedlich zusammenarbeiten und gemeinsam große Erfolge erzielen können. Aufgaben gibt es genug, die in ähnlicher Form angegangen werden könnten und sollten!

27b) *Wissenschaftliche Erkenntnisse allgemeiner Art*

In den ersten beiden Kapiteln wurden die Nachbarfächer der Geophysik genannt: Astronomie, Astrophysik, Geologie und Geochemie. Zwischen diesen Fächern und der Geophysik existiert ein dauernder Erfahrungsaustausch. Häufig dient eine Disziplin der anderen als Hilfswissenschaft. Von diesem sozusagen alltäglichen Austausch wissenschaftlicher Erkenntnisse soll in diesem Abschnitt nicht die Rede sein, sondern von den selteneren Fällen, in denen geophysikalische Erkenntnisse weit über das engere Fach und seine Nachbarbereiche hinaus wirken und fremde Disziplinen zur Entwicklung neuer Vorstellungen anregen.

Am einfachsten zu erkennen sind solche Fälle in der *Geschichte* der Wissenschaft, weil für historische Beispiele die Voraussetzungen, die Entstehung der neuen Erkenntnis und die Auswirkungen überschaubar vor uns liegen. Wir wollen diesen Abschnitt deshalb mit einem Blick in die Geschichte beginnen. Lange Zeit hindurch waren die Beobachtungen der Astronomen denen der Forscher anderer Disziplinen an Genauigkeit weit überlegen. Deshalb griff auch NEWTON bei der Begründung der *Mechanik* zur Stützung seiner Theorien auf astronomische Daten zurück. Erst Newtons Nachfolger wandten ihr Interesse physikalischen Erscheinungen auf der Erde zu: P. BOUGUER (vgl. Kap. 13b) unternahm Messungen zur Bestimmung der Figur und der mittleren Dichte der Erde. Vor allem aber muß man E. HALLEY (1656–1742, bekannt durch den nach ihm benannten Kometen) nennen. Er hat sich in verschiedenen Gebieten der Geophysik hervorgetan: So stellte er als erster die barometrische Höhenformel auf, entwickelte eine Theorie der Monsune und stellte fest, daß die Polarlichtbögen senkrecht zu den magnetischen Meridianen verlaufen. Auch war er der erste, der geophysikalische Meßgrößen systematisch in Karten eintrug. Er hinterließ eine Karte der magnetischen Deklination und eine Karte der mittleren Windverteilung auf der Erde.

Oft hinkten in der Geschichte der Mechanik die geophysikalischen Beobachtungen hinter den physikalischen Erkenntnissen her: Schon Newton hatte z. B. die Größe und die Verteilung der Gezeitenbeschleunigungen völlig richtig errechnet, während die Bestätigung durch Beobachtungen noch lange auf sich warten ließ (vgl. Kap. 7, in dem über die trotz aller Sorgfalt vergeblichen Versuche Laplace's berichtet wurde).

Anders war es beim *Magnetismus.* Hier gründete sich das physikalische Verständnis auf geophysikalische – wenn auch vorwissenschaftliche – Erfahrungen: Die ersten Kenntnisse stammten von magnetithaltigen Steinen her, und das immer gegenwärtige erdmagnetische Feld forderte die Wissenschaftler aller Zeiten dazu heraus, sein Wesen und seine Ursache zu ergründen. Gauss entwickelte das erste Verfahren zur Absolutmessung des Magnetfeldes, auch vervollkommnete er die Potentialtheorie, so daß er das erdmagnetische Feld bequem beschreiben konnte. Der Gültigkeitsbereich dieser Theorie ist aber viel größer; man kann sie natürlich ebensogut auf jedes andere Potentialfeld der Physik anwenden. So ergaben sich aus dem Studium des Erdmagnetismus viele wissenschaftliche Erkenntnisse, die über den Bereich der Geophysik hinaus wirkten.

Der weitere Ausbau der übrigen Physik stützte sich wesentlich auf die Ergebnisse von Laboratoriumsexperimenten. Mit deren Genauigkeit konnten die geophysikalischen Beobachtungen nicht konkurrieren; deshalb waren die Beziehungen zwischen (reiner) Physik und Geophysik einseitig: In der Geophysik versuchte man, bekannte physikalische Gesetze auf die in der Regel komplizierten geophysikalischen Verhältnisse anzuwenden. Hierzu gehören auch Benjamin Franklins (1706 bis 1790) gefährliche Versuche, mit einem Drachen nachzuweisen, daß das Gewitter eine elektrische Erscheinung sei.

In manchen Fällen regten geophysikalische Beobachtungen dazu an, schon existierende Theorien in bestimmte Richtungen hin auszubauen. Die Mintrop-Welle (Kap. 13a) und die Theorie der Whistlerausbreitung (Kap. 25b) sind Früchte solcher Bemühungen, die dann auch wieder in anderen Disziplinen Anwendung gefunden haben. Bei der Entwicklung der Kernphysik war die Geophysik vor allem Nutznießer (Methoden der Altersbestimmung, Kap. 3; Überlegungen zur Wärmeproduktion im Erdkörper, Kap. 10b). Die Elementarteilchenphysik dagegen empfing die ersten Anregungen aus Beobachtungen der Kosmischen Strahlung (Kap. 21).

Zusammenfassend kann man feststellen: Geophysikalische Entdeckungen haben hin und wieder im Verlauf der Wissenschaftsgeschichte als Anregungen für andere Disziplinen gewirkt, doch kam dies viel seltener vor als etwa in der astronomischen Forschung. Der Grund liegt darin, daß die geophysikalischen Randbedingungen sehr kompliziert sind, daß gewöhnlich mehrere verschiedene Vorgänge miteinander verflochten sind und daß die Beobachtungen in Anbetracht der Größe des räumlichen und zeitlichen Intervalles unzureichend sind.

Die Geophysik kann aber in der Zukunft noch stark zur Vermehrung des Allgemeinwissens beitragen, da sie Gelegenheit bietet, das Verhalten der Materie unter *extremen Bedingungen* zu studieren. Gemeint sind Bedingungen, die sich im Laboratorium nicht herstellen lassen, nämlich einerseits die sehr hohen Drücke, die im Erdinnern herrschen, und andererseits die extrem niedrigen Drücke in der Oberen Atmosphäre und im interplanetaren Raum.

Die hohen Drücke des *Erdinneren* sind verbunden mit Temperaturen von einigen tausend Grad. Die Materie reagiert darauf mit stetigen und sprunghaften Änderungen der Dichte, der elastischen Konstanten, des elektrischen Widerstandes und der Wärmeleitfähigkeit. Die geophysikalischen Erkenntnisse über den Aufbau des Erdinneren (vgl. Kap. 12) liefern somit zugleich Aussagen über das Verhalten der Materie bei hohen Drücken und Temperaturen. Eine andere Informationsquelle bieten die Gesteine an der Erdoberfläche, die meist in großer Tiefe entstanden sind. Sie enthalten Mineralmodifikationen, die nur bei hohen Drücken auftreten, das bekannteste Beispiel ist der Diamant. In den letzten Jahren sind die Hochdruckmodifikationen des Siliziumdioxyds (SiO_2), Coesit, Stishovit und Keatit besonders untersucht worden. Man kann sie synthetisch herstellen, hat sie aber auch im Meteorkrater von Arizona und im Ries bei Nördlingen gefunden. Besonderes Interesse gebührt schließlich den sehr langsam ablaufenden Prozessen im Erdinneren, weil man an ihnen das nichtelastische Verhalten der Materie studieren kann.

Die *Obere Atmosphäre* und der *interplanetare Raum* bieten beim Studium des Verhaltens stark verdünnter Gase gegenüber allen Laboratoriumsversuchen den großen Vorteil, daß „Wandeffekte" nicht auftreten. Besonders wichtige Erfahrungen über die Photochemie solcher Gase werden beim Studium der Ionosphäre und der Polarlichter gewonnen. Im interplanetaren Raum kann man stationäre und instationäre Plasmaströmungen beobachten. An der Magnetosphäre lassen sich schließlich die Vorgänge bei der Umströmung eines Hindernisses studieren. Besonders interessant ist die kollisionsfreie Stoßwelle, die sich vor der Magnetosphäre ausbildet (vgl. Kap. 24c). Auch sie läßt sich kaum in Laboratorien realisieren.

Ein völlig anderes, allgemeines Feld, auf dem geophysikalische Erkenntnisse anderen Disziplinen nützen können, ist die wissenschaftliche Methode. Die bisherige Entwicklung der (reinen) Physik war so erfolgreich, weil die Physiker zunächst einfache Fälle untersuchten. Einfache Fälle sind solche, bei denen ein bestimmter Vorgang isoliert betrachtet werden kann oder wenigstens so, daß der Einfluß anderer Prozesse nur kleine „Störungen" hervorruft. Die Berechnung der Planetenbewegung ist dafür ein instruktives Beispiel. Man kann auch sagen: Einfache Fälle sind solche, bei denen die Kopplungen mit anderen Vorgängen wegfallen oder schwach sind. Schwache Kopplungen lassen sich gewöhnlich durch lineare Gleichungen erfassen, während starke Kopplungen auf nichtlineare Gleichungen führen. Es sieht so aus, als seien die einfachen, vorwiegend linearen Gesetze der Natur inzwischen entdeckt[1]. Jedenfalls beginnt man zur Zeit in verschiedenen Zweigen der Physik mit der Erforschung der *komplizierten* und *nichtlinearen* Beziehungen.

Geophysiker waren nicht so frei in der Wahl ihrer Untersuchungsobjekte wie Physiker. Notgedrungen mußten sie sich deshalb schon früh mit nicht-einfachen Vorgängen beschäftigen. Ein Beispiel sind die plastischen Deformationen im Herdgebiet eines Erdbebens (vgl. Kap. 4a). Sie lassen sich nicht mit einer linearen Theorie erfassen. Das gleiche gilt für die magnetosphärischen Plasmabewegungen im Verlauf eines erdmagnetischen Sturmes (vgl. Kap. 19). Wie wir auch oben schon gesagt haben, sind fast alle geophysikalischen Vorgänge unter diesem Gesichtspunkt „kompliziert". Weitere klassische Beispiele für nichtlineare Vorgänge bietet die Meteorologie, die NORBERT WIENER (vgl. Kap. 5a) dann auch der „ideal einfachen" Astronomie gegenüberstellte[2]. Die Geophysik verfügt über gewisse Erfahrungen im Umgang mit solchen nicht-einfachen Phänomenen, vor allem besitzt sie ein umfangreiches Beobachtungsmaterial. Diese Erfahrungen können der Ausbildung nichtlinearer Theorien auch in anderen Wissenszweigen zugute kommen.

Umgekehrt werden Fortschritte, die man bei der Ausarbeitung nichtlinearer Theorien macht, zweifellos Geophysik und Meteorologie stark fördern. Vielleicht gehören die geophysikalischen Probleme zu den *einfachsten unter den komplizierten*. Dann bestünde die Hoffnung, daß die optimistischen Voraussagen der Futurologen (Kap. 27a) auch eintreffen.

[1] F. HUND: Grundbegriffe der Physik. B.I.-Hochschultaschenbücher **449**, Mannheim 1969, 229.

[2] NORBERT WIENER: Kybernetik. Rowohlts Deutsche Enzyklopädie **294/295** (1968), 53ff. Als zweites Beispiel für einen nicht einfachen Vorgang dient ihm die von G. DARWIN entdeckte Gezeitenreibung (vgl. Kap. 7e).

28. *Geophysikalische Konstanten*

Dieses Kapitel enthält einige geophysikalische Konstanten, die häufig bei *Überschlagsrechnungen* gebraucht werden. Die Werte wurden nach ihrer physikalischen Bedeutung in 15 Gruppen eingeteilt, ohne Rücksicht auf ihre Herkunft aus verschiedenen Zweigen der Geophysik. Durch diese Zusammenstellung bietet sich die Gelegenheit zu interessanten Vergleichen.

Die Mehrzahl der aufgeführten Konstanten kommt auch an anderer Stelle im Text dieses Buches vor. Um umfangreiche Wiederholungen zu vermeiden, wurden ganze Tabellen nicht noch einmal abgeschrieben, in der entsprechenden Gruppe findet sich aber ein Hinweis auf die Tabelle. Zur Ergänzung wurden einige Konstanten – vor allem aus der Meteorologie – hinzugefügt, die in dieser Einführung sonst an keiner Stelle vorkommen.

Der Gesichtspunkt, Daten für Überschlagsrechnungen zu liefern, war maßgebend für die Auswahl der Größen und auch für die Anzahl der mitgeteilten Ziffern. Gewöhnlich ist die Angabe weniger genau, als es der wirklichen Kenntnis entspricht. Die exakten Werte, ihre Fehlergrenzen und eventuell existierende örtliche oder zeitliche Abweichungen findet man in der am Schluß dieses Kapitels zitierten Literatur.

Die große Bedeutung geophysikalischer Konstanten äußert sich darin, daß viele Einheiten der Physik und Technik ursprünglich von geophysikalischen Größen abgeleitet worden sind: das Meter vom Erdumfang, die Sekunde von der Erdrotation, das Kilopond von der Erdanziehung und die „Atmosphäre“ (Druckeinheit) vom Luftdruck. Auch der Nullpunkt der Fahrenheitschen Temperaturskala lehnt sich an eine geophysikalische Größe an: die tiefste Temperatur in Danzig während des strengen Winters 1708/09. In den folgenden Tabellen wurden, wenn es bequem möglich war, die Einheiten so gewählt, daß die davorstehenden Zahlengrößen überschaubar blieben. Bei den Überschlagsrechnungen ist es jedoch günstig – wenn nicht gar notwendig –, sich auf ein System von Einheiten festzulegen. Das kann sein: cm-gr-sec; genauso gut kann man aber auch ein anderes System von Grundeinheiten wählen.

Viele Leser werden Zahlenzusammenstellungen wie die folgende – wenn auch weniger ausführlich – erstmalig während ihrer Schulzeit im Anhang der Logarithmentafeln kennengelernt haben. Das war eine Situation, die vermutlich wenig geeignet war, Bewunderung und Zuneigung für diesen „Zahlenschatz“ zu erwecken. Dem Studenten gelingt es hoffentlich leichter, sich klarzumachen, daß hinter diesen Zahlen eine große Leistung der Menschheit steht, und daß die „eingekleideten Aufgaben", die man mit ihrer Hilfe lösen kann, vom höheren Standpunkt aus gesehen, Exkursionen des Menschengeistes in den Kosmos sind. Die Kenntnis der Naturkonstanten erlaubt es uns, vom Schreibtisch aus Antwort zu geben auf Fragen nach der räumlichen und zeitlichen Struktur der Erde und ihrer Umgebung, so als wäre man „da und dabei gewesen".

Längen

Äquatorradius der Erde	$a = 6378{,}20$ km
Polradius der Erde	$c = 6356{,}80$ km
Abplattung $f = \frac{a-c}{a} = 0{,}003354$	
Radius der volumengleichen Kugel	$R_E = 6371{,}04$ km
Radius des äußeren Erdkernes	3471 km
Radius des inneren Erdkernes	1250 km
Mittlerer Radius des Mondes	1738 km
Mittlerer Abstand des Mondes von der Erde	384400 km
Radius der Sonne	$0{,}7 \cdot 10^6$ km
Entfernung Sonne–Erde Perihel: 147,0; Aphel:	$152{,}0 \cdot 10^6$ km
Mittlere Entfernung Sonne–Pluto	$5900 \cdot 10^6$ km
Durchmesser des Milchstraßensystems	$8{,}5 \cdot 10^{17}$ km
Durchmesser des sichtbaren Universums	$\approx 2 \cdot 10^{22}$ km

Skalenhöhe H der Atmosphäre am Erdboden: 8,3; in 100 km Höhe: 7,0; in 200 km Höhe: 47; in 1000 km Höhe: 160 km

Wellenlängen der Polarlichtlinien und -banden *siehe Fig. 94, Kap. 18b.*

Massen

Erde	$M_E = 5{,}977 \cdot 10^{27}$ gr
Gesamter Erdkern	$1{,}9 \cdot 10^{27}$ gr
Innerer Erdkern	$1{,}4 \cdot 10^{26}$ gr
Erdkruste	$1{,}7 \cdot 10^{25}$ gr
Wasser der Ozeane	$1{,}4 \cdot 10^{24}$ gr
Atmosphäre	$5{,}1 \cdot 10^{21}$ gr
Mond	$7{,}4 \cdot 10^{25}$ gr
Sonne	$2 \cdot 10^{33}$ gr
Milchstraßensystem	$4 \cdot 10^{44}$ gr

Zeiten

Alter der Erde $4{,}5 \cdot 10^9$ Jahre
Datierung der geolog. Zeitalter *siehe Fig. 3, Kap. 2*
Datierung der paläomagn. Epochen *siehe Fig. 4, Kap. 2*
Datierung der Eiszeiten *siehe Kap. 2*
Halbwertszeiten radioaktiver Isotope *siehe Tabelle A, Kap. 3a und Tabelle B, Kap. 3e*

Präzession der Erdachse 25735 Jahre
Chandlersche Periode 437 Tage
Perioden von Eigenschwingungen der Erde *siehe Tabelle E, Kap. 5d*

1 tropisches Jahr = 365,24222 Tage = $3{,}1557 \cdot 10^7$ sec
1 Sterntag = 0,99727 Sonnentage
1 Mondtag = 1,03505 Sonnentage = 24 Std. 50,47 Min.
Weitere für die Gezeiten wichtige Perioden *siehe Schluß von Kap. 7a*
Siderische Rotationsperiode der Sonne 25,38 Tage
Synodische Rotationsperiode der Sonne 27,27 Tage
Geophysikalische Numerierung der Sonnenrotationen *siehe Kap. 19 b*
Sonnenfleckenperiode 11,1 ± 4 Jahre
Jährliche Sonnenfleckenrelativzahlen 1750–1967 *siehe Fig. 120, Kap. 22b*

Laufzeiten von Erdbebenwellen *siehe Fig. 18, Kap. 4e*

Frequenzen

Gyrofr. ($H = 0{,}5$ Gauß) von Protonen $f_{gp} = 762$ Hz;
Elektronen $f_{ge} = 1{,}4$ MHz
Stoßfr. als Funktion der Höhe *siehe Fig. 88, Kap. 17b*
Grenzfr. in der Sonnenkorona *siehe Schluß von Kap. 22a*

Winkelgeschwindigkeit der Erdrotation $\Omega = 7{,}29211508 \cdot 10^{-5}\ \text{sec}^{-1}$
Winkelgeschwindigkeit der Sonnenrotation $2{,}865 \cdot 10^{-6}\ \text{sec}^{-1}$

Geschwindigkeiten

(Mittlere) Sedimentationsgeschw. 2,5 cm/1000 Jahre
Golfstrom 150 cm/sec
Wind der Stärke 2: 3; 6: 11; 10: 23 m/sec

Thermische Geschw. der Luftmoleküle (20 °C) 0,51 km/sec
Longitudinale elastische Wellen in verschiedenen Stoffen *siehe Tabelle L, Kap. 13a*

Bruchgeschw. bei Erdbeben	3,5 km/sec
Seismische Wellen im Erdinneren *siehe Fig. 21, Kap. 4f*	
Gruppengeschw. von Rayleighwellen *siehe Fig. 22, Kap. 4g*	
Äquatorpunkt bei der Erdrotation	0,465 km/sec
Fluchtgeschw. an der Erdoberfläche	11,3 km/sec
Kreisbahngeschw. an der Erdoberfläche	7,91 km/sec
Kreisbahngeschw. am Ort des Mondes	1,02 km/sec
Fluchtgeschw. an der Mondoberfläche	2,38 km/sec
Äquatorpunkt bei der Sonnenrotation	2 km/sec
Fluchtgeschw. an der Sonnenoberfläche	620 km/sec
Erde bei ihrer Wanderung um die Sonne	30 km/sec
Sonne bei der Rotation des Milchstraßensystems	270 km/sec
Solarer Wind *siehe Fig. 127, Kap. 23a*	
Alfvén-Wellen in verschiedenen Höhen *siehe Fig. 93, Kap. 17e*	
Solare Protonen bei PCA-Effekten	50000 km/sec

Beschleunigungen

Schwerebeschl. an den Polen	g_{Pol}	983 221 mgal
Schwerebeschl. am Äquator	$g_{Äq}$	978 049 mgal
Zentrifugalbeschl.	$\Omega^2 a$	3 392 mgal

Schwereänderung mit der Höhe 0,3086 mgal/m

Schwere im Erdinneren *siehe Fig. 68, Kap. 12a*

Lunare Gezeitenbeschl.	0,0823 mgal
Solare Gezeitenbeschl.	0,0379 mgal
Gravitationsbeschl. an der Mondoberfläche	162 Gal
Gravitationsbeschl. an der Sonnenoberfläche	$2{,}74 \cdot 10^4$ Gal

Dichten

Mittlere Dichte der Erde	$\overline{\rho}_E = 5{,}52$ gr cm^{-3}
Dichten von Gesteinen und Mineralien *siehe Tabelle M, Kap. 13b*	
Dichte im Erdinneren *siehe Fig. 68, Kap. 12a*	
Mittlere Dichte des Mondes	3,34 gr cm^{-3}
Mittlere Dichte der Sonne	1,41 gr cm^{-3}

Dichte der Luft am Erdboden: $1{,}226 \cdot 10^{-3}$;
in 50 km Höhe: $1{,}03 \cdot 10^{-6}$; in 100 km Höhe: $4{,}97 \cdot 10^{-10}$ gr cm^{-3}

Tägliche Dichtevariationen der Luft in 562 km Höhe *siehe Fig. 81, Kap. 15b*

Drücke

Druck im Erdmittelpunkt	3 500 kbar
Druckverteilung im Erdinneren *siehe Fig. 69, Kap. 12a*	
Druckgradient im Erdmantel ≈ 1 kbar/3 km	
Druck im Sonnenmittelpunkt	$> 10^8$ kbar
Mittlerer Luftdruck am Erdboden: 1013; in 50 km Höhe: 0,8; in 100 km Höhe:	$3 \cdot 10^{-4}$ mbar

Trägheitsmomente

Polares Trägheitsm. der Erde	$C = 8{,}118 \cdot 10^{44}$ gr cm^2
Äquatoriales Trägheitsm. der Erde	$A = 8{,}092 \cdot 10^{44}$ gr cm^2

Entwicklungskoeffizienten des Potentials des Schwerefeldes *siehe Tabelle F, Kap. 6b*

Energien

Kinetische E. der Erde beim Umlauf um die Sonne	$2{,}7 \cdot 10^{40}$ erg
Gravitationsen. bei der Kontraktion der Erdmasse	$2 \cdot 10^{39}$ erg
Rotationsen. der Erde	$2{,}16 \cdot 10^{36}$ erg
E. eines mittleren Tiefdruckgebietes	$5 \cdot 10^{24}$ erg
E. des magnetischen Dipolfeldes außerhalb der Erde	$1{,}3 \cdot 10^{25}$ erg
E. des Ringstromfeldes ($DR(\mathsf{H}) = 50$ gamma)	$3 \cdot 10^{22}$ erg
Totale E.-Produktion der Sonne	$3{,}7 \cdot 10^{33}$ erg/sec
E. der auf die Erde fallenden Sonnenstrahlung	$0{,}6 \cdot 10^{32}$ erg/Jahr
E. der auf die Erde fallenden Kosmischen Strahlung	$0{,}3 \cdot 10^{24}$ erg/Jahr
Wärmestrom aus dem Erdinneren	$1{,}0 \cdot 10^{28}$ erg/Jahr
Seismische E.	$3 \cdot 10^{24}$ erg/Jahr
Energiedichten im interplanetaren Raum:	
Kinetische E. des solaren Windes	5000 eV/cm^3
Thermische E. des solaren Windes	260 eV/cm^3
Magnetische E. des solaren Windes	90 eV/cm^3
Kosmische Strahlung	1 eV/cm^3

Magnetische Größen

Dipolmoment der Erde $\mathfrak{M}_E = 8 \cdot 10^{25}$ Gauß cm^3

Achsendurchstoßpunkt 79 °N 290 °E

Dipolfeldstärke am geomagn. Äq.: $\mathsf{H} = 0{,}31$; am Pol: $\mathsf{Z} = 0{,}62$ Gauß

Entwicklungskoeff. des Potentials des erdmagn. Innenfeldes *siehe Tabelle G, Kap. 8c*

Suszeptibilitäten einiger Minerale und Gesteine *siehe Tabelle H, Kap. 8 f*

Magnetometerempfindlichkeit: Protonen: 234,93 Hz/Gauß
Rb^{85}: 4,67; Rb^{87}: 6,99; He: 28 Hz/gamma

Elektrische Größen

Spezifischer Widerstand im Erdinneren *siehe Fig. 65, Kap. 11 a*
Spezifischer Widerstand natürlicher Materialien *Fig. 66, Kap. 11 b*
Ionosphärische Leitfähigkeit als Funktion der Höhe *Fig. 89, Kap. 17 b*
PEJ-Stromstärke 30000 bis 10^6 Amp.

Thermische Größen

Wärmefluß aus dem Erdinneren $1{,}5 \cdot 10^{-6}$ cal/cm² sec
Wärmeproduktion wichtiger Gesteinsarten *siehe Tabelle J, Kap. 10 b*
Temperaturen im Erdinneren (hypothetisch) *siehe Fig. 62, Kap. 10 c*
Mittlerer Temperaturgradient in der Nähe der Erdoberfl. 1 °C/30 m
Curietemperaturen im System FeO—Fe_2O_3—TiO_2 *siehe Fig. 50, Kap. 8 f*

Mittl. Temperaturleitfähigk. d. Gest. an d. Erdoberfl. $a^2 = 0{,}005$ cm²/sec
Temperaturgradient der Schmelzpunktkurve im Erdmantel ≈3 °C/km
Adiabatischer Temperaturgradient im Erdmantel ≈0,5 °C/km
Spez. Wärme von Gesteinen an der Erdoberfläche $c = 0{,}2$ cal/gr °C
Spez. Wärme von Luft $c_p = 0{,}2405$ cal/gr °C $= 1{,}005 \cdot 10^7$ erg/gr °C
Temperaturhöhenverteilung in der Atmosphäre *siehe Fig. 78, Kap. 14 a*
Effektive Strahlungstemperatur der Sonne 5700 °K
Temperatur im Zentrum der Sonne $\approx 15 \cdot 10^6$ °C
Temperatur der Sonnenkorona 1,2 bis 1,5 Millionen °C

Allgemeine Konstanten

Allgemeine Gravitationskonst. $\gamma = 6{,}670 \cdot 10^{-8}$ cm³ gr⁻¹ sec⁻²
Lichtgeschwindigkeit im Vakuum c = 299793 km/sec
Plancksche Konstante $h = 6{,}626 \cdot 10^{-27}$ erg sec
Universelle Gaskonstante $R^* = 8{,}314 \cdot 10^7$ erg/Grad·Mol
Boltzmann-Konstante $k = 1{,}38054 \cdot 10^{-16}$ erg/Grad
$= 0{,}86166 \cdot 10^{-4}$ eV/Grad

Protonenmasse $m_p = 1{,}6725 \cdot 10^{-24}$ gr
Elektronenmasse $m_e = 9{,}109 \cdot 10^{-28}$ gr
Elementarladung $e = 1{,}6 \cdot 10^{-20}$ el.magn. cgs-Einheiten

Umrechnungsfaktoren

1 Lj. = 1 Lichtjahr = 63 275 AE. = $9{,}46 \cdot 10^{12}$ km
1 AE. = 1 Astron. Einheit = $149{,}5 \cdot 10^{6}$ km
1 Å = 1 Ångström = 10^{-8} cm

1 Curie = $3{,}63 \cdot 10^{10}$ Zerfälle/sec
1 Gal = 1 cm $\sec^{-2}$ = 1 000 mgal
1 bar = 10^{6} dyn/cm² = 1 000 mbar
1 R = 1 Rayleigh = 10^{6} Photonen/cm² (Säule) sec
1 cal = $4{,}187 \cdot 10^{7}$ erg = $2{,}613 \cdot 10^{19}$ eV = 4,187 Joule
1 to TNT = $4{,}2 \cdot 10^{16}$ erg

1 gamma = 10^{-5} Gauß
1 Gauß (als Einheit von H) = 79,6 Amp m^{-1}
1 Gauß (als Einheit von B) = 10^{-4} V sec $\mathrm{m}^{-2} = 10^{-4}$ Weber m^{-2}
Induktionskonstante $\mu_0 = 4\pi \cdot 10^{-7}$ Weber $\mathrm{Amp}^{-1}\,\mathrm{m}^{-1}$
1 el.magn. cgs-Stromeinheit = 10 Amp

arc 1° = $1{,}745 \cdot 10^{-2}$
arc 1′ = $2{,}908 \cdot 10^{-4}$
arc 1″ = $4{,}848 \cdot 10^{-6}$

[1]	sec	Min	Std	Tage	Jahre
1 sec =	1	$1{,}667 \cdot 10^{-2}$	$2{,}778 \cdot 10^{-4}$	$1{,}157 \cdot 10^{-5}$	$3{,}169 \cdot 10^{-8}$
1 Min =	$6 \cdot 10^{1}$	1	$1{,}667 \cdot 10^{-2}$	$6{,}944 \cdot 10^{-4}$	$1{,}901 \cdot 10^{-6}$
1 Std =	$3{,}6 \cdot 10^{3}$	$6 \cdot 10$	1	$4{,}167 \cdot 10^{-2}$	$1{,}141 \cdot 10^{-4}$
1 Tag =	$8{,}64 \cdot 10^{4}$	$1{,}44 \cdot 10^{3}$	$2{,}4 \cdot 10$	1	$2{,}738 \cdot 10^{-3}$
1 Jahr =	$3{,}156 \cdot 10^{7}$	$5{,}259 \cdot 10^{5}$	$8{,}766 \cdot 10^{3}$	$3{,}652 \cdot 10^{2}$	1

Geophysikalische Tabellenwerke

LB, HG, SE (Literaturverzeichnis Kap. 29).

Gesteinsdaten, die zum Verständnis des Erdinnern von Bedeutung sind, enthält:

S. P. CLARK JR. (Herausg.): Handbook of Physical Constants. Herausgegeben im Auftrag der Geological Soc. of America, New York 1966.

[1] Die kleine Umrechnungstabelle ist für viele geophysikalische Überlegungen nützlich. Alle Faktoren wurden zunächst exakt berechnet und anschließend gerundet.

Geophysikalische Daten findet man auch in:
Linkes Meteorologisches Taschenbuch. Neue Ausgabe. Herausg. von F. BAUR: Leipzig, **1** (1951), **2** (1953), **3** (1957).

29. *Geophysikalische Literatur*

„Fachzeitschriften lese ich grundsätzlich nicht, statt dessen studiere ich lieber neu erschienene Monographien. So spare ich mir die Beschäftigung mit sogenannten Entdeckungen, die später wie Schall und Rauch vergehen!" In diesem Satz drückt sich die Haltung eines meiner Kollegen zur geophysikalischen Literatur aus. Man mag diesen Standpunkt für etwas antiquiert halten; eine Tatsache ist es jedenfalls, daß neue Erkenntnisse im allgemeinen eine gewisse Bewährungsprobe bestehen müssen, bevor in Lehr- und Handbüchern über sie berichtet wird. Auch werden sie dabei in das vorhandene Wissen eingeordnet, kurz, sie sind ausgereifter als in den Originalveröffentlichungen.

Bibliothekare unterscheiden zwischen Primär- und Sekundärliteratur. Die *Primärliteratur* besteht aus Zeitschriftenaufsätzen, Dissertationen, Forschungsberichten (engl. reports), Patentschriften und dgl.[1]. In der *Sekundärliteratur* sind die Originalveröffentlichungen bereits verarbeitet. Man unterscheidet nach zunehmendem Aufbereitungsgrad: Titelbibliographien, Referate, Übersichtsartikel (engl. review articles) und schließlich die Monographien und Lehrbücher. Bei ihnen ist der Aufbereitungsprozeß am weitesten fortgeschritten. Leider dauert dieser Prozeß vielen Lesern in unserer schnellebigen Zeit zu lange. Sie benötigen für ihre eigene Arbeit die allerneusten Forschungsergebnisse der anderen. Von solchen hören sie auf Tagungen oder lesen darüber in den Zeitschriften, wenn sie nicht schon vorher vom Autor einen Vorabdruck (engl. preprint) erhalten haben.

Für Studenten und alle, die sich in ein Fachgebiet einarbeiten wollen, ist das anders: Für sie und für Freunde ausgereifter Erkenntnisse, wie den oben zitierten Kollegen, sind *Monographien*, *Lehr*- und *Handbücher* die ideale Literatur. Auch die Leser einer Einführung dürften zu dieser Gruppe gehören, darum möchte ich im Schlußkapitel noch eine Auswahl

[1] In der Geophysik gibt es eine besondere Möglichkeit, Primärliteratur gut zu verstecken: Man setzt wissenschaftliche Arbeiten in den Anhang seismischer oder magnetischer Jahrbücher. Derjenige, dem solche Arbeiten entgehen, ist vergleichbar mit Baron Mucki, der nicht erfahren hat, daß Graf Bobby bereits seit Monaten einen eigenen Telephonanschluß hat. „Ja, liest du denn kein Telephonbuch?!" meint Bobby entrüstet.

von 25 Werken empfehlen, die meiner Meinung nach einen repräsentativen Querschnitt durch die geophysikalische Literatur darstellen. Jedes einzelne Werk wird durch einen Doppelbuchstaben (BG, CB, ..., SU) gekennzeichnet und soll unten kurz vorgestellt werden. Für Studenten der Geophysik ist es ein Gewinn, jedes dieser Werke einmal in Händen gehabt, einige gründlich durchgearbeitet und andere zum Nachschlagen benutzt zu haben.

Die ausgewählten Bände beanspruchen im Bücherregal eine Länge von 1,20 m. Sie kosten zusammen etwa 2200 DM. Der Mittelwert ihrer Erscheinungsjahre ist 1957. Von den 25 Werken haben 9 je einen, zwei oder höchstens drei Verfasser; die anderen sind Sammelwerke mit Aufsätzen vieler Autoren. 11 Werke sind deutsch oder vorwiegend deutsch geschrieben. Das ist aber ein Auswahleffekt und keineswegs repräsentativ für die gesamte geophysikalische Literatur. Die restlichen Werke sind englisch geschrieben, nur in PH kommen einige französische Artikel vor.

Die folgende Liste ist alphabetisch nach den Kennbuchstaben (die auch schon in den früheren Kapiteln benutzt wurden) angeordnet.

BG J. Bartels: Studienführer Geophysik. Heidelberg 1944, 197 S.
Einführung für Anfänger mit Überblick über das Gesamtgebiet, Beispiele aus der Forschung, Bemerkungen zum Studium und Schrifttum der Geophysik. (Über den Verfasser vgl. Kap. 19b) – Allgemeinverständlich.

CB S. Chapman und J. Bartels: Geomagnetism. Oxford 1940, Nachdruck (ohne Tabellenanhang) 1951, 1049 S.
Monographie über die Lehre vom Erdmagnetismus. Kompletter Wissensstand 1940. Darin: Kap. 16: Periodizitäten und Harmonische Analyse in der Geophysik. Kap. 17: Kugelfunktionsanalyse in der Geophysik. – Mathematische Vorkenntnisse erforderlich.

CE J. Coulomb und G. Jobert: The Physical Constitution of the Earth. Edinburgh-London 1963, 328 S.
Lehrbuch. Übersetzung aus dem Französischen. Prägnante Darstellung. – Mathematische Vorkenntnisse erforderlich.

EA D. R. Bates (Herausg.): The Earth and its Atmosphere. New York 1957, 324 S.
17 führende britische und amerikanische Forscher gaben vor Beginn des IGJ diese Bestandsaufnahme des Gesamtgebietes der Geophysik, einschließlich Meteorologie und Ozeanographie. – Allgemeinverständlich.

EM H. MURAWSKI (Herausg.): Vom Erdkern bis zur Magnetosphäre. Frankfurt 1968, 330 S.

Starke Betonung der Geologie. Für Geophysiker besonders interessant: W. SIMON und H. J. LIPPOLT: Isotopische Zeitmessung und Erdgeschichte. H. BERCKHEMER: Erdkruste und Erdmantel. O. HARTMANN, K. FROMM und U. SCHMUCKER: Erdmagnetismus. W. DIEMINGER: Hohe Atmosphäre der Erde. – Allgemeinverständlich.

EO H. ERTEL: Elemente der Operatorenrechnung mit geophysikalischen Anwendungen. Berlin 1940, 133 S.

Die Anwendungen betreffen: Elektronenbewegung und elektrische Wellen in der Ionosphäre. Harmonische Wasserwellen. Stationäre und nichtstationäre Driftströme im homogenen Ozean. Eigenschwingungen abgeschlossener Wassermassen. Ausgleich von Salzgehaltsstörungen im Ozean durch Turbulenz. Wärmeleitung im Erdboden. – Mathematische Vorkenntnisse erforderlich.

EW O. W. HASELOFF (Herausg.): Die Erde im Weltraum. Berlin 1968, 239 S.

21 (übersetzte) Rundfunkvorträge führender amerikanischer Forscher über neue Ergebnisse in der Geophysik, Planetologie und Astronomie. – Allgemeinverständlich.

EZ Enzyklopädie der Mathematischen Wissenschaften mit Einschluß ihrer Anwendungen. Bd. **6** Teil 1 B, E. WIECHERT (Herausg.): Geophysik. Leipzig 1906–1925, 580 S.

Über den Herausg. vgl. Kap. 4, Einl.

Enthält u. a.: G. H. DARWIN und S. S. HOUGH: Bewegung der Hydrosphäre. F. R. HELMERT: Die Schwerkraft und die Massenverteilung der Erde. A. SCHMIDT (vgl. Kap. 9d): Erdmagnetismus. V. CONRAD: Dynamische Geologie. – Gute mathematische Vorkenntnisse erforderlich.

FL Fischer Lexikon. Frankfurt.

20 J. BARTELS † und G. ANGENHEISTER (Herausg.): Geophysik. Veröffentlicht 1960, Neu durchgesehen 1969, 373 S. 52 Sachwortartikel.

4 K. STUMPFF (Herausg.): Astronomie. Veröffentlicht 1957, Neu durchgesehen 1961, 345 S. 63 Sachwortartikel.

19 W. GERLACH (Herausg.): Physik. Neuausgabe 1967, 375 S. 45 Sachwortartikel.

Sehr preiswerte Sachlexika. – Allgemeinverständlich.

GA G. FANSELAU (Herausg.): Geomagnetismus und Aeronomie. Berlin, seit 1965: Leipzig. Bisher erschienen:

I, 1 Theorie der elektromagnetischen Felder. 1964, 248 S.

I, 3 Elektrische und magnetische Eigenschaften der festen Körper. 1964, 156 S.

I Ergänzungsband. Kugelfunktionen. 1965, 121 S.
II Geomagnetische Instrumente und Meßmethoden. 1960, 648 S.
III Über das aus dem Erdinnern stammende Magnetfeld. 1959, 632 S.

Gute mathematische Vorkenntnisse erforderlich.

GD S. K. Runcorn (Hauptherausg.): International Dictionary of Geophysics. Oxford 1967, 1728 S.

Großes zweibändiges Sachlexikon. 280 Mitarbeiter aus vielen Ländern. Bei den einzelnen Sachwortartikeln findet man erläuternde Abbildungen, mathematische Herleitungen und Literaturhinweise. – Allgemeinverständlich.

GI B. Gutenberg: Physics of the Earth's Interior. New York-London 1959, 240 S.

Über den Autor vgl. Kap. 4f. Dies ist die letzte Monographie aus seiner Feder. Anschauliche Darstellung der Beiträge der verschiedenen Disziplinen zur Erkundung des Erdkörpers. – Mathematische Vorkenntnisse erforderlich.

GP S. Matsushita und W. H. Campbell (Herausg.): Physics of Geomagnetic Phenomena. New York-London 1967, 1398 S.

Geplant als Fortführung von CB, 23 Autoren. Hauptteile: 1. Geomagnetische Instrumente, Observatorien und Indices. 2. Hauptfeld. 3. Variationen an ruhigen Tagen. 4. Variationen an gestörten Tagen. 5. Magnetfelder im Weltraum. 6. Neue Sturm-Modelle. – Mathematische und physikalische Vorkenntnisse erforderlich.

HG S. L. Valley (Herausg.): Handbook of Geophysics and Space Environments. New York 1965 (Neufassungen einzelner Kapitel werden nachgeliefert), 680 S.

Tabellenbuch mit Beobachtungsdaten, Definitionen, Formeln, Theorien. Der Inhalt entspricht den (allerdings recht weit gespannten) Interessen von Meteorologen. Seismologie und Physik des Erdkörpers fehlen.

JE H. Jeffreys: The Earth, its Origin, History and Physical Constitution. 4. Aufl. Cambridge 1962, 438 S.

Die vier Auflagen (1.: 1924; 2.: 1929; 3.: 1952) dieser Monographie, die sich stark voneinander unterscheiden, haben nachhaltigen Einfluß auf die Entwicklung der Physik des Erdkörpers gehabt. – Gute mathematische und physikalische Vorkenntnisse erforderlich.

KG H. Israel und A. Krebs (Herausg.): Kernstrahlung in der Geophysik. Berlin-Göttingen-Heidelberg 1962, 430 S.

12 Artikel (teils deutsch, teils englisch) über Radioaktivität der Erde, der Luft und des Wassers, über Altersbestimmungen, Meßmethoden und die Kosmische Strahlung. – Physikalische Vorkenntnisse erforderlich.

LB Landolt-Börnstein: Zahlenwerte und Funktionen aus Physik, Chemie, Astronomie, Geophysik und Technik. Berlin-Göttingen-Heidelberg. 6. Aufl. 3. Band: J. Bartels und P. ten Bruggencate (Herausg.): Astronomie und Geophysik. 1952. 795 S.

Neue Serie, Gruppe VI: Band I: H. H. Voigt (Herausg.): Astronomie und Astrophysik. 1965, 711 S.

Tabellenwerke zum Gesamtgebiet der Geophysik, Astronomie und Astrophysik.

MP O. Meisser: Praktische Geophysik. Dreden-Leipzig 1943, 368 S.

„Im Gegensatz zu der bisher üblichen Bevorzugung der Theorie wird in diesem Buch der derzeitige Stand der Geophysik unter bewußter Betonung der experimentellen Seite dargestellt.“ Die Darstellung ist sehr komprimiert, deshalb wurde das Buch in meiner Studienzeit gerne zur Examensvorbereitung benutzt, auch als Nachschlagewerk gut geeignet. – Mathematische und physikalische Vorkenntnisse erforderlich.

PG J. A. Jacobs, R. D. Russell und J. T. Wilson: Physics and Geology. New York-Toronto-London 1959, 424 S.

Trotz des Titels handelt es sich um ein Lehrbuch der gesamten Geophysik (einschließlich Obere Atmosphäre). Die Verfasser bemühen sich um eine Zusammenschau der Ergebnisse aller Geowissenschaften (Geophysik, Geologie, Petrologie, Ozeanographie, Glaziologie). Die großen Erfolge der letzten Jahre bei der Erforschung des Erdkörpers sind aus der interdisziplinären Zusammenarbeit (im Sinne dieses Buches) erwachsen. – Grundkenntnisse in Physik und Mathematik erforderlich.

PH S. Flügge (Herausg.): Handbuch der Physik. Berlin-Göttingen-Heidelberg.

Übersichtsartikel von Forschern aus vielen Ländern. Sprachen: deutsch, englisch, französisch (jeder Band enthält deutsch-englisches und englisch-deutsches Sachverzeichnis). Ursprünglich waren für die Geophysik drei Bände (**47, 48, 49**) vorgesehen. Um der Fülle des Stoffes Herr zu werden, soll sich der Band **49** über vier Teilbände erstrecken. Die Redaktion der Geophysikbände besorgte J. Bartels und nach dessen Tode K. Rawer.

47, 1956, 659 S. 16 Artikel. Physik des Erdkörpers.

48, 1957, 1046 S. 17 Artikel. Meteorologie, Ozeanographie, Gezeiten (vgl. Kap. 7, Literatur), Vulkanologie.

49/1, 1966, 315 S. 3 Artikel. Polarlicht, Variationen der Kosmischen Strahlung, Gesteinsmagnetismus.

49/2, 1967, 630 S. 2 Artikel. Ionosphäre: Radiobeobachtungen und lunare Gezeiten.

PU C. O. Hines, I. Paghis, T. R. Hartz und J. A. Fejer (Herausg.): Physics of the Earth's Upper Atmosphere. Englewood Cliffs, N.J. 1965, 434 S.

Vorzügliches Lehrbuch von 13 kanadischen und US-amerikanischen Forschern. – Gute physikalische und mathematische Vorkenntnisse erforderlich.

RG H. Odishaw (Herausg.): Research in Geophysics. Cambridge 1964. **I** Sun, Upper Atmosphere and Space. 574 S. **II** Solid Earth and Interface Phenomena. 595 S.

Insgesamt 43 Übersichtsreferate von ausgewählten Forschern aus vielen Ländern, vorgetragen auf einer Tagung in Los Angeles (August 1963) über Ergebnisse des IGJ, der IGC und der nachfolgenden Jahre.

SE F. S. Johnson (Herausg.): Satellite Environment Handbook. 2. Aufl. Stanford, Calif. 1965, 193 S.

Ursprünglich wurde das Tabellenwerk für Ingenieure und Physiker zusammengestellt, die von der technischen Seite an Probleme der Weltraumforschung herankamen. In prägnanter Weise (häufig in graphischer Darstellung) bringt es die neuesten Daten.

SO G. P. Kuiper (Herausg.): The Solar System. 4 Bände, Chicago. **II** The Earth as a Planet. 1954, 751 S.

15 Artikel über das Gesamtgebiet der Geophysik, einschließlich Meteorologie und Ozeanographie, mit besonderer Berücksichtigung des für Astronomen Interessanten (z. B. Absorptionsspektrum der Atmosphäre usw.). Frühe Erdphotos aus 120 km Höhe. – Physikalische und mathematische Vorkenntnisse erforderlich.

SU W. Sullivan: Angriff auf das Unbekannte. Das Internationale Geophysikalische Jahr. Wien-Hannover-Bern 1962, 431 S.

Eine im besten Sinne populär-wissenschaftliche Beschreibung des IGJ und seiner Ergebnisse. Der Verfasser ist der wissenschaftliche Chefredakteur der New York Times. Dies ist die unterhaltsamste Weise, um sich an die Kernprobleme der Geophysik heranführen zu lassen. Leider fehlt der deutschen Übersetzung das 23 Seiten lange Literaturverzeichnis der Originalausgabe (Assault on the Unknown. New York 1961).

Es lohnt sich, die folgenden Bücher selbst anzuschaffen, da keines von ihnen mehr als 20 DM kostet; allerdings wird man die eingeklammerten Titel nur noch antiquarisch bekommen können:

FL, EW, SU, (BG), (EA), (EO).

Die anderen Bände sollte man in einer Bibliothek (Instituts-, Universitäts- oder Stadtbibliothek) suchen. Wenn das eine oder andere nicht vorhanden ist, so kann man sich getrost an den zuständigen Bibliothekar wenden. Bibliothekare sind durchweg besonders hilfreiche Menschen. Auch wenn ihre Mittel knapp sind, nehmen sie Anschaffungswünsche sehr ernst und helfen, wo sie können. Notfalls werden die Bücher über den Fernleihverkehr besorgt.

Nur wenige der angeführten Werke sind reine Monographien und Lehrbücher, die meisten enthalten *Übersichtsartikel*. Es gibt 3 spezielle Veröffentlichungsreihen, in denen fortlaufend in mehr oder weniger periodischer Folge Übersichtsartikel zu Teilbereichen der Geophysik erscheinen. Das sind:

Advances in Geophysics. Herausg. von H. E. LANDSBERG und J. VAN MIEGHEM. New York-London. **1** (1952), ..., **14** (1970).

Physics and Chemistry of the Earth. Herausg. von L. H. AHRENS, F. PRESS, S. K. RUNCORN und H. C. UREY. Oxford. **1** (1961), ..., **7** (1966).

Reviews of Geophysics and Space Physics. Herausg. von der American Geophysical Union. Richmond, Vi. **1** (1963), ..., **8** (1970).

Isolierte *Referate* von Originalveröffentlichungen findet man in:

Geophysical Abstracts. Washington, D.C.: US Government Printing Office.

Bevorzugt werden Arbeiten, die das Erdinnere betreffen, auch Angewandte Geophysik.

Meteorological and Geoastrophysical Abstracts. Herausg. von der American Meteorol. Soc. Boston.

Physikalische Berichte. Herausg. von der Deutschen Physikalischen Gesellschaft und von der Deutschen Akademie der Wiss. Berlin. Braunschweig.

Es werden in Sektion X (Geophysik) diejenigen geophysikalischen Arbeiten referiert, die ein allgemeines physikalisches Interesse erwecken.

Zum Schluß sollen einige wichtige geophysikalische *Fachzeitschriften* genannt werden:

Zeitschrift für Geophysik. Herausg. von der Deutschen Geophysikalischen Gesellschaft. Würzburg. **1** (1924), ..., **36** (1969).

Enthält neuerdings neben Originalarbeiten auch Übersichtsartikel.

Gerlands Beiträge zur Geophysik. Leipzig. **1** (1887), ..., **79** (1970).

Journal of Geophysical Research. (Seit 1949 Nachfolgeorgan von: Terrestrial Magnetism and Electricity.) Herausg. von der American Geophysical Union. Chicago. **1** (1896, 204 S.), ..., **74** (1969, 7063 S.).

Geophysical Journal. Herausg. von der Royal Astronomical Soc. London. **1** (1958), ..., **20** (1970).

Annales de Géophysique. Herausg. vom Centre National de la Recherche Scientifique. Paris. **1** (1945), ..., **26** (1970).

Pure and Applied Geophysics. (Seit 1964 Nachfolgeorgan von: Geofisica Pura e Applicata.) Basel-Stuttgart. **1** (1939), ..., **80** (1970).

Zur Zeit erleben wir eine ungeheure Expansion des wissenschaftlichen Schrifttums. Sie wirkt sich ganz besonders auf die Fachzeitschriften aus, immer wieder erscheinen neue. Es ist deshalb nicht möglich, auch nur die wichtigsten Zeitschriften anzugeben. Die obige Liste umfaßt nur solche, die schon seit längerer Zeit existieren.

Außer in den eigentlichen geophysikalischen Fachzeitschriften erscheinen wichtige Originalarbeiten und Übersichtsartikel auch in allgemeineren Journalen wie: Physikalische Blätter, Umschau, Bild der Wissenschaft, Scientific American, Science, Nature usw. Viele Zitate in den Fußnoten dieses Buches legen davon Zeugnis ab.

Mit dem Blick auf das geophysikalische Schrifttum mag die Einführung in die Geophysik abgeschlossen sein. In der Literatur wird der Leser, der bis hierher vorgedrungen ist, Gefährten finden auf dem Weg zu einem besseren Verständnis der Physik unseres Planeten und seiner Umgebung im interplanetaren Raum.

Biographisches Register

Sachverzeichnis